系统集成项目管理工程师
考前冲刺 100 题
（第三版）

刘 毅 朱小平 编著

中国水利水电出版社
www.waterpub.com.cn
·北京·

内 容 提 要

通过系统集成项目管理工程师考试已成为职称评定和获取项目经理资质的方式之一，然而考试涉及知识面广，考点繁多，对于考生往往存在较大的复习难度。本书是作者根据多年来软考面授培训的经验，对系统集成项目管理工程师考试的关键知识点及其考核方式进行梳理，基于相关典型题目进行分析、归类、整理、总结而成的。

全书分为项目管理篇、综合知识篇、案例分析篇和模拟试题篇，共四部分。本书通过思维导图描述整个考试的知识体系，以典型题目带动知识点的复习并阐述解题的方法和技巧，通过对题目的选择和分析来覆盖考试大纲中的重点、难点及疑点。

本书可作为参加系统集成项目管理工程师考试考生的自学用书，也可以作为软考培训班的教材和项目经理培训的辅导用书。

图书在版编目（CIP）数据

系统集成项目管理工程师考前冲刺100题 / 刘毅，朱小平编著. -- 3版. -- 北京：中国水利水电出版社，2024. 9. -- ISBN 978-7-5226-2735-9

Ⅰ．TP311.5-44

中国国家版本馆CIP数据核字第20245ZN694号

策划编辑：周春元　责任编辑：周春元　加工编辑：贾润姿　封面设计：李　佳

书　　名	系统集成项目管理工程师考前冲刺100题（第三版） XITONG JICHENG XIANGMU GUANLI GONGCHENGSHI KAOQIAN CHONGCI 100 TI
作　　者	刘　毅　朱小平　编著
出版发行	中国水利水电出版社 （北京市海淀区玉渊潭南路1号D座　100038） 网址：www.waterpub.com.cn E-mail：mchannel@263.net（答疑） 　　　　sales@mwr.gov.cn 电话：（010）68545888（营销中心）、82562819（组稿）
经　　售	北京科水图书销售有限公司 电话：（010）68545874、63202643 全国各地新华书店和相关出版物销售网点
排　　版	北京万水电子信息有限公司
印　　刷	三河市鑫金马印装有限公司
规　　格	184mm×240mm　16开本　20.5印张　519千字
版　　次	2012年7月第1版　2012年7月第1次印刷 2024年9月第3版　2024年9月第1次印刷
印　　数	0001—3000册
定　　价	58.00元

凡购买我社图书，如有缺页、倒页、脱页的，本社营销中心负责调换

版权所有·侵权必究

编委会

刘 毅　朱小平　施 游

资武成　徐鹏飞　易 佳

黄少年　朱振江　邓子云

刘 博　施大泉　陈 娟

谢林娥　朱建胜

前　言

本书于 2012 年首次出版，距今已经十余载，上一版的大规模修订则是在 2021 年完成，如今三年时光已过。当年，攻克要塞软件教研团队编写了两套教辅即五天修炼系列与百题系列，旨在针对不同场景进行知识点的学习和应试，其中百题系列的定位就是用关键题型来掌握核心知识点。

这么多年下来，历经多次重印及内容更新，每一次重印都是为了将当年考试所反映的新趋势、新题型、新要求融入其中，同时剔除过时的技术内容。当一本教辅用书持续受到读者喜爱的时候，就要用心把它维护下去。所谓的维护，最重要的是在旗帜鲜明的教学理念之下，准确地反映最新的考试趋势，同时融入最新的教学经验和心得，让读者看到的都是关键的、反映趋势的内容，延续我们的教学理念——"抓住关键"。

本次更新是对 2023 年教程改版及软考机考改革的回应，是对最新教学内容的反映，我们团队成员对内容进行了大幅度修订，增补了官方教程改版与机考改革后新增的知识点，删减了已经淘汰的和考核频率较低的知识点，真实反映了最新的考试趋势及教学内容。

本次改版，我们仍坚持最初的理念，即通过关键题目来攻克核心知识点，以使考生用最短的时间通过软考。因此，本书依然侧重于题目，这些题目对应的都是典型的知识点。我们深知，绝大部分考生是没有充足的时间去反复阅读教材的，也无法耗费过多时间和精力在漫长的复习上，因此，短时间内掌握典型题型是推动知识点学习的关键。多年的教学检验证明我们原有的基于知识域的内容设计方式是有效且高效的，但我们必须强调以下三点：

（1）考试的关键不在于全面撒网式地复习，而是抓住考核的关键知识点。

（2）既要关注局部（个体知识点），也要把握全局，要在头脑中形成一张关键知识点的整体知识图谱。

（3）当学习已经成为一种习惯，当成功成为一种追求，方法已不再重要。

十余年过去，系统集成项目管理工程师考试的考题、考核方式、考核知识点均有所变化，本书是我们对面授经验的再一次提炼与总结。

感谢学员在教学过程中的反馈，感谢培训合作机构给予的支持，感谢中国水利水电出版社在此套丛书上的尽心尽力。

编　者
2024 年 4 月

致 读 者

如果有人问我，最好的应考技巧是什么？我一定会说：做题！

在我授课的过程中，培训机构和学员们往往抱有侥幸的心理，希望通过老师5天的授课就能通过考试，但这种概率对于大部分学员来说并不高。很难想象，一个考生听了5天面授班的课程，却没有经历过大量做题的训练就能通过考试。同样，在面授的过程中，大量的技巧和经验性的内容需要通过做题不断地强化。

对于这种应试性的考试来说，采用"题海战术"确实是不二法门。但问题是，到哪里找题呢？互联网上的习题成千上万，是不是都需要做一遍呢？考生是否有足够的时间来做大量的习题呢？

其实，采用"题海战术"只是考试通关手段的一种表象。之所以通过"题海战术"应付考试，是因为大规模地做题导致了对知识点的全覆盖，通过大量的习题来覆盖考试涉及的知识范围，所以真正的原因是做题者命中了知识点，而不是"题海战术"本身。但在时间和精力有限的情况下，考生根本没有足够的时间采用"题海战术"，那要提高命中率，最好的办法是找典型题进行练习。

综合知识的考试有75道选择题，案例分析有4~5道案例题。我通过多年对考试的研究发现，实际题型和变化趋势不会超过100个，大量的题目围绕着有限的知识点进行反复考核，从不同的方面变化不同的题型。为此，基于历次培训的讲义和习题，我将各知识点的典型题型进行收集、汇总、分析，从这些题型中选出具有代表性的题目，并对部分题目考核的知识点、考核形式及题目的演化形式等进行了分析。当考生掌握了这100道题的解题方法及相关知识点后，可以说，复习范围完全覆盖了考试的内容。通过这100道题，让考生有效规避"题海战术"，但可以达到"题海战术"的效果。希望本书能够帮助考生顺利通关。

编 者

2024年7月

本 书 说 明

读者在拿到本书之后，首先要关注以下几个问题。

◎ 本书的编写目的

图书市场上关于系统集成项目管理工程师培训的书籍已不计其数，而本书区别于其他书籍之处在于以下几个方面。

（1）通过思维导图描述整个考试的知识体系。

（2）通过典型题目带动知识点的复习。通过重难点题目掌握考试大纲中的关键知识点，缩短复习时间，提高复习效率。

（3）通过典型题目阐述解题的方法和技巧。

我们从 2005 年开始从事软考的培训工作，当时在国内从事这一培训的机构并不多，而已成规模、能够以软考作为专业培训方向的几乎寥寥无几。2009 年开始，系统集成资质市场的培训开始火爆，我们在第一时间从"在线培训"进入了"面授培训"的领域，从与学生在虚拟空间对话转换成面对面的交流。在这种培训过程中，为了迎合考生的需求，我们研究了很多备考的方法，对题目分析、归类、整理、总结等做了大量的工作。

但就在这种持续的课程研发过程中，经过若干次的培训之后，我们发现如果想在这种应试考试中获胜，最有效的方法仍然是做题，而且必须是典型题目。

本书介绍了 100 道题目，实际在选择过程中已经超过了这个数量。我们力争通过对题目的选择和分析来覆盖考试大纲中的重点、难点及疑点。

在题目选择上遵循以下几个原则。

（1）选择重点、难点等具有代表性的题目。

（2）选择考核频率比较高的题目（针对知识点而言）。

（3）选择使用典型解题方法的题目。

（4）考核频率较低、题目不具备代表性、没有规律和技巧可言的题目一律排除在选题之外。

当然，在选择题目过程中，并不能保证 100%覆盖知识点，但我们在每一章中描述并分析了相关的知识点，同时标识出题目的知识点，以使考生检验自己掌握的知识点的覆盖程度。

◎ 章节的构成

全书组织结构如下图所示。

（1）项目管理篇：包括十大知识领域、立项管理和配置管理，是全书的核心部分。

（2）综合知识篇：包括法律法规和标准化、信息化基础知识、信息系统服务管理、专业技术知识和专业英语等。

（3）案例分析篇：案例分析的14道题目覆盖了中级考试的重点。

（4）模拟试题篇：严格按照考试大纲组织的模拟试题，用于考前自我检验。

◎ 关于思维导图在本书中的应用

本书在撰写过程中引入了思维导图，思维导图作为一种思考的工具，在日常的应考复习中能够发挥巨大的作用。本书作者在面授培训过程中的复习环节大量使用了思维导图，从结果来看，使用了思维导图的学员，其对知识脉络的梳理和对知识的记忆水平明显强于其他学员。

通过使用思维导图，学员可以总结自己的思路（制作笔记）和别人的思路（记笔记）。本书中的思维导图全部可通过作者的公众号syhnjs1"攻克要塞"下载。

◎ 如何使用本书

本书通过做重点、难点、疑点的题目来带动知识点的复习，因此，在使用本书的过程中，建议遵循以下原则。

（1）根据每章思维导图来复习知识点，也可以在每一章的思维导图的基础上进行知识点的扩充。

（2）根据知识点找到对应的题目，每道题目均具有代表性，因此，需要分析每一章题目考核的知识点、延伸的知识点和出题方式。

（3）部分知识点并没有配典型题目，这部分知识点可能需要结合新的官方教程进行学习。

（4）某些重要知识点的提醒之处，用"辅导专家提示"进行了标识，请引起重视。

目　　录

前言
致读者
本书说明

第一篇　项目管理篇

第1章　项目管理基础·················2
知识点图谱与考点分析··············2
知识点：基础概念··················3
知识点：组织结构··················6
知识点：生命周期··················8
知识点：过程与过程组··············10
知识点：项目经理与PMO············14
课堂练习························16

第2章　项目立项管理················18
知识点图谱与考点分析············18
知识点：项目建议书···············19
知识点：可行性研究···············20
知识点：供应商内部立项··········21
知识点：项目论证·················22
知识点：项目评估·················23
知识点：财务评价·················24
课堂练习························26

第3章　项目整合管理················29
知识点图谱与考点分析············29
知识点：整合管理过程············30

知识点：制定项目章程············32
知识点：制订项目管理计划········35
知识点：指导与管理项目工作······38
知识点：管理项目知识············39
知识点：监控项目工作············39
知识点：实施整体变更控制········40
知识点：结束项目或阶段··········43
课堂练习························46

第4章　项目范围管理················48
知识点图谱与考点分析············48
知识点：基本概念·················49
知识点：规划范围管理············50
知识点：收集需求·················51
知识点：定义范围·················52
知识点：创建WBS··················54
知识点：确认范围·················56
知识点：控制范围·················59
课堂练习························61

第5章　项目进度管理················62
知识点图谱与考点分析············62

知识点：规划进度管理……………………63
　　知识点：定义活动…………………………64
　　知识点：排列活动顺序……………………65
　　知识点：估算活动持续时间………………69
　　知识点：三点估算法………………………71
　　知识点：关键路径法&关键链法…………73
　　知识点：制订进度计划……………………75
　　知识点：进度控制…………………………77
　　课堂练习……………………………………79
第6章　项目成本管理……………………………81
　　知识点图谱与考点分析……………………81
　　知识点：成本概念…………………………82
　　知识点：规划成本管理……………………84
　　知识点：估算成本…………………………85
　　知识点：制订预算…………………………87
　　知识点：成本控制…………………………89
　　知识点：挣值分析…………………………90
　　知识点：完工估算…………………………93
　　课堂练习……………………………………97
第7章　项目质量管理……………………………99
　　知识点图谱与考点分析……………………99
　　知识点：质量概念…………………………100
　　知识点：规划质量管理……………………102
　　知识点：管理质量…………………………104
　　知识点：质量控制…………………………105
　　课堂练习……………………………………109
第8章　项目资源管理……………………………110
　　知识点图谱与考点分析……………………110
　　知识点：规划资源管理……………………111
　　知识点：估算活动资源……………………113
　　知识点：获取资源…………………………114
　　知识点：建设项目团队……………………115
　　知识点：管理项目团队……………………118
　　知识点：控制资源…………………………120
　　课堂练习……………………………………121

第9章　项目沟通管理和干系人管理…………122
　　知识点图谱与考点分析……………………122
　　知识点：沟通管理过程……………………122
　　知识点：干系人管理过程…………………123
　　知识点：干系人分析………………………124
　　知识点：识别干系人………………………126
　　知识点：规划干系人参与…………………127
　　知识点：管理干系人参与…………………128
　　知识点：监督干系人参与…………………128
　　知识点：规划沟通管理……………………129
　　知识点：管理沟通…………………………131
　　知识点：监督沟通…………………………132
　　知识点：沟通模型…………………………133
　　课堂练习……………………………………134
第10章　项目风险管理…………………………136
　　知识点图谱与考点分析……………………136
　　知识点：风险管理过程……………………137
　　知识点：风险的概念………………………137
　　知识点：规划风险管理……………………139
　　知识点：风险识别…………………………140
　　知识点：风险分析…………………………142
　　知识点：规划风险应对……………………144
　　知识点：实施风险应对……………………146
　　知识点：监督风险…………………………146
　　课堂练习……………………………………148
第11章　项目采购管理…………………………150
　　知识点图谱与考点分析……………………150
　　知识点：规划采购管理……………………151
　　知识点：实施采购…………………………152
　　知识点：控制采购…………………………153
　　知识点：合同类型…………………………155
　　知识点：合同收尾…………………………157
　　知识点：合同管理…………………………157
　　课堂练习……………………………………160
第12章　配置管理………………………………162

知识点图谱与考点分析 ·················· 162
知识点：配置管理基本概念 ············· 163
知识点：文档管理规范 ··················· 165
知识点：配置管理计划 ··················· 166
知识点：配置状态报告 ··················· 166
知识点：配置审计 ·························· 167
知识点：发布管理和交付 ················ 168
知识点：变更管理 ·························· 168
知识点：配置库 ····························· 170
知识点：配置识别 ·························· 172
知识点：版本管理 ·························· 172
课堂练习 ······································ 173

第二篇　综合知识篇

第13章　法律法规和标准化 ················ 176
知识点图谱与考点分析 ·················· 176
知识点：标准 ······························· 177
知识点：法律法规 ·························· 179
知识点：知识产权 ·························· 186
课堂练习 ······································ 187

第14章　信息化基础 ·························· 188
知识点图谱与考点分析 ·················· 188
知识点：基本概念 ·························· 189
知识点：信息系统及规划 ················ 191
知识点：国家信息化体系 ················ 193
知识点：ERP 与 CRM ···················· 196
知识点：电子政务 ·························· 197
知识点：电子商务 ·························· 199
知识点：商业智能 ·························· 200
知识点：企业信息化与两化融合 ······ 202
知识点：新技术 ····························· 203
课堂练习 ······································ 210

第15章　信息系统管理与服务 ············ 211
知识点图谱与考点分析 ·················· 211
知识点：ITSS ······························· 211
知识点：IT 审计与 IT 治理 ············· 213
知识点：IT 服务管理 ······················ 214
课堂练习 ······································ 215

第16章　软件专业技术知识 ··············· 217
知识点图谱与考点分析 ·················· 217
知识点：软件需求 ·························· 218
知识点：软件测试 ·························· 219
知识点：软件设计 ·························· 220
知识点：软件生命周期模型 ············· 223
知识点：面向对象与 UML ·············· 224
知识点：软件质量 ·························· 227
知识点：系统集成技术 ··················· 228
课堂练习 ······································ 229

第17章　网络与信息安全 ··················· 231
知识点图谱与考点分析 ·················· 231
知识点：OSI 与 TCP/IP 模型 ·········· 231
知识点：无线网络 ·························· 234
知识点：网络规划与设计 ················ 234
知识点：网络存储 ·························· 235
知识点：综合布线 ·························· 236
知识点：信息安全 ·························· 237
知识点：信息安全体系 ··················· 239
知识点：应用系统安全 ··················· 240
知识点：网络安全 ·························· 241
知识点：信息安全等级保护 ············· 242
知识点：信息安全技术 ··················· 244
课堂练习 ······································ 245

第18章　专业英语 ····························· 247
考点分析 ······································ 247
课堂练习 ······································ 248

第三篇　案例分析篇

第 19 章　案例分析综述 ······················ 251
　　解题步骤 ································· 251
　　案例知识点 ······························· 252
　　案例题型 ································· 254
　　五大解题法 ······························· 257

第 20 章　典型案例分析 ······················ 261
　　典型题型的建议 ··························· 261
　　典型题 ··································· 261
　　参考答案 ································· 273
　　总结 ····································· 283

第四篇　模拟试题篇

全真模拟卷 ································ 285
　　综合知识卷 ······························· 285
　　案例分析卷 ······························· 293
　　综合知识卷参考答案 ······················· 297
　　案例分析卷参考答案 ······················· 297

附录 1　课堂练习答案与分析 ················ 301
　　项目管理部分 ····························· 301
　　综合知识部分 ····························· 309

附录 2　浅谈复习方法 ······················ 313

第一篇 项目管理篇

【综述】

项目管理篇的内容主要是项目管理方面的知识，这部分知识包含的内容较多，包括了项目管理基础、项目立项管理、整合管理、范围管理、进度管理、成本管理、质量管理、资源管理、沟通管理和干系人管理、风险管理、采购管理、配置管理等。

这部分内容是系统集成项目管理工程师的综合知识、案例分析两个考试部分的重点，要记忆的知识点相当多。建议通过大量练习来帮助记忆和理解相关知识。

第1章 项目管理基础

知识点图谱与考点分析

"项目管理基础"在整个项目管理知识体系中考核频率较高。根据历年的考点分类统计,其所占的分值为 2~4 分。该知识域是整个项目管理的基础部分,从全局的角度对整个项目管理的知识体系进行综合性介绍,其中"基础概念"知识点是高频考点,"项目管理过程"知识点是了解项目管理所有过程的基础。该知识域图谱如图 1-0-1 所示。

图 1-0-1　项目管理基础知识点图谱

[辅导专家提示] 本章节是整个项目管理知识体系的基础,对后续理解各个项目管理知识域、过程及过程组之间的联系具有关键性作用。

知识点：基础概念

知识点综述

基础概念主要包括项目、项目目标、项目管理、项目集、项目组合等名词术语。其中"项目的特点"（临时性、独特性、渐进明细）、项目目标等知识点考核频率较高，其余做一般性了解即可。

参考题型

【考核方式1】 考核项目的特点以及具体内涵。

- 应用软件开发项目执行过程中允许对需求进行适当修改，并对这种变更进行严格控制，充分体现了项目的___(1)___特点。

  (1) A．临时性　　　　　B．独特性　　　　　C．渐进明细　　　　　D．无形性

  ■ **试题分析**　本题实际考核对"项目特点"的理解，项目的三个特点为"临时性、独特性、渐进明细"。

  其中，"渐进明细"指项目的成果性目标是逐步完成的，项目的产品、成果或服务事先不可见，在项目前期只能粗略地进行项目定义，随着项目的进行才能逐渐明朗、完善和精确。这意味着在项目逐渐明细的过程中一定会有修改并产生相应的变更。因此，在项目执行过程中要对变更进行控制，以保证项目在各相关方同意下顺利开展。

  本题体现了"需求"的渐进明细。

  ■ **参考答案**　C

  延伸知识点：临时性、独特性。

  1）临时性。

  临时性是指每一个项目都有一个明确的开始时间和结束时间，临时性也指项目是一次性的。当项目目标已经实现、由于项目成果性目标明显无法实现，或者项目需求已经不复存在而终止项目时，就意味着项目的结束。临时性并不一定意味着项目历时短，项目历时依项目的需要而定，可长可短。不管什么情况，项目的历时总是有限的，项目要执行多个过程以完成独特产品、提供独特的服务或成果。

  2）独特性。

  项目要提供某一独特产品，提供独特的服务或成果，因此"没有完全一样的项目"，项目可能有各种不同的客户、不同的用户、不同的需求、不同的产品、不同的时间、不同的成本和质量等。项目的独特性在IT行业表现得非常突出，系统集成商或者说开发方不仅向客户提供产品，更重要的是根据其要求提供不同的解决方案。由于每个项目都有其特殊的方面，因此有必要在项目开始前通过合同明确地描述或定义最终的产品是什么，以避免相关方因不同的理解导致的冲突，这些冲突严重时可能导致项目的失败。

- 关于项目价值的描述，不正确的是___(2)___。

  (2) A．项目存在于组织中，为干系人创造价值

B．价值以过程为导向并定量定义，以获得预期的经济收益为目标
C．项目可通过提高效率、生产力、效果或响应能力来创造价值
D．价值是项目成功的最终指标，可创造满足需要的新产品、服务或结果

■ **试题分析** 价值是指某种事物的作用、重要性或实用性。价值是项目的最终成功指标和驱动因素。项目管理者在坚持"聚焦于价值"原则时，应该以成果为导向而不是过程，从而帮助项目团队获得预期收益，创造价值。

■ **参考答案** B

- 作为项目的一种特征或属性，复杂性是指___(3)___。
  ①包含多个部分　　　　　　　②不同部分之间存在差异性
  ③不同部分之间的动态交互作用　④交互作用产生的行为远远大于各部分简单的相加
  (3) A．①②③　　　B．②③④　　　C．①③④　　　D．①②③④

■ **试题分析** 项目的复杂性是指：①包含多个部分；②不同部分之间的动态交互作用；③不同部分之间存在一定关联；④不同部分之间的交互作用所产生的行为远远大于各部分简单的相加。

■ **参考答案** C

- 项目有明确的起点和终点，体现了项目的___(4)___特性。
  (4) A．独特性　　　　　　　　B．临时性
  　　C．渐进明细　　　　　　　D．及时性

■ **试题分析** 临时性是指每一个项目都有一个明确的开始时间和结束时间，临时性也指项目是一次性的。当项目目标已经实现、由于项目成果性目标明显无法实现，或者项目需求已经不复存在而终止项目时，就意味着项目的结束，临时性并不一定意味着项目历时短，项目历时依项目的需要而定，可长可短。不管什么情况，项目的历时总是有限的，项目要执行多个过程以完成独特产品、提供独特的服务或成果。

■ **参考答案** B

【考核方式2】 考核对项目目标及其相关基本概念的理解。

- ___(1)___不是项目目标的特性。
  (1) A．多目标性　　B．优先性　　C．临时性　　D．层次性

■ **试题分析** 本题实际考核对两个基本概念的理解：项目的特点和项目目标的特性。
考生很容易把"项目特点"和"项目目标特性"这两个概念弄混。
项目是为达到特定的目的、使用一定资源、在确定的期间内、为特定发起人提供独特的产品、服务或成果而进行的一次性努力。
项目的特点有：临时性、独特性、渐进明细。
项目目标的特性有：多目标性、优先级、层次性。
本题选项C属于项目的特点。

■ **参考答案** C

- 项目目标包括成果性目标和约束性目标。___(2)___不属于项目成果性目标。
  (2) A．服务　　　　B．系统　　　C．产品　　　D．计划

■ **试题分析** 项目目标的分类包括了约束性目标（管理性目标）和成果性目标（项目目标）。约束性目标（管理性目标）包括时间、费用等；成果性目标（项目目标）指通过项目开发出的满足客户要求的产品、系统、服务或成果。

■ **参考答案** D

● 项目的目标要求遵守 SMART 原则，即项目的目标要求 Specific（具体的）、___(3)___、Attainable（可以达到的）、Relevant（有相关性的）、Time-bound（有明确时限的）。

（3）A．Magic（神奇的）　　　　　　　B．Measurable（可度量的）
　　　C．Meaning（有意义的）　　　　　D．Manageable（可管理的）

■ **试题分析** 项目目标需遵循 SMART 原则，即 S（Specific）具体的；M（Measurable）可度量的；A（Attainable）可以达到的；R（Relevant）：有相关性的；T（Time-bound）有明确时限的。

■ **参考答案** B

【考核方式3】 考核其他基本概念的理解。

● ___(1)___ 属于制订项目管理计划过程的事业环境因素。
（1）A．配置管理知识库　　　　　　　B．变更控制程序
　　　C．项目档案　　　　　　　　　　D．现有的设施和固定资产

■ **试题分析** 能够影响制订项目管理计划过程的事业环境因素包括：政府或行业标准（如产品标准、质量标准、安全标准和工艺标准）；法律法规要求和相关约束因素；垂直市场（如建筑）和专门领域（如环境、安全、风险或敏捷软件开发）的项目管理知识体系；组织的结构、文化、管理实践和可持续性；组织治理框架（通过安排人员、制定政策和确定过程，以结构化的方式实施控制、指导和协调，从而实现组织的战略和目标）；基础设施（如现有的设施和固定资产）等。

■ **参考答案** D

[辅导专家提示] 项目管理的理解：在约束性目标的前提下实现成果性目标。

项目与企业运营的区别：项目具有临时性等特点，而企业运营具有连续性和重复性的特点。

项目与战略的联系：组织通过项目来实现其战略目标。

项目干系人：指那些积极参与项目，其利益受到项目执行或项目结果影响的个人和组织，他们也可能会对项目及其结果施加影响。项目干系人包括项目经理、项目管理团队、项目团队的其他成员、客户（用户）、发起人、项目组合经理（项目组合评审委员会）、项目集经理、项目管理办公室、职能经理、运营经理、卖方（业务伙伴）等。

其他相关概念：事业环境因素、组织过程资产。

● 项目管理不善，可能会导致的后果不包括___(2)___。
（2）A．项目范围失控　　　　　　　　B．组织声誉受损
　　　C．管理制约因素　　　　　　　　D．干系人不满意

■ **试题分析** 项目管理不善或缺失可能导致：项目超过时限；项目成本超支；项目质量低劣；返工；项目范围失控；组织声誉受损；干系人不满意；无法达成目标等。

■ **参考答案** C

● 从组织的角度来看，___(3)___注重于开展"正确"的工作，即"做正确的事"。
  (3) A．项目组合管理　　　　　　　　B．单个项目管理
  　　C．大项目管理　　　　　　　　　D．项目集管理
  ■ **试题分析**　项目管理是为创造独特的产品、服务或成果而进行的临时性工作；项目集管理是一组相互关联且被协调管理的项目、子项目集和项目集活动，以便获得分别管理所无法获得的效益；项目组合是为实现战略目标而组合在一起管理的项目、项目集、子项目组合和运营工作的集合。

  　　从组织的角度看，项目和项目集管理的重点在于以"正确"的方式开展项目集和项目，即"正确地做事"；项目组合管理的重点在于开展"正确"的项目集和项目，即"做正确的事"。
  ■ **参考答案**　A

● 项目管理的三个基本目标是：质量、成本和___(4)___。
  (4) A．进度　　　　　B．资源　　　　　C．风险　　　　　D．流程
  ■ **试题分析**　项目管理的三个基本目标是质量、成本和进度。
  ■ **参考答案**　A

知识点：组织结构

知识点综述

组织在项目管理系统、文化、风格、组织结构和项目管理办公室等方面的成熟度会对项目产生重要的影响。项目的组织结构对能否获得项目所需资源和以何种条件获取资源起着制约作用。

本知识点主要涉及项目组织结构的三种基本形式：职能型、矩阵型和项目型，矩阵型又可细分为**弱矩阵型、平衡矩阵型（又称中矩阵）、强矩阵型**。其他类型的组织结构还包括系统型或简单型、虚拟、混合、PMO 等类型。要求考生掌握每种组织形式的特点以及对项目的影响，要求考生理解不同的项目组织形式在职权、可用资源、预算控制者以及项目管理角色上的区别。

参考题型

【**考核方式1**】　考核各类项目组织形式的优缺点。
● 矩阵型组织的缺点不包括___(1)___。
  (1) A．管理成本增加　　　　　　　　B．员工缺乏事业上的连续性和保障
  　　C．多头领导　　　　　　　　　　D．资源分配与项目优先的问题产生冲突
  ■ **试题分析**　矩阵型组织兼有职能型与项目型的特征。在矩阵型组织形式中，项目团队成员来自各个不同部门，团队成员同时接受职能部门经理与项目经理的领导。

  　　矩阵型组织存在的缺点有：管理成本增加、多头领导、难以监测与控制、资源分配与项目优先的问题产生冲突、权利难以保持平衡。

  　　本题中，"员工缺乏事业上的连续性和保障"是项目型组织的缺点。
  ■ **参考答案**　B

[辅导专家提示] 除了矩阵型，考生还需要了解其他组织形式的优缺点，组织结构特点比较见表 1-2-1。

表 1-2-1 组织结构特点比较

组织结构	优点	缺点
职能型	1. 强大的技术支持，便于知识、技能和经验的交流； 2. 清晰的职业生涯晋升路线； 3. 直线沟通，简单，责任和权限很清晰； 4. 有利于以重复性工作为主的过程管理	1. 职能利益优先于项目，具有狭隘性； 2. 组织横向之间的联系薄弱，部门间协调难度大； 3. 项目经理极少或缺少权利、权威； 4. 项目管理发展方向不明，缺少项目基准
矩阵型	1. 项目经理负责制，有明确的项目目标； 2. 改善了项目经理对整体资源的控制； 3. 获得职能组织更多的支持，最大限度地利用公司的稀缺资源； 4. 改善了跨职能部门间的协调合作，使质量、成本、时间等制约因素得到更好的平衡； 5. 团队成员有归属感、士气高、问题少，出现的冲突较少且易处理解决	1. 管理成本增加； 2. 多头领导； 3. 难以监测和控制； 4. 资源分配与项目优先的问题产生冲突； 5. 权利难以保持平衡
项目型	1. 结构单一，责权分明，利于统一指挥； 2. 目标明确单一，沟通简洁方便，决策快	1. 管理成本过高（如项目的工作量不足，则资源配置效率低）； 2. 项目环境比较封闭，不利于沟通和技术知识等共享，员工缺乏事业上的连续性和保障

【考核方式2】 综合性考核对各组织结构的特点的理解。

● 下列有关项目组织结构的说法中，不正确的是___(1)___。

　（1）A. 实施项目的组织结构对能否获得项目所需资源和以何种条件获取资源起着制约作用
　　　 B. 组织结构主要可分为职能型组织、项目型组织和矩阵型组织
　　　 C. 与项目型组织相比，强矩阵型组织中项目经理的权力更大
　　　 D. 有利于重复性工作的过程管理是职能型组织的优点之一

■ 试题分析　本题为综合性选择题，涉及的内容包括组织结构的特点、组织结构的分类和组织结构的用途等，具体分析见表 1-2-1 和表 1-2-2。

表 1-2-2 组织结构与项目关系矩阵

项目特点	组织类型			
^	职能型	矩阵型			项目型
^	^	弱矩阵	平衡矩阵	强矩阵	^
项目经理的权力	很小或没有	有限	小～中等	中等～大	权力很大或近乎全权
全职参与项目的职员比例	没有	0～25%	15%～60%	50%～95%	85%～100%
项目经理的职位	兼职	兼职	兼职	全职	全职
项目经理的一般头衔	项目协调人/项目领导人	项目协调人/项目领导人	项目经理	项目经理	项目经理
项目管理/行政人员	兼职	兼职	兼职	全职	全职

■ **参考答案** C

[辅导专家提示] 对于"组织结构"的知识点来说，解题的关键在于掌握组织结构各自的优缺点，理解不同组织结构对项目所产生的影响，同时要求熟悉三种组织结构的图例。

此外，教程中提到了复合型组织结构，基于项目的组织（Project-Based Organizations，PBO）。

复合型组织：根据工作需要，一个组织内在运作项目时，或多或少地同时包含上述三种组织形式，这就构成了复合型组织。

PBO：指建立临时机构来开展工作的各种组织形式。在 PBO 中，大部分工作都被当作项目来做，可以按项目方式而非职能方式进行管理。

● 在____(2)____组织结构中，项目经理为全职，并需要为其指定工作角色。
（2）A. 职能型　　　　B. 平衡矩阵型　　　　C. 强矩阵型　　　　D. 弱矩阵型

■ **试题分析** 在强矩阵、项目导向、PMO 型组织结构中，项目经理为全职，并需要为其指定工作角色。虚拟型组织结构中，项目经理可以是全职也可以是兼职。其他类型组织结构中，项目经理是兼职。

■ **参考答案** C

● 某电气公司研发部门组织架构分为机械、电气、自动化部门，每个部门内的职员有一个明确的上级，上级根据员工的专业分配不同的研发任务。这种组织结构属于____(3)____。
（3）A. 矩阵型组织　　　　　　　　B. 复合型组织
　　　C. 项目型组织　　　　　　　　D. 职能型组织

■ **试题分析** 职能型项目组织形式是指企业按职能以及职能的相似性来划分部门。公司研发部门组织架构分为机械、电气、自动化部门，这是按职能进行划分的，所以这种组织结构属于职能型组织。

■ **参考答案** D

知识点：生命周期

知识点综述

项目经理或其所在的组织会将项目分成几个阶段来进行管理，从而加强对项目的管理控制并建立起项目与组织持续运营工作之间的联系。从项目开始到项目结束，这一段时间就构成了项目的生命周期。

对于项目的生命周期来说，关键是掌握生命周期的分类（项目生命周期和产品生命周期），同时了解项目生命周期各阶段的特点及各个生命周期阶段的产出物。

参考题型

【考核方式1】 考核对项目生命周期和产品生命周期概念的理解。
● 下列关于项目生命周期和产品生命周期的叙述中，错误的是____(1)____。
（1）A. 产品生命周期开始于商业计划，经过产品构思、产品研发、产品日常运营直到产品不再被使用

B. 为了将项目与项目实施组织的日常运营联系起来，项目生命周期也会确定项目结束时的移交安排

C. 一般来说，产品生命周期包含在项目生命周期内

D. 每个项目阶段都以一个或一个以上的可交付物的完成和正式批准为标志，这种可交付物是一种可度量、可验证的工作产物

■ **试题分析** 项目是要交付特定的产品、成果和完成特定的服务。

项目的生命周期定义了项目的起始与结束，而产品的生命周期比项目的生命周期更长。产品生命周期开始于商业计划，经过产品构思、产品研发、产品日常运营直到产品不再被使用。产品生命周期关注的是整个产品从规划到开发，再到最终维护和消亡的整个过程。一个产品往往会由多个项目来实现，也可能分多个迭代周期来实现。

由于项目有特定的目标，一般产品开发出来后通过验收则项目生命周期就算完成。而产品生命周期则不同，既包括了项目开始前的预研、评估和可行性研究，也包括了项目完成后产品的维护和废弃。因此，一般来说，项目生命周期只是产品生命周期的一个阶段。

■ **参考答案** C

【考核方式2】 考核对项目生命周期各阶段、各类型的理解。

● 在项目的一个阶段末，开始下一阶段前，应该确保___(1)___。

(1) A. 下一阶段的资源能得到

B. 进程达到它的基准

C. 采取纠正措施，获得项目结果

D. 达到阶段的目标并正式接受项目阶段成果

■ **试题分析** 本题考核的实际内容是阶段控制的工具——评审。一般来说，项目的阶段之间通过可交付物联系起来，在项目的一个阶段末，下一阶段开始前，应该通过评审的方式确保达到阶段的目标并正式接受项目阶段成果。同时，评审的另一个作用是批准项目进入到下一阶段。

■ **参考答案** D

● ___(2)___的特点是先基于初始需求制订一套高层级的计划，再逐渐把需求细化到适合特定的规划周期所需的详细程度。

(2) A. 预测型项目生命周期　　　　　　B. 混合型项目生命周期

C. 适应型项目生命周期　　　　　　D. 瀑布型项目生命周期

■ **试题分析** 开发生命周期可分为预测型、迭代型、增量型、适应型（敏捷型）及他们的混合型等。

➢ 预测型（瀑布型）：适用于已经充分了解并明确需求的项目。在生命周期的早期阶段确定项目范围、时间和成本，对任何变更都要进行严格管理，生命周期的每个阶段只进行一次，每个阶段都侧重于某项特定的工作。

➢ 迭代型：项目范围通常在项目生命周期的早期阶段确定，但时间及成本会随着项目团队对产品理解的不断深入而定期修改。

➢ 增量型：通过一系列迭代增加产品功能，最后一次迭代得到完整的可交付成果。

- ➢ 适应型（敏捷型或变更驱动型）：适合于需求不确定、不断发展变化的项目。该类型的特点是先基于初始需求制订一套高层级的计划，再逐渐把需求细化到适合特定的规划周期所需的详细程度。
- ➢ 混合型：预测型生命周期和适应型生命周期的组合。

■ **参考答案** C

● 在项目的生命周期中，成本和人员投入在___(3)___最高。

(3) A．计划阶段　　　B．结束阶段　　　C．执行阶段　　　D．启动阶段

■ **试题分析** 项目开始时对费用和人员的需求比较少，随着项目的发展，人力投入和费用会越来越多，到执行阶段达到最高点，当项目接近收尾时又会迅速地减少，如图1-3-1所示。

图1-3-1　项目因素的分析

■ **参考答案** C

知识点：过程与过程组

知识点综述

过程是项目管理知识体系中最重要的概念之一。一个过程是指为了得到预先指定的结果而执行的一系列相关的行动或活动。

项目的实现过程是由一系列的项目阶段或项目工作过程构成的，任何项目都可以划分为多个不同的项目阶段或项目工作过程。对一个项目的全过程所开展的管理工作也是一个独立的过程，这种项目管理过程也可以进一步划分成不同的阶段或活动。

本知识点要求考生了解过程和过程组的特性，了解项目管理的十大知识领域、五大过程组及它们之间的联系。对每一个过程的描述有四个要素：过程名称、输入、输出、工具与技术。

以整合管理知识领域的过程制订项目管理计划为例，如图1-4-1所示。

图 1-4-1 整合管理知识领域的过程制订项目管理计划

与过程对应的还有过程组的概念。对于任何项目都必须经历五个项目过程组。这五个项目过程组具有明确的依存关系并在各个项目中按一定的次序执行。在项目完成前，通常个别项目过程组可能会反复出现。项目过程组内含的过程在其组内或组间也可能反复出现。要提醒考生注意的是，<u>过程组之间并非顺序衔接关系</u>，而是交错关系，且过程组之间不存在评审。

参考题型

【考核方式 1】 综合性考核对各过程组的理解。

● 正式批准项目进入下一阶段，这个决定的过程属于___(1)___的一部分。

（1）A．授权　　　　　B．控制　　　　　C．启动　　　　　D．计划

■ 试题分析　本题的关键点在于理解启动过程不仅是项目的启动，也包括了项目阶段的启动。根据 PMI 的定义，共有五个过程组，其中启动过程组中定义一个项目或项目阶段的工作与活动，决策一个项目或项目阶段的启动与否。表 1-4-1 所示为过程组的特征。

■ 参考答案　C

表 1-4-1 过程组的特征

过程组	描述
启动过程组	定义并批准项目或阶段
规划过程组	定义和细化目标，规划最佳的技术方案和管理计划，以实现项目或阶段所承担的目标和范围
执行过程组	整合人员和其他资源，在项目的生命期或某个阶段执行项目管理计划，并得到输出与成果
监控过程组	要求定期测量和监控进展、识别实际绩效与项目管理计划的偏差、必要时采取纠正措施，或管理变更以确保项目或阶段目标达成
收尾过程组	正式接受产品、服务或工作成果，有序地结束项目或阶段

● 关于项目的五个过程组的描述，不正确的是___(2)___。

（2）A．并非所有项目都会经历五个过程组
　　　B．项目的过程组很少会是离散的或者只出现一次
　　　C．项目的过程组经常会发生相互交迭
　　　D．项目的过程组具有明确的依存关系并在各个项目中有一定的次序

■ 试题分析　对于任何项目都必须经历五个项目过程组。这五个项目过程组具有明确的依存关系并在各个项目中按一定的次序执行，它们与应用领域或特定产业无关。在项目完成前，通常个

别项目过程组可能会反复出现，项目过程组内含的过程在其组内或组间也可能反复出现。

■ **参考答案** A

● 一个软件开发项目在测试过程中发现缺失了部分不满足客户需求的功能，经过项目组沟通后决定将该功能进行重新评估和开发。上述一系列行为涉及___(3)___。
①启动过程组　　　　　②规划过程组　　　　　③执行过程组
④监控过程组　　　　　⑤收尾过程组
(3) A．②③④　　　B．①②③④　　　C．②③④⑤　　　D．③④⑤

■ **试题分析** 测试过程属于"监控过程组"，重新评估属于"规划过程组"，开发属于"执行过程组"。

■ **参考答案** A

【考核方式2】 考核过程与过程组之间的联系，根据过程选择对应的过程组。

● 项目管理过程中，执行过程组的主要活动包括___(1)___。
①管理质量　　　　　②识别风险　　　　　③建设团队
④管理团队　　　　　⑤合同管理　　　　　⑥管理干系人参与
(1) A．①②③④⑥　　B．①③④⑤⑥　　C．②③④⑥　　D．①③④⑥

■ **试题分析** 十大知识领域和五大过程组之间的联系见表1-4-2。

表1-4-2　知识领域与过程组的映射

知识领域	项目管理过程组				
	启动过程组	规划过程组	执行过程组	监控过程组	收尾过程组
整合管理	制定项目章程	制订项目管理计划	指导与管理项目执行 管理项目知识	监控项目工作 实施整体变更控制	结束项目或阶段
范围管理		规划范围管理 收集需求 定义范围 创建WBS		确认范围 控制范围	
进度管理		规划进度管理 定义活动 排列活动顺序 估算活动持续时间 制订进度计划		控制进度	
成本管理		规划成本管理 估算成本 制订预算		控制成本	
质量管理		规划质量管理	管理质量	控制质量	
资源管理		规划资源管理 估算活动资源	获取资源 建设团队 管理团队	控制资源	

续表

知识领域	项目管理过程组				
	启动过程组	规划过程组	执行过程组	监控过程组	收尾过程组
沟通管理		规划沟通管理	管理沟通	监督沟通	
风险管理		规划风险管理 识别风险 实施定性风险分析 实施定量风险分析 规划风险应对	实施风险应对	监督风险	
采购管理		规划采购管理	实施采购	控制采购	
干系人管理	识别干系人	规划干系人参与	管理干系人参与	监督干系人参与	

注：共计49个过程，以PMBOK第六版为依据。对比上一版本教程，新增了"管理项目知识""控制资源""实施风险应对"管理过程，删减了"结束采购"管理过程。

■ 参考答案 D

[辅导专家提示] 过程和过程组知识点是项目管理知识体系的基础，理解这一部分知识点对了解整个项目管理的知识体系，应对理解型、应用型题目大有裨益。建议考生在复习过程中注意阅读官方教程中的描述。

● 关于项目管理过程的描述，不正确的是___（2）___。

（2）A. 监控过程组符合PDCA循环中的Check/Act部分，与PDCA循环中的各个部分进行交互

B. 项目过程组具有明确的依存关系并在各个项目中按一定的次序执行

C. 在整个项目的生存周期内，每个阶段由相应的过程组成，控制过程可以跨越项目的阶段

D. 执行过程组由达到项目目标所必需的各个过程组成，执行偏差会导致计划更新

■ 试题分析 执行过程组由为完成在项目管理计划中确定的工作，以达到项目目标所必需的各个过程所组成。执行上的偏差通常会导致计划更新。这些偏差包括活动工期、资源的生产率和可用性以及未预测到的错误等。这些变更可能会也可能不会影响整体项目管理计划。

■ 参考答案 D

● 项目启动会议的步骤中，通常不包含___（3）___。

（3）A. 确定会议目标 B. 识别参会人员

C. 识别项目目标和价值 D. 进行会议记录

■ 试题分析 项目启动会议通常包括五个工作步骤，具体为确定会议目标、会议准备、识别参会人员、明确议题、进行会议记录。

■ 参考答案 C

知识点：项目经理与 PMO

知识点综述

本知识点包括项目管理所需要的专门知识领域（6点）；项目经理的一般技能要求；PMO 分类；PMO 的职责及其与项目经理在目标上的区别；主要的项目干系人等。

项目管理办公室（Project Management Office，PMO）是在所辖范围内集中、协调管理项目的组织内的机构。根据需要，可以为一个项目设立一个 PMO，可以为一个部门设立一个 PMO，也可以为一个企业设立一个 PMO。这三级 PMO 可以在一个组织内同时存在。

参考题型

【考核方式1】 考核项目管理的技能。

● 有效的项目管理要求项目管理团队至少需要理解和使用下列____(1)____方面的专业知识。
　①项目管理知识体系　②项目应用领域的知识、标准和规定　③项目的环境知识
　④通用的管理知识和技能　⑤软技能或人际关系技能　⑥经验、知识、工具与技术
　（1）A．①②③　　　　　　　　　　　B．①②③④
　　　 C．①②③④⑤　　　　　　　　　D．①②③④⑤⑥

　■ 试题分析　此类题目属于识记性题目。解答此类题目的关键不在于记忆，而是要根据常识和经验进行判断。

　■ 参考答案　D

【考核方式2】 考核对 PMO 的理解。

● 关于 PMO 的描述中，不正确的是____(1)____。
（1）A．PMO 在组织内部承担起了将组织战略目标通过一个个项目的执行加以实现的职能
　　　B．PMO 建立组织内项目管理的支撑环境
　　　C．PMO 负责组织内多项目的管理和监控
　　　D．PMO 和项目经理追求相同的任务目标，并受相同的需求驱动

　■ 试题分析　本题考核对 PMO 的理解，涉及 PMO 的主要职能问题及其与项目经理之间的关系。

PMO 在管辖范围内集中协调管理多个项目的组织单元。PMO 关注于与上级组织或客户的整体业务目标相联系的项目或子项目之间的协调计划、优先级和执行情况。

项目经理和 PMO 在组织中处于不同的层次，追求不同的目标，受不同的需求驱动，其区别见表 1-5-1。

表 1-5-1　项目经理与 PMO 的区别

项目经理	PMO
负责在项目约束条件下完成特定的项目成果性目标	具有特殊授权的组织机构，其工作目标包含组织级的观点
关注特定目标	管理重要的大型项目范围的变化以达到经营目标

续表

项目经理	PMO
控制赋予项目的资源以最好地实现项目目标	对所有项目之间的共享组织资源进行优化使用
管理中间产品的范围、进度、成本与质量	管理整体风险、整体机会和所有的项目依赖关系
一般直接向 PMO 管理人员进行汇报	

■ **参考答案** D

[辅导专家提示] PMO 有支持型、控制型和指令型三种。

1）支持型。支持型 PMO 担当顾问的角色，向项目提供最佳实践、模板、培训以及来自其他项目的信息和经验教训。这种类型的 PMO 其实就是一个项目资源库，对项目的控制程度很低。

2）控制型。控制型 PMO 不仅给项目提供支持，而且通过各种手段要求项目服从 PMO 的管理策略。例如，要求采用项目管理框架或方法论，使用特定的格式、模板和工具，或者要求项目经理服从组织对项目的治理。这种类型的 PMO 对项目的控制程度属于中等。

3）指令型。指令型 PMO 直接管理和控制项目。这种类型的 PMO 对项目的控制程度很高。

● ＿＿＿（2）＿＿＿PMO 直接管理和控制项目。项目经理由 PMO 指定并向其报告。这种类型的 PMO 对项目的控制程度很高。

（2）A. 指令型　　　　　　　　　　B. 支持型
　　　C. 控制型　　　　　　　　　　D. 组合型

■ **试题分析**　项目管理办公室（PMO）是一种常见的组织结构，职责可大可小，小可以提供项目管理支持服务，大则直接管理多个项目。PMO 可承担整个组织的职责，支持战略调整，创造组织价值，评估战略目标实现情况。按对项目组控制力度从小到大，PMO 可分为支持型、控制型和指令型。

➢ 支持型 PMO：属于顾问的角色，向项目组提供最佳实践、模板、培训以及来自其他项目的信息和经验教训。

➢ 控制型 PMO：不仅给项目提供支持，而且从一定的方面（项目管理框架或方法论；指定特定格式、模板或者工具；给定需要遵循的治理框架）要求项目组服从。

➢ 指令型 PMO：直接管控项目，PMO 指定项目经理，接收项目经理的报告。

■ **参考答案** A

【考核方式3】　考核项目经理的职能。

● 关于项目经理相关能力的描述，不正确的是＿＿＿（1）＿＿＿。

（1）A. 项目管理、战略和商务、领导力是项目经理需关注的技能
　　　B. 人际交往占据项目经理的绝大部分工作内容
　　　C. 领导力关注近期目标，关注可操作性的问题和问题解决
　　　D. 战略和商务技能有助于项目经理了解与项目相关的商业因素

■ **试题分析**　"领导力"不等同于"管理"。领导力关注长期愿景，管理关注近期目标。

■ **参考答案** C

- 针对领导力和管理二者的区别，属于领导力的特征的是___(2)___。

  (2) A. 直接利用职位权力　　　　　　B. 关注系统和架构

  　　C. 关注可操作性的问题和问题的解决　　D. 激发信任

■ **试题分析**　领导力是指在管辖范围内充分利用人力和客观条件，以较小成本提高项目团队效率的能力。领导力通常与愿景、鼓励、激励、热情、同理心、创造力等特质相关。职位权力是指通过正式手段（例如任命）授权某人，赋予控制地位，影响、激励、指导他人，并在他人未按要求或指示行事时采取措施。项目经理仅拥有职权是不够的，还需要通过领导力来激励团队成员，处理好个人与项目集体之间的关系。

■ **参考答案**　D

- 关于项目的组织方式的描述，正确的是___(3)___。

  (3) A. PMO 可以存在于不同形式、不同层级的组织结构中，控制、协调项目资源，重点关注项目特定目标

  　　B. 项目型组织的缺点体现在项目管理成本高、项目责权利不清晰、环境封闭

  　　C. 相比项目型组织，矩阵型组织的优势体现在降低了跨职能部门间的协调合作难度，项目决策更快

  　　D. PMO 可以存在于各种不同形式的组织结构中，采用 PMO 可以减轻组织中层级的影响

■ **试题分析**　项目经理的责任是关注项目特定目标，所以选项 A 错误；项目型组织责权利清晰，所以选项 B 错误；项目型组织比矩阵型组织决策更快，因此选项 C 错误。

■ **参考答案**　D

课堂练习

- 下列描述中，___(1)___不是项目的特点。

  (1) A. 任务要满足一定性能、质量、数量、技术指标等要求

  　　B. 项目具有特定的目标，项目实施是为了达到项目的目标

  　　C. 项目利用有限资源（人力、物力、财力等）在规定的时间内完成任务

  　　D. 项目的实施具有周而复始的循环性，类似于企业的运作

- 以下关于项目目标的论述中，不正确的是___(2)___。

  (2) A. 项目目标就是能交付的成果或服务的期望效果

  　　B. 项目目标应分解到相关岗位

  　　C. 项目目标应是可测量的

  　　D. 项目是一个多目标系统，各目标在不同阶段要给予同样的重视

- 以下关于项目与项目管理的描述，不正确的是___(3)___。

  (3) A. 项目临时性是指每一个项目都有一个明确的开始时间和结束时间

  　　B. 渐进明细是指项目的成果性目标是逐步完成的

  　　C. 项目的目标不存在优先级，项目目标具有层次性

  　　D. 项目整合管理属于项目管理核心知识域

- 工作通常可划分为项目或运作（运营），以下对这两者的描述正确的是___(4)___。
  - （4）A．项目和运作是完全分离的、不重叠的
  - B．项目具有临时性和独特性，运作具有连续性和重复性
  - C．项目和运作都具有重复性
  - D．一个项目能分解成多个运作
- 项目具有临时性、独特性与渐进明细的特点，其中临时性指___(5)___。
  - （5）A．项目的工期短
  - B．每个项目都有明确的开始与结束时间
  - C．项目的成果性目标是逐步完成的
  - D．项目经理可以随时取消项目
- 下列关于项目干系人的说法，不正确的是___(6)___。
  - （6）A．项目干系人也称为项目利益相关者或项目利害关系者
  - B．项目管理团队必须明确项目干系人，确定其需求，然后对这些需求进行管理并施加影响，确保项目取得成功
  - C．客户和用户是每个项目的关键干系人
  - D．项目管理办公室（PMO）不属于项目干系人的范畴
- 在___(7)___中，项目经理的权力最小。
  - （7）A．强矩阵型组织　　　　　　　　B．平衡矩阵型组织
  - C．弱矩阵型组织　　　　　　　　D．项目型组织
- 矩阵型组织的缺点不包括___(8)___。
  - （8）A．管理成本增加　　　　　　　　B．缺乏事业上的连续性和保障
  - C．多头领导　　　　　　　　　　D．资源分配与项目优先的问题产生冲突
- 关于项目管理办公室（PMO）的叙述，___(9)___是错误的。
  - （9）A．PMO可以为项目管理提供支持服务
  - B．PMO应该位于组织的中心区域
  - C．PMO可以为项目管理提供培训、标准化方针及程序
  - D．PMO可以负责项目的行政管理
- 项目管理过程中，___(10)___不完全属于监控过程组。
  - （10）A．确认范围、监督项目工作、实施整体变更控制
  - B．进度控制、控制资源、监督风险
  - C．成本控制、质量保证、控制范围
  - D．控制范围、监督干系人参与

第 2 章 项目立项管理

知识点图谱与考点分析

"项目立项管理"的知识点在系统集成项目管理工程师考试中所占的分值大约为 2 分。在本章中，类似的识记知识点较多，包括：①项目建议书的内容；②可行性研究的内容；③项目论证的程序等。

该章节知识点有两个特点。

（1）所涉及的知识点以识记性居多。

（2）投资回收期等计算题属于考核难点，近几年考核频率较低。

项目立项管理知识点图谱如图 2-0-1 所示。

图 2-0-1　项目立项管理知识点图谱

知识点：项目建议书

知识点综述

项目建议书是项目发展周期初始阶段的产物，是国家或上级主管部门选择项目的依据，也是可行性研究的依据。涉及利用外资的项目，在项目建议书批准后方可开展对外工作。有些企业单位根据自身发展需要自行决定建设的项目，也参照这一模式首先编制项目建议书。

本知识点属于识记性内容。

参考题型

【考核方式1】 考核项目建议书的内容，属于识记性知识点。

- 下列选项中属于项目建议书核心内容的是___(1)___。
  ①项目的必要性　　　　②风险因素及对策　　　　③项目的市场预测
  ④产品方案的市场预测　⑤项目建设必需的条件
  (1) A. ①②③④　　　　　　　　　　B. ①②③⑤
  　　C. ①③④⑤　　　　　　　　　　D. ②③④⑤

  ■ **试题分析**　项目建议书，又称立项申请，是项目建设单位向上级主管部门提交项目申请时所必需的文件，是该项目建设筹建单位或项目法人，根据国民经济的发展、国家和地方中长期规划、产业政策、生产力布局、国内外市场、所在地的内外部条件、本单位的发展战略等，提出的某一具体项目的建议文件，是对拟建项目提出的框架性的总体设想。项目建议书是项目发展周期的初始阶段，是国家或上级主管部门选择项目的依据，也是可行性研究的依据。

  项目建议书包括的核心内容有四项：项目的必要性；项目的市场预测；产品方案或服务的市场预测；项目建设必需的条件。

  本题中，"风险因素及对策"不是项目建议书的核心内容，是可行性研究的内容。

  ■ **参考答案**　C

- 项目建议书的核心内容不包含___(2)___。
  (2) A. 项目设的必要性　　　　　　　B. 项目的市场预测
  　　C. 技术能力分析　　　　　　　　D. 项目建设必需的条件

  ■ **试题分析**　项目建议书应该包括的核心内容有：①项目的必要性；②项目的市场预测；③项目预期成果（如产品方案或服务）的市场预测；④项目建设必需的条件。

  ■ **参考答案**　C

【考核方式2】 考核对项目建议书的理解。

- 关于项目建议书的描述，不正确的是___(1)___。
  (1) A. 项目建议书是针对拟建项目提出的总体性设想
  　　B. 项目建议书是项目建设单位向上级主管部门提交的项目申请文件
  　　C. 项目建议书包含总体建设方案、效益和风险分析等内容
  　　D. 项目建议书是银行批准贷款或行政主管部门审批决策的依据

- ■ 试题分析　项目评估是银行批准贷款或行政主管部门审批决策的依据。
- ■ 参考答案　D

● 项目建议书是项目发展周期的初始阶段，是国家或上级主管部门选择项目的依据，也是___（2）___的依据。

　　（2）A．项目管理计划　　　　　　　　B．项目工作说明书
　　　　　C．可行性研究　　　　　　　　　D．用户需求

- ■ 试题分析　项目建议书是项目发展周期的初始阶段，是国家或上级主管部门选择项目的依据，也是可行性研究的依据。
- ■ 参考答案　C

【考核方式3】　考核承建方的立项管理。

● ___（1）___是承建方项目立项的第一步，其目的在于选择投资机会和鉴别投资方向。

　　（1）A．项目论证　　　　　　　　　　B．项目评估
　　　　　C．项目识别　　　　　　　　　　D．项目可行性分析

- ■ 试题分析　承建方的立项管理主要包括：项目识别、项目论证、投标等步骤。其中项目识别是承建方项目立项的第一步，其目的在于选择投资机会和鉴别投资方向。
- ■ 参考答案　C

[辅导专家提示]　与承建方的立项管理相对应的是建设方的立项管理。建设方的立项管理主要包括：项目建议书的编写、申报和审批；项目的可行性研究（初步可行性研究，详细可行性研究，项目论证，项目评估，项目可行性研究报告的编写、提交和获得批准）；项目招标（招标、投标、评标、选定项目承建方）。

知识点：可行性研究

知识点综述

可行性研究主要考核内容如下。
（1）可行性研究的阶段。
（2）可行性研究的内容。
（3）可行性研究的步骤。

参考题型

【考核方式】　考核对可行性研究中具体内容的理解。

● 可行性研究过程中，___（1）___的内容是从资源配置的角度衡量项目的价值，评价项目在实现区域经济发展目标、有效配置经济资源、增加供求、改造就业、改善环境、提高人民生活等方面的效益。

　　（1）A．技术可行性研究　　　　　　　B．经济可行性研究
　　　　　C．社会可行性研究　　　　　　　D．市场可行性研究

■ **试题分析** 本题考核项目可行性研究内容中的"经济可行性研究",从题干中的关键字如"经济发展目标"等即可判断。

■ **参考答案** B

[辅导专家提示] 本知识点在近几年考核中频率较高,分别考核了技术可行性、组织可行性及经济可行性等。要求考生了解可行性研究的内容,以下每项内容的具体含义,出题过程中常见考核方式是给出一段文字描述要求考生判断其属于可行性研究中的哪一项具体内容。

项目可行性研究内容一般应包括以下内容。

1) 投资必要性:主要根据市场调查及预测的结果,以及相关的产业政策等因素,论证项目投资建设的必要性。

2) 技术可行性:主要从项目实施的技术角度,合理设计技术方案,并进行比较、选择和评价。

3) 财务可行性:主要从项目及投资者的角度,设计合理财务方案,从企业理财的角度进行资本预算,评价项目的财务盈利能力,进行投资决策,并从融资主体(企业)的角度评价股东投资收益、现金流量计划及债务偿还能力。

4) 组织可行性:制订合理的项目实施进度计划、设计合理的组织机构、选择经验丰富的管理人员、建立良好的协作关系、制订合适的培训计划等,保证项目顺利执行。

5) 经济可行性:主要是从资源配置的角度衡量项目的价值,评价项目在实现区域经济发展目标、有效配置经济资源、增加供应、创造就业、改善环境、提高人民生活等方面的效益。

● 在项目可行性研究工作中,技术可行性分析的关注内容不包含___(2)___。

(2) A. 进行项目开发的风险　　　　　B. 人力资源的有效性
　　 C. 物资(产品)的可用性　　　　D. 投资收益的可行性

■ **试题分析** 技术可行性分析考虑的因素包括进行项目开发的风险、人力资源的有效性、技术能力的可能性、物资(产品)的可用性等。

■ **参考答案** D

知识点:供应商内部立项

知识点综述

供应商内部立项的工作内容是经常会考到的内容。一般来说,系统集成供应商主要根据项目的特点和类型,决定是否要在组织内部为所签署的外部项目单独立项。例如,针对包含软件开发任务的项目通常需要进行内部立项,而那些单一的设备采购类项目则无须单独立项。

系统集成供应商在进行项目内部立项时一般包括的内容如下。

(1) 项目资源估算。
(2) 项目资源分配。
(3) 准备项目任务书。
(4) 任命项目经理等。

参考题型

【考核方式】 考核供应商内部立项内容。

● 供应商在进行项目内部立项时,立项内容不包括___(1)___。
(1) A. 项目资源估算　　B. 项目资源分配　　C. 任命项目经理　　D. 项目可行性研究

■ 试题分析　系统集成供应商在进行项目内部立项时一般包括的内容有项目资源估算、项目资源分配、准备项目任务书和任命项目经理等。

■ 参考答案　D

知识点:项目论证

知识点综述

项目论证是指对拟实施项目技术上的先进性、适用性,经济上的合理性、盈利性,实施上的可行性、风险可控性进行全面科学的综合分析,为项目决策提供客观依据的一种技术经济研究活动。项目论证一般开始于可行性研究之后、项目评估之前。

本知识点主要涉及项目论证的方法。

参考题型

【考核方式】 考核对项目论证的理解。

● 项目论证是指对拟实施项目技术上的先进性、适用性,经济上的合理性、盈利性,实施上的可行性、风险可控性进行全面科学的综合分析,为项目决策提供客观依据的一种技术经济研究活动。下列关于项目论证的叙述中,错误的是___(1)___。
(1) A. 项目论证的作用之一是作为筹措资金、向银行贷款的依据
　　 B. 项目论证的内容之一是国民经济评价,通常运用影子价格、影子汇率、影子工资等工具或参数
　　 C. 数据资料是项目论证的支柱
　　 D. 项目财务评价是从项目的宏观角度判断项目或不同方案在财务上的可行性的技术经济活动

■ 试题分析　项目论证的内容包括项目运行环境评价、项目技术评价、项目财务评价、项目国民经济评价、项目环境评价、项目社会影响评价、项目不确定性和风险评价、项目综合评价等。其中财务评价是项目经济评价的主要内容之一,它是从项目的微观角度,在国家现行财税制度和价格体系的条件下,从财务的角度分析、计算项目的财务盈利能力和清偿能力以及外汇平衡等财务指标,据此判断项目或不同方案在财务上的可行性的技术经济活动。

项目论证的作用主要体现在以下几个方面。
1)确定项目是否实施的依据。
2)筹措资金、向银行贷款的依据。

3）编制计划、设计、采购、施工以及机构设置、资源配置的依据。
4）项目论证是防范风险、提高项目效率的重要保证，而数据资料是项目论证的支柱之一。

■ **参考答案** D

知识点：项目评估

知识点综述

项目评估是在可行性研究的基础之上，由第三方对拟建项目进行评价、分析和论证，进而判断项目是否可行，重点在于评估项目的必要性。

对于项目评估，重点掌握评估的依据、内容、流程及具体评估的方法。

参考题型

【考核方式】 综合性考核对项目评估方法的理解。

● 建设方在进行项目评估时，根据项目的类型不同所采用的评估方法也不同。如果使用总量评估法，其难点是___(1)___。

（1）A．如何准确确定新增投入资金的经济效果
　　B．确定原有固定资产重估值
　　C．评价追加投资的经济效果
　　D．确定原有固定资产对项目的影响

■ **试题分析** 项目评估是指在项目可行性研究的基础上，由第三方根据国家颁布的政策、法规、方法、参数和条例等，从项目、国民经济和社会角度出发，对拟建项目建设的必要性、建设条件、生产条件、产品市场需求、工程技术、经济效益和社会效益等进行评价、分析和论证，进而判断其是否可行的一个评估过程。

项目评估的方法有：项目评估法、企业评估法、总量评估法和增量评估法。

项目评估方法的分类与比较见表2-5-1。

表2-5-1　项目评估方法的分类与比较

项目评估方法	特点描述
项目评估法	又称局部评估法，以具体的技术改造项目为评估对象。费用、效益的计量范围仅限于项目本身，适用于关系简单、费用和效益容易分离的技术改造项目
企业评估法	又称全局评估法，从企业全局出发，通过比较一个企业改造和不改造两个不同方案的经济效益来评估项目的经济效益
总量评估法	总量评估法的费用和效益测算采用总量数据和指标，确定原有固定资产重估值是估算总投资的难点。该方法简单，易被人们接受，侧重经济效益的整体评估，但无法准确回答新增投入资金的经济效果
增量评估法	增量评估法采用增量数据和指标，并满足可比性原则。这种方法实际上是把改造和不改造两个方案转化成一个方案进行比较，利用方案之间的差额数据来评价追加投资的经济效果

■ **参考答案** B

● 不可作为项目评估依据的是___（2）___。
（2）A．建议书及其批准文件　　　　B．可行性研究报告
　　　C．协议文件　　　　　　　　　D．项目章程

■ **试题分析**　项目评估的依据包括：项目建议书及其批准文件；项目可行性研究报告；报送组织的申请报告及主管部门的初审意见；项目关键建设条件和工程等的协议文件；必需的其他文件和资料等。

■ **参考答案**　D

知识点：财务评价

知识点综述

本知识点涉及较多的概念，如时间价值、现金流量、现值、净现值（NPV）、动态投资回收期、静态投资回收期等，属于考核的难点。

财务评价属于可行性研究方法，包括静态评价方法和动态评价方法。其中，静态评价方法包括投资回收率和投资回收期、动态评价方法包括净现值、内部收益率、动态投资回收期、收益/成本比值等。

财务评价所涉及的计算题的关键点在于熟悉公式、理解公式并掌握概念。

参考题型

【考核方式1】考核净现值的计算，要求考生理解资金的时间价值，掌握现值和净现值的计算公式。

● 某项目各期的现金流量见表2-6-1。

表2-6-1　习题用表1

期数	0	1	2
净现金流量/万元	−630	330	440

设贴现率为10%，则项目的净现值约为___（1）___万元。
（1）A．140　　　　B．70　　　　C．34　　　　D．6

■ **试题分析**　解答本题的关键在于掌握现值和净现值的计算公式。
现值的计算公式：

$$P = \frac{F}{(1+i)^n}$$

式中，P 为现值；F 为终值；i 为贴现率。
净现值的计算公式：

$$NPV = \sum_{t=0}^{n} \frac{(CI-CO)_t}{(1+i)^t}$$

式中，CI 为现金流入；CO 为现金流出；$CI-CO$ 即现金流量。净现值是现值累加后的结果。

本题中，现金流量计算见表 2-6-2。

表 2-6-2 习题用表 2

期数	0	1	2
净现金流量/万元	−630	330	440
现值/万元	−630/(1+i)^0	330/(1+i)^1	440/(1+i)^2

将 i=10%代入，得到现值见表 2-6-3。

表 2-6-3 习题用表 3

期数	0	1	2
净现金流量/万元	−630	330	440
现值/万元	−630	300	363.64

将现值进行累加−630+300+363.64=33.64≈34（万元），得到净现值。

■ **参考答案** C

【**考核方式 2**】 考核投资收益率。

● 某项目投资额为 190 万元，实施后的利润分析见表 2-6-4。

表 2-6-4 习题用表 1

利润分析	第 0 年	第 1 年	第 2 年	第 3 年
利润值/万元	—	67.14	110.02	59.23

假设贴现率为 0.1，则项目的投资收益率为____（1）____。
（1）A．0.34　　　　　B．0.41　　　　　C．0.58　　　　　D．0.67

■ **试题分析** 本知识点的关键在于理解并掌握计算公式。

投资收益率又称投资利润率，是指投资收益（税后）占投资成本的比率。投资收益率反映投资的收益能力。

投资收益率（ROI，又称投资回报率）= 投资收益/投资成本×100%。

本题中，投资收益率=运营期年均净收益/投资总额×100%。在计算年均净收益时，需要根据公式：

$$P = \frac{F}{(1+i)^n}$$

计算每年的贴现值，见表 2-6-5，此处 i=0.1。

表 2-6-5 习题用表 2

利润分析	第 0 年	第 1 年	第 2 年	第 3 年
利润值	—	67.14	110.02	59.23
贴现值	—	61.04	90.93	44.50

因此，运营期年平均收益=(61.04+90.93+44.50)/3=65.49 万元，投资总额=190 万元，代入公式后得到投资收益率为 34%。

■ 参考答案 A

【考核方式3】 考核动态投资回收期。

● 某集团下属飞达信息技术有限公司2009年年初计划投资1000万元开发一套中间件产品，预计从2009年开始，实现年销售收入1500万元，年市场销售成本1000万元。该产品的系统分析员张工根据财务总监提供的贴现率，制作了如表2-6-6所示的产品销售现金流量表。根据表中的数据，该产品的动态投资回收期是____(1)____年。

表2-6-6 产品销售现金流量表   单元：万元

年度	2009	2010	2011	2012	2013
投资	1000	—	—	—	—
成本	—	1000	1000	1000	1000
收入	—	1500	1500	1500	1500
净现金流量	-1000	500	500	500	500
净现值	-925.23	428.67	396.92	367.51	340.29

（1）A．1   B．2   C．3.27   D．3.73

■ 试题分析 投资回收期是指投资回收的期限，也就是用投资方案所产生的净现金收入回收初始全部投资所需的时间。对于投资者来讲，为了减少投资的风险，投资回收期越短越好。

计算投资回收期时，根据是否考虑资金的时间价值可分为静态投资回收期（不考虑资金的时间价值因素）和动态投资回收期（考虑资金的时间价值因素）。

一般来说，投资回收期从信息系统项目开始投入之日算起，即包括建设期，单位通常用"年"表示。

1）静态投资回收期。例如，一笔1000元的投资，当年收益，每年的净现金收入为500元，则静态投资回收期为T=1000/500=2年。

2）动态投资回收期。考虑资金的时间价值，动态投资回收期T_p的计算公式为：

T_p=累计折现值开始出现正值的年份数-1+上一年累计折现值/当年折现值

本题中，第4年（2012年）累计折现值开始大于0，所以：

动态投资回收期 = (4-1)+(428.67+396.92-925.23)/367.51 = 3.27

■ 参考答案 C

[辅导专家提示] 投资回收期指标直观、简单，便于投资者衡量风险。投资者关心的是用较短的时间回收全部投资，减少投资风险。但投资回收期指标最大的缺点是没有反映投资回收期以后方案的情况，因而不能全面反映项目在整个生命期内真实的经济效果。所以投资回收期一般用于粗略评价，需要与其他指标结合起来使用。

课堂练习

● 某软件公司项目A的利润分析见表2-7-1 设贴现率为10%，第2年的利润净现值是____(1)____元。

项目立项管理　　第 2 章

表 2-7-1　习题用表 1

利润分析	第 0 年	第 1 年	第 2 年	第 3 年
利润值/元	—	889000	1139000	1514000

（1）A．1378190　　　B．949167　　　C．941322　　　D．922590

● 表 2-7-2 为一个即将投产项目的计划收益表，经计算，该项目的投资回收期是___（2）___。

表 2-7-2　习题用表 2

收益分析	第 1 年（投入年）	第 2 年（销售年）	第 3 年	第 4 年	第 5 年	第 6 年	第 7 年
净收益/元	-270	35.5	61	86.5	61	35.5	31.5
累计净收益/元	-270	-234.5	-173.5	-87	-26	9.5	41

（2）A．4.30　　　B．5.73　　　C．4.73　　　D．5.30

● 下列有关项目论证的概念、作用和内容的叙述中，错误的是___（3）___。
（3）A．项目论证是为项目决策提供客观依据的一种技术经济研究活动
　　 B．项目论证是防范风险、提高项目效率的重要保证
　　 C．项目论证是确定项目是否实施的依据
　　 D．项目财务评价是项目论证的内容之一，它是从项目的宏观角度，在国家现行财税制度和价格体系的条件下，从财务角度分析、计算项目的财务盈利能力、清偿能力和外汇平衡等财务指标，据此判断项目或不同方案在财务上的可行性的技术活动

● 评估开发所需的成本和资源属于可行性研究中___（4）___研究的主要内容。
（4）A．社会可行性　　　　　　　　　B．经济可行性
　　 C．技术可行性　　　　　　　　　D．实施可行性

● 立项管理是项目管理中的一项重要内容。从项目管理的角度看，立项管理主要是解决项目的___（5）___问题。
（5）A．技术可行性　　　　　　　　　B．组织战略符合性
　　 C．高层偏好　　　　　　　　　　D．需求收集和确认

● 系统集成供应商在进行项目内部立项时的工作不包括___（6）___。
（6）A．项目资源估算　　　　　　　　B．任命项目经理
　　 C．组建项目 CCB　　　　　　　　D．准备项目任命书

● 项目建议书中不包含___（7）___。
（7）A．产品方案或服务的市场预测　　B．项目建设必需的条件
　　 C．项目的市场预测　　　　　　　D．风险因素及对策

● 针对新中标的某政务工程项目，系统集成商在进行项目内部立项时，立项内容一般不包括___（8）___。
（8）A．项目资源分配　　　　　　　　B．任命项目经理
　　 C．项目可行性研究　　　　　　　D．准备项目任务书

27

- 关于项目可行性研究的描述中，不正确的是___(9)___。

  (9) A. 初步可行性研究可以形成初步可行性报告

   B. 项目初步可行性研究与详细可行性研究的内容大致相同

   C. 小项目一般只做详细可行性研究，初步可行性研究可以省略

   D. 初步可行性研究的方法有投资估算法、增量效益法等

- 项目经理小张在组织项目核心团队编写可行性研究报告时，对多种技术方案进行比较、选择和评价属于___(10)___分析。

  (10) A. 投资必要性　　　　　　　　B. 技术可行性
  　　 C. 经济可行性　　　　　　　　D. 组织可行性

第3章 项目整合管理

知识点图谱与考点分析

项目整合管理过程负责项目的全生命周期管理、全局性管理和综合性管理。

对于项目整合管理知识点的复习,第一要点在于理解"整合管理"活动,理解整合管理知识领域中各个管理过程的意义和各个过程之间的衔接关系。

此外,整合管理也是案例分析经常考核的内容,主要涉及项目章程、项目计划、项目的变更、阶段性验收或项目收尾等。

本章节中,同样也涉及较多识记性的内容,具体包括:项目章程的内容和项目管理计划相关的内容(项目管理计划中的子计划、计划的组成、计划的编制方法、计划编制原则等),这些内容往往也是案例分析考核的要点之一。本章节主要知识点图谱如图 3-0-1 所示。

图 3-0-1 项目整合管理知识点图谱

知识点：整合管理过程

知识点综述

对十大知识领域的过程的考核是经常性的。对于此类题目，关键在于识记全部过程，对于整合管理，其管理过程如图 3-1-1 所示。

图 3-1-1　整合管理知识点图谱

参考题型

【考核方式 1】 考核整合管理知识领域中所涉及的过程。

● 项目整合管理的主要过程是___(1)___。

(1) A．制订项目管理计划、执行项目管理计划、项目范围变更控制
　　 B．制定项目章程、指导与管理项目工作、实施整体变更控制
　　 C．项目日常管理、项目知识管理、项目管理信息系统
　　 D．制订项目管理计划、确定项目组织、项目整体变更控制

■ 试题分析　项目整合管理的主要过程包括制定项目章程、制订项目管理计划导与管理项目工作、管理项目知识、监控项目工作、实施整体变更控制、结束项目或阶段。

由此可见，本题只有选项 B 说法正确。

■ 参考答案　B

【考核方式 2】 考核过程的输入、输出和工具。

● 下列___(1)___不是项目启动的依据。

(1) A．专家判断　　　B．合同　　　C．项目工作说明书　　　D．组织过程资产

■ 试题分析　所谓"依据"，即过程的输入。本题中，选项 A "专家判断"是项目启动的工具，不是输入，所以选择选项 A。

■ 参考答案　A

[辅导专家提示] 项目启动的依据除了选项 B、C、D 外，还包括事业环境因素和商业论证。

【考核方式3】 考核某一过程中输入、输出或工具的具体含义。

- _____（1）_____ 属于制订项目管理计划过程的组织过程资产的内容。
  ①项目干系人对风险的承受力　②组织的标准政策、流程和程序　③项目管理计划模板
  ④项目管理信息系统　　　　　⑤历史信息和经验教训知识库
  （1）A. ①②③④⑤　　B. ②③④⑤　　C. ②③⑤　　D. ①④⑤

  ■ 试题分析　本题考核过程输入"组织过程资产"的具体含义。在项目管理全部过程的输入和输出中，组织过程资产出现的频率非常高。可能影响制订项目管理计划过程的组织过程资产主要包括：①组织的标准政策、流程和程序；②项目管理计划模板；③变更控制程序，包括修改正式的组织标准、政策、计划、程序或项目文件，以及批准和确认变更所须遵循的步骤；④监督和报告方法、风险控制程序以及沟通要求；⑤以往类似项目的相关信息（如范围、成本、进度与绩效测量基准、项目日历、项目进度网络图和风险登记册）；⑥历史信息和经验教训知识库等。

  ■ 参考答案　C

【考核方式4】 考核对项目整合管理的理解。

- _____（1）_____ 没有体现项目经理作为整合者的作用。
  （1）A. 与项目干系人全面沟通，来了解他们对项目的需求
  　　B. 充分发挥自身经验，制订尽可能详细的项目管理计划
  　　C. 在相互竞争的众多干系人之间寻找平衡点
  　　D. 通过沟通、协调达到各种需求的平衡

  ■ 试题分析　常识题，根据题干描述选项 B "充分发挥自身经验，制订尽可能详细的项目管理计划"是项目经理个人经验的发挥，而不是基于整合的角度。

  作为整合者，项目经理必须做到以下三点。
  1）通过与项目干系人进行主动、全面的沟通，来了解他们对项目的需求。
  2）在相互竞争的众多干系人之间寻找平衡点。
  3）通过协调工作，来达到各种需求间的平衡，实现整合。

  ■ 参考答案　B

整合管理过程补充知识点

输入、输出、工具与技术是常考知识点，表 3-1-1 对整合管理过程的主要输入、输出和工具与技术进行了整理。对于以下内容，不需要死记硬背，把握过程之间的关联以及过程的主要输入、输出即可。

表 3-1-1　整合管理过程的输入、输出和工具与技术

过程名称	输入、输出、工具与技术	
制定项目章程	主要输入	立项管理文件、协议、事业环境因素、组织过程资产
	主要输出	项目章程、假设日志
	主要工具	数据收集、人际关系与团队技能、会议

续表

过程名称		输入、输出、工具与技术
制订项目管理计划	主要输入	项目章程、<u>其他过程的输出</u>、事业环境因素、组织过程资产
	主要输出	<u>项目管理计划</u>
	主要工具	专家判断、数据收集、人际关系与团队技能、会议
指导和管理项目工作	主要输入	项目管理计划、项目文件、批准的变更请求、事业环境因素、组织过程资产
	主要输出	<u>可交付成果</u>、工作绩效信息、变更请求、问题日志、组织过程资产（更新）、项目管理计划（更新）、项目文件（更新）
	主要工具	专家判断、项目管理信息系统、会议
管理项目知识	主要输入	项目管理计划、项目文件、可交付成果、事业环境因素、组织过程资产
	主要输出	经验教训登记册、项目管理计划（更新）、组织过程资产（更新）
	主要工具	专家判断、知识管理、信息管理、人际关系与团队技能
监控项目工作	主要输入	项目管理计划、项目文件、工作绩效信息、协议、事业环境因素、组织过程资产
	主要输出	<u>变更请求</u>、工作绩效报告、项目管理计划（更新）、项目文件（更新）
	主要工具	专家判断、数据分析、决策、会议
实施整体变更控制	主要输入	项目管理计划、项目文件、工作绩效信息、协议、变更请求、事业环境因素、组织过程资产
	主要输出	<u>批准的变更请求</u>、项目管理计划（更新）、项目文件（更新）
	主要工具	专家判断、变更控制工具、数据分析、决策、会议
结束项目或阶段	主要输入	项目管理计划、项目章程、项目文件、立项管理文件、协议、采购文档、组织过程资产、验收的可交付成果
	主要输出	<u>项目文件（更新）、项目最终报告、最终产品/服务或成果、组织过程资产（更新）</u>
	主要工具	专家判断、数据分析、会议

注：下划线部分为重要输入、输出项。

知识点：制定项目章程

知识点综述

项目章程的重要性在整个项目管理过程中不言而喻，它可以看作项目的"宪法"，对项目的实施赋予合法的地位，同时又约定大致范围，任命并授权项目经理。

项目章程是正式批准一个项目的文档。项目章程应当由项目组织以外的项目发起人或投资人发布，其在组织内的级别应能批准项目，并有相应的为项目提供所需资金的权力。

制定项目章程是制定一份正式批准项目或阶段的文件,并记录能反映干系人需要和期望的初步要求的过程。

参考题型

【考核方式1】 考核项目章程的具体内容，要求识记。

● 下列___(1)___不属于项目章程的组成内容。
(1) A．工作说明书　　　　　　　　B．指定项目经理并授权
　　C．预先批准的财务资源　　　　D．项目需求

■ 试题分析　选项A的"工作说明书（Statement of Work，SOW）"是制定项目章程的输入之一。

■ 参考答案　A

[辅导专家提示]　项目章程的内容包括：①项目目的；②可测量的项目目标和相关的成功标准；③项目需求，高层级需求、高层级项目描述、边界定义以及主要可交付成果；④整体项目风险；⑤委派的项目经理及其职责和职权并授权；⑥项目退出标准；⑦总体里程碑进度计划；⑧预先批准的财务资源；⑨项目审批要求；⑩关键干系人名单，发起人或其他批准项目章程的人员的姓名和职位等。

● 项目章程的主要内容不包括___(2)___。
(2) A．可测量的项目目标和相关的成功标准
　　B．项目的总体需求
　　C．发起人或其他批准项目章程的人员的姓名和职权
　　D．项目所选用的生命周期及各阶段将采用的过程

■ 试题分析　项目所选用的生命周期及各阶段将采用的过程属于项目管理计划的内容。

■ 参考答案　D

● 关于项目章程的描述，不正确的是___(3)___。
(3) A．项目经理是项目章程的实施者
　　B．项目经理对项目章程的修改不在其权责范围之内
　　C．项目经理不可以起草项目章程
　　D．项目章程遵循"谁签发，谁有权修改"的原则

■ 试题分析　项目经理可以参与、起草项目章程，但项目章程是由项目以外的实体来发布的，如发起人、项目集或项目管理办公室职员，以及项目组合治理委员会主席或授权代表。

■ 参考答案　C

● 在制定项目章程的过程中，关于章程制定活动的描述不正确的是___(4)___。
(4) A．项目章程是证明项目存在的正式书面说明和证明文件
　　B．制定项目章程的活动可以在项目进展过程中持续完善或多次开展
　　C．项目章程规定了项目范围，如质量、时间、成本和可交付成果的约束条件
　　D．制定项目章程的主要作用为明确项目与组织战略目标之间的直接联系，确立项目的正式地位，并展示组织对项目的承诺

■ 试题分析　制定项目章程的活动在项目进展过程中仅开展一次或仅在项目的预定义时开展。

■ 参考答案　B

● 以下关于项目章程的作用和内容的描述，不正确的是___(5)___。

(5) A. 在执行外部项目时，通常需要用正式的合同来达成合作协议，此时不需要用项目章程来建立组织内部的合作关系

B. 项目章程一旦被批准，就标志着项目的正式启动

C. 项目应尽早确认并任命项目经理，最好在制定项目章程时就任命

D. 项目章程授权项目经理规划、执行和控制项目

■ **试题分析** 项目章程不能当作合同，在执行外部项目时，通常需要用正式的合同来达成合作协议，项目章程用于建立组织内部的合作关系，确保正确交付合同内容。

■ **参考答案** A

【考核方式2】 通过设定的场景来考核对项目章程的理解。

● 某项目经理所在的单位正在启动一个新的项目，配备了虚拟项目小组。根据过去的经验，该项目经理认识到矩阵环境下的小组成员有时对职能经理的配合超过对项目经理的配合。因此，该项目经理决定请求单位制定___(1)___。

(1) A. 项目计划　　　　　　　　B. 项目章程
C. 项目范围说明书　　　　　　D. 人力资源管理计划

■ **试题分析** 项目章程为项目经理使用组织资源进行项目活动提供了授权。尽可能在项目早期确定和任命项目经理。

颁发项目章程可以将项目与组织的日常业务联系起来并使该项目获得批准。项目章程是由在项目团队之外的组织、计划或综合行动管理机构颁发并授权核准的，项目章程通常由项目发起人发布。在多阶段项目中，这一过程的用途是确认或细化在以前制定项目章程过程中所做的各个决定。

本题中，由于"小组成员有时对职能经理的配合超过对项目经理的配合"，而项目章程为项目经理使用组织资源进行项目活动提供了授权，因此需要通过制定项目章程来解决此问题。

■ **参考答案** B

【考核方式3】 考核项目章程的输入、输出、工具与技术。

● ___(1)___不属于制定项目章程过程的工具与技术。

(1) A. 头脑风暴　　B. 访谈　　C. 焦点小组　　D. 假设日志

■ **试题分析** 该过程的工具与技术包括数据收集（具体手段包括头脑风暴、访谈、焦点小组等）；专家判断；人际关系与团队技能（具体手段包括冲突管理、会议管理、引导等）；会议。假设日志属于该过程的输出。

■ **参考答案** D

● ___(2)___不属于制定项目章程过程的输入。

(2) A. 会议　　　　B. 谅解备忘录　　C. 组织过程资产　　D. 市场需求

■ **试题分析** 该过程的输入包括立项管理文件（市场需求、商业需求、客户要求、技术分析、项目边界等）；协议可以是合同、协议、口头协议、谅解备忘录、服务水平协议（Service Level Agreement，SLA）等；组织过程资产；事业环境因素等。会议属于该过程的工具与技术。

■ **参考答案** A

- 制定项目章程需要的人际关系与团队技能中，___(3)___有助于干系人就目标、成功标准、高层级需求、项目过程、总体里程碑和其他内容达成一致意见。

  (3) A．冲突管理　　　　B．访谈　　　　C．会议管理　　　　D．头脑风暴

  ■ **试题分析**　制定项目章程需要的人际关系与团队技能具体手段包括冲突管理、引导、会议管理等。冲突管理有助于干系人就项目目标、成功标准、高层级需求、总体里程碑、项目描述等内容达成一致意见；引导是指有效引导团队活动，形成决定、结论、解决方案；会议管理包括准备议程，邀请每个关键干系人代表，准备并发送会议纪要和行动计划。

  ■ **参考答案**　A

知识点：制订项目管理计划

知识点综述

制订项目管理计划是对定义、编制、整合和协调所有子计划所必需的行动进行记录的过程。项目管理计划确定项目的执行、监控和收尾方式，其内容会因项目的复杂性和所在应用领域而异。制订项目管理计划需要整合一系列相关过程，而且要持续到项目收尾。

制订项目管理计划过程将产生一份项目管理计划，该计划需要通过不断更新来渐进明细，这些更新需要由实施整体变更控制过程进行控制和批准。

在项目计划考核过程中，常涉及的考点有项目计划编制的原则、工具、输入和内容等。

参考题型

【考核方式1】考核项目管理计划的内容、计划编制的方法和原则。

- 项目管理计划的内容不包括___(1)___。

  (1) A．范围基准　　　　　　　　　B．过程改进计划
  　　C．干系人参与计划　　　　　　D．资源日历

  ■ **试题分析**　项目管理计划包括经过整合的项目基准（范围基准、进度基准、成本基准、绩效测量基准等），子计划（质量管理计划、资源管理计划、沟通管理计划、风险管理计划、采购管理计划、干系人参与计划、变更管理计划、配置管理计划、过程改进计划等），项目生命周期描述开发方法，是一份说明项目执行、监控和收尾方式的文件。

  ■ **参考答案**　D

【考核方式2】根据计划的具体内容条目找到对应的计划。

- 项目小组建设对于项目的成功很重要，因此，项目经理想考察项目小组工作的技术环境如何，有关信息可以在___(1)___中找到。

  (1) A．小组章程　　　　　　　　　B．项目管理计划
  　　C．人员配备管理计划　　　　　D．组织方针和指导原则

  ■ **试题分析**　项目管理计划包括以下内容。

  1）项目背景，如项目名称、客户名称、项目的商业目的等。
  2）项目经理、客户方联系人、项目领导小组和项目实施小组、项目经理的主管领导、客户方

的主管领导。

3）项目的总体技术解决方案。

4）对用于完成这些过程的工具与技术的描述。

5）项目最终目标和阶段性目标。

6）选择的项目的生命周期和相关的项目阶段。

7）进度计划。

8）项目预算。

9）变更流程和变更控制委员会。

10）沟通管理计划。

11）对于内容、范围和时间的关键管理评审，以便确定悬留问题和未决决策。

除了上述的进度计划和项目预算之外，项目管理计划可以是概要的或详细的，并且可以包含一个或多个分计划。而人员配备管理计划是项目管理计划的一个分计划，描述的是何时以及怎样满足人力资源需求。

■ **参考答案** B

【考核方式3】 考核项目管理计划编制的方法。

- 在滚动式计划中，_____(1)_____。

（1）A．关注长期目标、允许短期目标作为持续活动的一部分进行滚动

　　　B．近期要完成的工作在工作分解结构最下层详细规划

　　　C．远期要完成的工作在工作分解结构最下层详细规划

　　　D．为了保证项目里程碑，在战略计划阶段做好一系列详细的活动计划

■ **试题分析** 滚动式计划将计划期不断向前延伸，是一种连续编制计划的方法。其编制方法是在已编制出的计划的基础上，每经过一段固定的时期（如一个月或一个季度等，这段固定的时期称为滚动期），便根据变化了的环境条件和计划的实际执行情况，以确保实现计划为目标，对原计划进行调整。每次调整时保持原计划期限不变，而将计划期限顺序向前推进一个滚动期。

由于长期计划的计划期较长，很难准确地预测到各种影响因素的变化，因而很难确保长期计划的成功实施。而采用滚动式计划方法就可以根据环境条件变化和实际完成情况，定期地对计划进行修订，使组织始终有一个较为切合实际的长期计划作指导，并使长期计划能够始终与短期计划紧密地衔接在一起。

在滚动式计划中，近期要完成的工作在工作分解结构最下层详细规划。

■ **参考答案** B

[辅导专家提示] 编制项目计划所遵循的基本原则有：全局性原则、全过程原则、人员和资源的统一组织与管理原则、技术工作与管理工作协调的原则。除此之外，更具体的编制项目计划所遵循的原则有：①目标的统一管理；②方案的统一管理；③过程的统一管理；④技术工作与管理工作的统一协调；⑤计划的统一管理；⑥人员和资源的统一管理；⑦各干系人的参与。参与项目计划的制订过程有利于提高项目管理计划的合理性和科学性，也有利于提高项目实施人员在项目的实施过程中对计划的掌握与理解。

项目计划的编制过程是一个渐进明细、逐步细化的过程。近期的计划制订得详细些，远期的计划制订得简要些，随着项目的推进，项目计划在不断细化。

- 关于项目管理计划的描述，不正确的是___(2)___。
  - (2) A．项目管理计划需要管理层审核，是自上而下制订出来的
    - B．项目管理计划为项目绩效考核和项目控制提供依据
    - C．项目管理计划确定项目的执行、监控和收尾方式
    - D．项目管理计划可用于促进项目干系人之间的沟通

■ **试题分析** 项目管理计划是自下而上制订出来的。项目团队成员制订与自己密切相关的部分的计划，逐层向上报告，最后由项目经理进行汇总，形成综合性的、整体的项目管理计划。

■ **参考答案** A

【**考核方式4**】 考核项目管理计划编制的输入、输出、工具与技术。

- 与逐步完善的计划编制方法相对应的是___(1)___。
  - (1) A．进度表   B．初图
    - C．扩展探索   D．滚动波策划

■ **试题分析** 项目管理计划涉及关于范围、技术、风险和成本的所有方面。在制订项目管理计划的过程中，要从许多具有不同完整性和可信度的信息源收集信息。在项目执行阶段出现并被批准的变更导致的更新可能会对项目管理计划产生重大的影响。因此，可通过项目管理计划的更新为项目已定义的范围提供大体上准确的进度、成本和资源要求。计划的这种渐进明细被称为"滚动波策划"（即"滚动式计划"）。

■ **参考答案** D

- ___(2)___不属于制订项目管理计划过程的输入。
  - (2) A．项目章程   B．组织过程资产
    - C．项目管理计划   D．事业环境因素

■ **试题分析** 该过程的输入包括项目章程；其他过程的输出；组织过程资产；事业环境因素等。项目管理计划属于该过程的输出。

■ **参考答案** C

- 下列说法中，错误的是___(3)___。
  - (3) A．可用于制订项目管理计划过程的数据收集技术主要包含头脑风暴、核对单、焦点小组、访谈等
    - B．可用于制订项目管理计划过程的人际关系与团队技能包含冲突管理、引导、会议管理等
    - C．项目团队把项目管理计划作为初始项目规划的起点
    - D．项目管理计划是说明项目执行、监控和收尾方式的一份文件，它整合并综合了所有知识领域子管理计划和基准

■ **试题分析** 项目团队把项目章程作为初始项目规划的起点。

■ **参考答案** C

知识点：指导与管理项目工作

知识点综述

本知识点主要考核指导与管理项目工作过程的输入、输出、工具与技术。

参考题型

【**考核方式**】 考核指导与管理项目工作过程的输入、输出、工具与技术。

- 指导与管理项目工作过程的输出不包括_____(1)_____。
  - (1) A．工作绩效数据　　　　　　　　　B．批准的变更请求
  　　　C．项目管理计划更新　　　　　　　D．项目文件更新
  - ■ **试题分析**　选项 B，"批准的变更请求"是"监控项目工作"过程的输出。
  - ■ **参考答案**　B

- _____(2)_____是为了修正不一致的产品或产品组件而进行的有目的的活动。
  - (2) A．纠正措施　　　B．预防措施　　　C．缺陷补救　　　D．产品更新
  - ■ **试题分析**　本题考核"指导与管理项目"过程的输出。要求考生能够区分各选项的差异。
    1) 纠正措施：为使项目工作绩效重新与项目管理计划一致而进行的有目的的活动。
    2) 预防措施：为确保项目工作的未来绩效符合项目管理计划而进行的有目的的活动。
    3) 缺陷补救：为了修正不一致的产品或产品组件而进行的有目的的活动。
  - ■ **参考答案**　C

- _____(3)_____不属于指导与管理项目工作过程的输入。
  - (3) A．项目管理计划　　B．项目文件　　C．变更请求　　D．组织过程资产
  - ■ **试题分析**　指导与管理项目工作过程的输入包括项目管理计划、项目文件、批准的变更请求、组织过程资产、事业环境因素。变更请求属于指导与管理项目工作过程的输出。
  - ■ **参考答案**　C

- 下列说法中，错误的是_____(4)_____。
  - (4) A．可作为指导与管理项目工作过程输入的项目管理计划组件有变更管理计划、配置管理计划、范围基准、进度基准、成本基准
  　　　B．可交付成果是某一个过程、阶段结束时，必须产出的产品、服务
  　　　C．工作绩效数据是在项目工作中，从每个执行活动中收集到的原始观察结果和测量值
  　　　D．指导与管理项目工作过程的工具与技术包含专家判断、会议、项目管理信息系统等
  - ■ **试题分析**　项目管理计划的任何组件都可用作指导与管理项目工作的输入。
  - ■ **参考答案**　A

- _____(5)_____属于工作绩效数据。
  ①关键绩效指标（KPI）　　　　②净值分析　　　　　③进度活动的实际开始日期
  ④可交付成果状态　　　　　　⑤合同绩效信息　　　⑥缺陷的数量

（5）A. ①②③④　　　B. ①③④⑥　　　C. ②③⑤⑥　　　D. ③④⑤⑥

■ **试题分析**　工作绩效数据是项目工作中，从每个执行活动中收集到的原始观察结果和测量值。工作绩效数据包括关键绩效指标（KPI）；活动开始、完成、持续时间；实际成本；缺陷数量、可交付成果状态等。净值分析和合同绩效信息属于工作绩效报告的内容。

■ **参考答案**　B

知识点：管理项目知识

知识点综述

本知识点主要考核过程的输入、输出、工具与技术。

参考题型

【考核方式】考核过程的输入、输出、工具与技术。

● ___(1)___ 不属于管理项目知识过程的输入。
（1）A. 项目管理计划　　　　　　　B. 里程碑清单
　　　C. 资源分解结构　　　　　　　D. 供方选择标准

■ **试题分析**　管理项目知识过程的输入包括项目管理计划；项目文件（主要包括资源分解结构、项目团队派工单、供方选择标准、干系人登记册）；可交付成果；事业环境因素；组织过程资产。里程碑清单属于监控项目工作过程的输入。

■ **参考答案**　B

● 下列说法中，错误的是___(2)___。
（2）A. 可作为管理项目知识过程输入的项目文件主要包括资源分解结构、项目团队派工单、供方选择标准、干系人登记册
　　　B. 项目管理计划的所有组成部分都是管理项目知识的输入
　　　C. 经验教训登记册属于管理项目知识的工具与技术
　　　D. 可用于管理项目知识过程的人际关系与团队技能主要包括积极倾听、引导、领导力、人际交往、大局观等

■ **试题分析**　经验教训登记册属于管理项目知识过程的输出。

■ **参考答案**　C

知识点：监控项目工作

知识点综述

本知识点主要考核过程的输入、输出、工具与技术。

参考题型

【考核方式】 考核过程的输入、输出、工具与技术。

- ___(1)___ 不属于监控项目工作过程的输入。
  (1) A．项目管理计划　　B．项目文件　　C．协议　　D．工作绩效报告
  ■ 试题分析　监控项目工作过程的输入包含项目管理计划、项目文件、协议、工作绩效信息、组织过程资产、事业环境因素等。工作绩效报告属于监控项目工作过程的输出。
  ■ 参考答案　D

- ___(2)___ 不属于可用于监控项目工作过程的数据分析技术。
  (2) A．挣值分析　　B．决策　　C．根本原因分析　　D．偏差分析
  ■ 试题分析　可用于监控项目工作过程的数据分析技术主要包括备选方案分析、成本效益分析、挣值分析、根本原因分析、趋势分析、偏差分析。
  ■ 参考答案　B

- 某评审会上，9位专家中有4位表示同意，3位不同意，2位弃权，评审通过以上过程体现了群体决策技术的___(3)___。
  (3) A．独裁原则　　B．大多数原则　　C．一致同意原则　　D．相对多数原则
  ■ 试题分析　监控项目工作过程的决策技术是投票。投票可以包括用下列方法进行决策：一致同意原则、大多数原则或相对多数原则。相对多数原则是在未能获得大多数人的支持时，则采取相对多数者的意见做决策。
  ■ 参考答案　D

知识点：实施整体变更控制

知识点综述

　　整体变更控制过程贯穿项目始终，并且应用于项目的各个阶段。**项目经理对此负最终责任**。
　　项目的任何干系人都可以提出变更请求。尽管可以口头提出，但所有的变更请求都必须以书面形式记录。由变更控制委员会（Change Control Board，CCB）来决策是否实施整体变更控制过程。
　　项目的整体变更控制过程是从项目的全局来考虑和处理变更的，并负责变更的全过程管理。整体变更控制过程贯穿于整个项目过程的始终。

参考题型

【考核方式1】 考核对变更控制委员会的理解。

- 下列关于变更控制委员会（CCB）的描述，错误的是___(1)___。
  (1) A．CCB也称为配置控制委员会，是配置项变更的监管组织
  　　B．CCB的任务是对建议的配置项变更作出评价、审批及监督已批准变更的实施

C．CCB 组织可以只有一个人

D．CCB 包括的人员一定要面面俱到，应涵盖变更涉及的所有团体，才能保证其管理的有效性

■ **试题分析**　本题考核对 CCB 的理解。

项目的变更很可能需要额外的项目资金、资源与时间，因此应建立包括来自不同领域的项目利益相关者在内的变更控制委员会，以评估范围变更对项目或组织带来的影响。这个委员会应当由具有代表性，而且有能力在管理上做出承诺的人员组成。CCB 包括的人员不一定要面面俱到。组织可以把主要的几个项目干系人纳入这个委员会，根据每个项目的特殊需要，还可以由几个项目组员轮流参与。通过建立管理变更的正式委员会及其过程，可以有效地提高整体变更控制的水平。

■ **参考答案**　D

[辅导专家提示]　项目变更控制委员会是决策机构，其参与变更管理时，一般不进行变更执行工作。

● 项目经理收到客户要求增加一个新功能的通知，接下来应该　__(2)__。

（2）A．向 CCB 提交变更申请　　　　B．联系项目发起人获得批准

C．通知研发开发新功能　　　　　　D．讨论新功能的实现方法

■ **试题分析**　项目经理收到客户要求增加一个新功能的通知，需要进行变更，因此应该向 CCB 提交变更申请。

■ **参考答案**　A

● 关于范围控制与变更的描述，不正确的是　__(3)__。

（3）A．项目组所有成员都有责任维护项目范围，杜绝范围蔓延

B．即使需求变更请求被批准，也不一定需要更新范围说明书

C．项目范围变更需要项目投资人、用户及其他干系人的批准

D．项目越到后期，需求变更的代价越高

■ **试题分析**　变更需要得到 CCB 的批准。

■ **参考答案**　C

【考核方式 2】　考核变更过程的输入、输出、工具与技术。

● 整体变更控制的工具与技术不包括　__(1)__。

（1）A．专家判断　　B．逻辑数据模型　　C．会议　　D．决策

■ **试题分析**　"逻辑数据模型"是"规划质量管理"的工具。

■ **参考答案**　B

● __(2)__ 不是实施变更控制需要管理的内容。

（2）A．配置管理计划　　B．需求跟踪矩阵　　C．可交付成果　　D．工作绩效报告

■ **试题分析**　实施整体变更控制的输入包含项目管理计划（包括变更管理计划；配置管理计划；范围、成本、进度基准）；工作绩效报告；项目文件（包括需求跟踪矩阵、风险报告、估算依据等）；变更请求；组织过程资产；事业环境因素。

■ **参考答案**　C

【考核方式3】 考核变更控制工作。

- 关于实施整体变更控制过程的描述，不正确的是＿＿(1)＿＿。

  (1) A. 实施整体变更控制过程贯穿项目始终

    B. 项目的任何干系人都可以提出变更请求

    C. 工作绩效报告是实施整体变更控制过程的输入

    D. 未经批准的变更请求不需要记录在变更日志里

  ■ 试题分析　不管变更请求是否被批准，都需要记录在变更日志里。

  ■ 参考答案　D

- 关于实施整体变更控制的描述，不正确的是＿＿(2)＿＿。

  (2) A. 实施整体变更控制过程的主要作用是降低因未考虑变更对整个项目目标或计划的影响而产生的项目风险

    B. 实施整体变更控制过程可用于控制和批准项目整体管理计划的更新

    C. 实施整体变更控制过程贯穿项目始终，并且应用于项目的各个阶段

    D. 实施整体变更控制过程审查可交付成果、组织过程资产、项目文件和项目管理计划

  ■ 试题分析　实施整体变更控制是审查所有变更请求、批准变更，管理对可交付成果、组织过程资产、项目文件和项目管理计划的变更，并对变更处理结果进行沟通的过程。

  ■ 参考答案　D

- 变更管理的原则是＿＿(3)＿＿和变更管理过程规范化。

  (3) A. 项目基准化　　　　　　　　　B. 项目风险最小化

    C. 项目资源增值化　　　　　　　D. 项目配置完整化

  ■ 试题分析　变更管理的基本原则是首先建立项目基准、变更流程和变更控制委员会。

  ■ 参考答案　A

整体变更控制补充知识点

变更控制的流程如下。

 (1) 变更申请：记录变更的提出人、日期、申请变更的内容等信息。

 (2) 变更评估：对变更的影响范围、严重程度、经济和技术可行性进行系统分析。

 (3) 变更决策：由具有相应权限的人员或机构决定是否实施变更。

 (4) 变更实施：由管理者指定的工作人员在受控状态下实施变更。

 (5) 变更验证：由配置管理人员或受到变更影响的人对变更结果进行评价，确定变更结果和预期是否相符、相关内容是否进行了更新、工作产物是否符合版本管理的要求。

 (6) 沟通存档：将变更后的内容通知给可能会受到影响的人员，并将变更记录汇总归档。若提出的变更在决策时被否决，其初始记录也应予以保存。

 [辅导专家提示]　变更控制的流程是变更控制中经常涉及的知识点，在解题过程中也常作为判断的依据，要求考生非常熟悉该流程。

知识点：结束项目或阶段

知识点综述

结束项目或阶段（又称项目收尾）过程就是结束项目某一阶段中的所有活动并正式收尾该项目阶段的过程。当然，这一过程也包括关闭整个项目活动，以收尾整个项目。项目收尾过程还要恰当地移交已完成或已取消的项目和阶段。

项目不能结项、不能收尾以及项目收尾过程中的工作和产生的相关文档也是案例分析考核点之一。

参考题型

【考核方式1】 考核项目收尾和合同收尾之间的关系，要求识记和理解。

- 下列关于项目收尾与合同收尾关系的叙述，正确的是___(1)___。
    (1) A．项目收尾与合同收尾无关
        B．项目收尾与合同收尾等同
        C．项目收尾包括合同收尾和管理收尾
        D．合同收尾包括项目收尾和管理收尾

    ■ **试题分析**　项目收尾包括管理收尾与合同收尾。

    管理收尾是对于内部来说的，把做好的项目文档等归档，对外宣称项目已经结束并转入维护期，把相关的产品说明转到维护组，同时进行经验教训总结。

    合同收尾就是按照合同约定，项目组和业主一项项地核对，检查是否完成了合同所有的要求，是否可以把项目结束掉，也就是通常所讲的项目验收。

    ■ **参考答案**　C

- 结束项目或阶段过程的主要作用包括___(2)___。
    ①存档项目或阶段信息　　　　　　②利用已有的项目知识改进项目成果
    ③对项目工作的可交付成果进行综合管理　④确定项目工作的基础
    ⑤释放组织团队资源
    (2) A．①②⑤　　　　　　　　　　B．①⑤
        C．①③⑤　　　　　　　　　　D．①④

    ■ **试题分析**　结束项目或阶段的主要作用包括：对项目或阶段信息进行存档，完成计划工作；释放组织团队资源，便于展开新工作。

    ■ **参考答案**　B

【考核方式2】 考核对行政收尾概念及其主要工作的理解。

- 关于项目收尾的描述，不正确的是___(1)___。
    (1) A．项目收尾分为管理收尾和合同收尾
        B．管理收尾和合同收尾都要进行产品核实，都要总结经验教训

C. 每个项目阶段结束时都要进行相应的管理收尾

D. 对于整个项目而言，管理收尾发生在合同收尾之前

■ **试题分析** 管理收尾又称为行政收尾。从整个项目来说，合同收尾发生在行政收尾之前；如果是以合同形式进行的项目，在收尾阶段，先要进行采购审计和合同收尾，然后进行行政收尾。项目总结属于项目收尾的行政收尾，检查项目团队成员及相关干系人是否按规定履行了所有职责。

■ **参考答案** D

● ＿＿＿（2）＿＿＿ 不属于收尾过程所包含的工作。

(2) A. 确保所有文件和可交付成果都已是最新版本，且所有问题都已得到解决

B. 控制变更，推荐纠正措施

C. 确认可交付成果已交付给客户并已获得客户的正式验收

D. 测量干系人的满意程度

■ **试题分析** 项目或阶段行政收尾所需的必要活动包括如下内容。

➤ 为达到阶段或项目的完工或退出标准所必需的行动和活动，如确保所有文件和可交付成果都已是最新版本，且所有问题都已得到解决；确认可交付成果已交付给客户并已获得客户的正式验收；确保所有成本都已记入项目成本账；关闭项目账户；重新分配人员；处理多余的项目材料；重新分配项目设施、设备和其他资源；根据组织政策编制详尽的最终项目报告。

➤ 为关闭项目合同协议或项目阶段合同协议所必须开展的活动，如确认卖方的工作已通过正式验收；最终处置未决索赔；更新纪录以反映最后的结果；存档相关信息供未来使用。

➤ 完成下列工作所必须开展的活动：收集项目或阶段记录；审计项目成败；管理知识分享和传递；总结经验教训；存档项目信息以供组织未来使用。

➤ 为向下一个阶段，或者向生产和（或）运营部门移交项目的产品、服务或成果所必须开展的行动和活动。

➤ 收集关于改进或更新组织政策和程序的建议，并将它们发送给相应的组织部门。

➤ 测量干系人的满意程度。

■ **参考答案** B

【**考核方式3**】 考核项目验收、项目总结、项目后评价的内容。

● 信息系统集成项目完成验收后要进行一个综合性的项目后评价，评价的内容一般包括＿＿＿（1）＿＿＿。

(1) A. 系统目标评价、系统质量评价、系统技术评价、系统可持续性评价

B. 系统社会效益评价、系统过程评价、系统技术评价、系统可用性评价

C. 系统目标评价、系统过程评价、系统效益评价、系统可持续性评价

D. 系统责任评价、系统环境影响评价、系统效益评价、系统可持续性评价

■ **试题分析** 项目收尾包括管理收尾与合同收尾。

本题考核项目后评价，信息系统项目后评价的主要内容一般包括信息系统的目标评价、信息系统过程评价、信息系统效益评价和信息系统可持续性评价四个方面。

■ **参考答案** C

[辅导专家提示]　案例分析题不定期考核项目收尾的相关内容，具体考核内容如下。
　　1）项目验收的内容：验收测试；系统试运行；系统文档验收；项目终验。
　　2）项目总结会讨论的内容：项目绩效；技术绩效；成本绩效；进度计划绩效；项目的沟通；识别问题和解决问题；意见和建议。

● 在项目收尾过程中，关于试运行的描述，不正确的是___(2)___。
　　(2)A．试运行期间系统发生的问题，可能是系统缺陷，也可能是额外的新需求
　　　　B．试运行过程中识别的新需求，应马上执行变更流程予以处理
　　　　C．为了检验系统的试运行情况，客户可将部分数据或配置信息加载到信息系统上进行正常操作
　　　　D．在试运行期间，甲乙双方可以进一步确定具体的工作内容并完成相应的交接工作

■ 试题分析　系统试运行期间主要包括数据迁移、日常维护以及缺陷跟踪和修复等方面的工作内容。对于在试运行期间系统发生的问题，根据其性质判断是否是系统缺陷，如果是系统缺陷，应该及时更正系统的功能；如果不是系统自身缺陷，而是额外的信息系统新需求，可以遵循变更流程进行变更，也可以暂时搁置，作为后续升级工作的一部分。

■ 参考答案　B

● 在项目收尾过程中，关于项目终验（最终验收）的描述，不正确的是___(3)___。
　　(3)A．项目试运行与最终验收是两个固定环节，不可以合并
　　　　B．对于信息系统而言，最终验收标志着项目的结束和售后服务的开始
　　　　C．最终验收工作意味着双方对结束项目工作的认可，而不是单方面认可
　　　　D．项目最终验收合格后，应该由双方的项目组撰写验收报告提请双方工作主管认可

■ 试题分析　在系统经过试运行以后的约定时间内，双方可以启动项目的最终验收工作。通常情况下，大型项目都分为试运行和最终验收两个步骤。对于一般项目，可将系统测试和最终验收合并进行，但需要对最终验收的过程加以确认。最终验收报告就是业主方认可承建方项目工作的最主要文件之一，这是确认项目工作结束的重要标志。

■ 参考答案　A

● 关于项目收尾过程的移交过程的相关描述，不正确的是___(4)___。
　　(4)A．项目经理需要依据项目立项管理文件、合同或协议中交付内容的规定，识别并整理向客户方移交的工作成果
　　　　B．项目经理需要依据上线发布或运维移交的相关规定，识别并整理向运维和支持团队移交的工作成果
　　　　C．在项目收尾过程中，项目团队应归纳总结项目的过程资产和技术资产，提交组织更新至过程资产库
　　　　D．在项目组织移交过程资产的时候，只需移交最终成果，无须提交过程成果

■ 试题分析　在项目收尾过程中，项目团队应归纳总结项目的过程资产和技术资产，提交组织更新至过程资产库。向组织移交的过程资产通常包括项目档案、项目或阶段收尾文件、技术和管理资产。

■ 参考答案　D

- 在项目总结阶段，____(5)____ 不属于项目总结会议中需要关注的内容。
  - （5）A．项目目标　　　　　　　　　　　B．技术绩效
  　　　 C．意见和改进建议　　　　　　　　D．需交付内容
  - ■ **试题分析**　项目总结过程是对项目前期价值与目标达成情况的总结，以及对工作经验和教训的总结分析。项目总结会议包含的内容有项目目标、技术绩效、成本绩效、进度计划绩效、项目的沟通、识别问题和解决问题、意见和改进建议。
  - ■ **参考答案**　D

【考核方式4】 考核该过程的输入、输出、工具与技术。

- ____(1)____ 不属于结束项目或阶段的输入。
  - （1）A．项目或阶段收尾要求　　　　　　B．配置管理知识库
  　　　 C．验收的可交付成果　　　　　　　D．项目最终报告
  - ■ **试题分析**　结束项目或阶段的输入包括项目管理计划；组织过程资产（包括项目或阶段收尾要求、配置管理知识库等）；验收的可交付成果（包括产品规范、交货收据、工作绩效文件等）；项目章程；项目文件；立项管理文件（包括可行性研究报告、项目评估报告等）；协议；采购文档。项目最终报告属于结束项目或阶段的输出。
  - ■ **参考答案**　D

- 可用于结束项目或阶段的数据分析技术中，评估现有文件有助于总结经验教训和分享知识，以改进未来项目和组织资产的是 ____(2)____ 。
  - （2）A．文件分析　　　B．回归分析　　　C．趋势分析　　　D．偏差分析
  - ■ **试题分析**　可用于结束项目或阶段的数据分析技术主要包括以下四种。
    - ➤ 文件分析：评估现有文件有助于总结经验教训和分享知识，以改进未来项目和组织资产。
    - ➤ 回归分析：该技术分析作用于项目结果的不同项目变量之间的相互关系，以提高未来项目的绩效。
    - ➤ 趋势分析：可用于确认组织所用模式的有效性，并且为未来项目而进行相应的模式调整。
    - ➤ 偏差分析：可通过比较计划目标与最终结果来改进组织的测量指标。
  - ■ **参考答案**　A

课堂练习

- 发布项目章程标志着项目的正式启动。以下围绕项目章程的叙述中，____(1)____ 是不正确的。
  - （1）A．制定项目章程的工具与技术包括专家判断
  　　　 B．项目章程要为项目经理提供授权，方便其使用组织资源进行项目活动
  　　　 C．项目章程应当由项目发起人发布
  　　　 D．项目经理应在制定项目章程后再任命

- 经项目各有关干系人同意的 ____(2)____ 就是项目的基准，为项目的执行、监控和变更提供了基础。
  - （2）A．项目合同书　　B．项目管理计划　　C．项目章程　　D．项目范围说明书

- 下列针对项目整体变更控制过程的叙述，不正确的是___(3)___。
  (3) A．配置管理的相关活动贯穿整体变更控制的始终
      B．整体变更控制过程主要体现在确定项目交付成果阶段
      C．整体变更控制过程贯穿于项目的始终
      D．整体变更控制的结果可能引起项目范围、项目管理计划、项目交付成果的调整
- 企业通过多年项目实施经验总结归纳出的 IT 项目可能出现的风险列表属于___(4)___范畴。
  (4) A．事业环境因素   B．定性分析技术   C．组织过程资产   D．风险规划技术
- 以下关于项目整合管理的叙述，正确的是___(5)___。
  (5) A．项目整合管理把各个管理过程看成是完全独立的
      B．项目整合管理过程是线性的过程
      C．项目整合管理是对管理过程组中的不同过程和活动进行识别、定义、整合、统一和协调的过程
      D．项目整合管理不涉及成本估算过程
- 项目执行过程中，客户要求对项目范围进行修改，项目经理首先应该___(6)___。
  (6) A．向 CCB 提交正式的变更请求
      B．通知客户在项目进展过程中不可以进行范围修改
      C．重写项目计划添加新的需求并实施
      D．听取高级管理层关于预算和资源计划的建议
- 整合者是项目经理承担的重要角色之一，关于整合者的叙述，不正确的是___(7)___。
  (7) A．整合者从技术角度审核项目
      B．通过与项目干系人主动、全面地沟通，了解他们对项目的需求
      C．在相互竞争的干系人之间寻找平衡点
      D．通过协调工作，达到项目需求间平衡，实现整合
- 关于变更控制委员会（CCB）的描述，不正确的是___(8)___。
  (8) A．CCB 的成员可能包括客户或项目经理的上级领导
      B．一般来说，项目经理会担任 CCB 的组长
      C．针对某些变更，除了 CCB 批准以外，可能还需要客户批准
      D．针对可能影响项目目标的变更，必须经过 CCB 批准
- 项目章程的内容不包括___(9)___。
  (9) A．项目的总体质量要求   B．项目的成功标准
      C．项目范围管理计划   D．项目的审批要求
- 一项新的国家标准出台，某项目经理意识到新标准中的某些规定将导致其目前负责的一个项目必须重新设定一项技术指标，该项目经理首先应该___(10)___。
  (10) A．撰写一份书面的变更请求
       B．召开一次变更控制委员会会议，讨论所面临的问题
       C．通知受到影响的项目干系人将采取新的项目计划
       D．修改项目计划和 WBS，以保证该项目产品符合新标准

第 4 章 项目范围管理

知识点图谱与考点分析

项目范围管理是项目管理的核心内容之一，是几乎所有规划工作的基础。

在本章的复习中，注意掌握范围管理的相关术语（如产品范围、项目范围、范围基准等）及范围管理的各个过程，注意区分定义范围、工作分解结构（Work Breakdown Structure，WBS）、确认范围这些过程。

如图 4-0-1 所示为范围管理知识点图谱。

项目范围管理
- 基本概念
  - 项目范围、产品范围、范围基准、检查点、里程碑、基线
  - 范围基准组成
  - 产品范围和项目范围之间的关联
- 规划范围管理
  - 输入、输出、工具与技术
  - 范围管理计划
- 收集需求
  - 需求跟踪矩阵
  - 需求过程的实际应用
  - 输入、输出、工具与技术
- 定义范围
  - 范围说明书
  - 输入、输出、工具与技术
- 创建WBS
  - 输入、输出、工具与技术
  - 分解活动、分解原则（工作包、100%原则、8/80规则）
  - 范围基准的特点
- 确认范围
  - 输入、输出、工具与技术
  - 确认范围过程的一般步骤
  - 范围蔓延
- 控制范围
  - 输入、输出、工具与技术
  - 综合性概念

图 4-0-1 范围管理知识点图谱

知识点：基本概念

知识点综述

范围管理的基本概念主要涉及项目范围、产品范围、范围基准，以及对检查点、里程碑、基线等概念的理解。

本知识点的关键在于掌握项目范围和产品范围两者之间的区别与联系，识记范围基准的组成内容。

项目产品范围是指客户对项目最终产品或服务期望包含的特征与功能的总和，项目工作范围是为了交付满足产品范围要求的产品或服务所必须完成的全部工作的总和。

参考题型

【考核方式 1】 识记题。考核对项目范围管理、范围基准的理解，范围基准组成内容的识记。

- 范围基准是指____(1)____。
  （1）A．经批准的 WBS 和 WBS 字典
  　　B．详细范围说明书
  　　C．经批准并已确认了的范围说明书、WBS 和 WBS 字典
  　　D．项目管理计划
  ■ 试题分析　范围基准是指经批准并已确认了的范围说明书、WBS 和 WBS 字典。注意区分范围基准中的各交付物分别产生于范围管理的不同过程。
  ■ 参考答案　C

- ____(2)____ 是项目范围管理的关注点。
  （2）A．确保项目的所有过程均成功完成　　B．按照项目管理流程执行
  　　C．为项目工作明确划定边界　　　　　D．确保项目工作不出错
  ■ 试题分析　项目范围管理包括确保项目做且只做所需的全部工作，以成功完成项目的各个过程。管理项目范围主要在于定义和控制哪些工作应该包括在项目内，哪些不应该包括在项目内，即为项目工作明确划定边界。
  ■ 参考答案　C

- 项目范围管理是为了____(3)____而对项目的工作内容进行控制和管理的过程。
  （3）A．发现项目问题　B．实现项目目标　C．验证项目目标　D．监督项目过程
  ■ 试题分析　项目范围管理是为了实现项目目标而对项目的工作内容进行控制和管理的过程。
  ■ 参考答案　B

- 关于项目范围管理的描述，不正确的是____(4)____。
  （4）A．项目范围的定义可以是广义的，也可以是狭义的，根据项目不同管理层的需要不同
  　　B．范围管理就是要做范围内的事，而且只做范围内的事，既不少做也不多做
  　　C．项目范围管理就是让实施人员知道为达成预期目标需要完成的工作项目

D．范围是项目其他各方面管理的基础，如果范围都弄不清楚，成本、进度和质量等就无从谈起

■ **试题分析** 项目范围管理不仅仅是让项目管理和实施人员知道为达成预期目标需要完成哪些具体的工作，还要确认清楚项目相关各方在每项工作中的分工界面和责任。详细、清楚地界定分工和责任，不但有利于项目实施中的变更管理和推进项目发展，减少责任不清的情况发生，也便于项目结束时明确、清晰地确认项目范围。

■ **参考答案** C

【考核方式2】理解题。考核产品范围和项目范围之间的关联。

● 如果产品范围做了变更，下一步应该调整＿＿(1)＿＿。
（1）A．项目范围　　　　　B．进度表　　　　　C．SOW　　　　　D．质量基准

■ **试题分析** 产品范围描述的是项目范围说明书的重要组成部分，因此产品范围变更后，首先受到影响的是项目范围。在项目范围调整之后，才能调整项目的进度表和质量基线等。

■ **参考答案** A

[辅导专家提示] 项目范围说明书在所有项目干系人之间建立了一个对项目范围的共识，描述了项目的主要目标，使团队能进行更详细的规划，指导团队在项目实施期间的工作，并为评估为客户需求进行变更或附加的工作是否在项目范围之内提供了基线。

知识点：规划范围管理

知识点综述

规划范围管理（又称范围管理计划编制）就是定义、确认和控制项目范围的过程，该过程在整个项目中，是管理范围的指南。本过程的主要作用是在整个项目期间为如何管理范围提供指南和方向。

参考题型

【考核方式1】考核该过程的输入、输出、工具与技术。

● ＿＿(1)＿＿不属于规划范围管理的输入。
（1）A．需求管理计划　　　　　　　　B．项目章程
　　　C．质量管理计划　　　　　　　　D．项目生命周期描述

■ **试题分析** 规划范围管理的输入包含项目章程；项目管理计划（包含质量管理计划、项目生命周期描述、开发方法等）；事业环境因素；组织过程资产等。需求管理计划属于规划范围管理的输出。

■ **参考答案** A

● ＿＿(2)＿＿不属于规划范围管理的工具与技术。
（2）A．头脑风暴　　　　B．专家判断　　　　C．会议　　　　D．备选方案分析

■ **试题分析** 规划范围管理的工具与技术包含专家判断、数据分析、会议等。其中，适用于

规划范围管理过程的数据分析技术主要是备选方案分析。

■ **参考答案** A

【考核方式2】 考核范围管理计划的定义、作用。
- 项目范围管理计划不能对____(1)____提供帮助。
  (1) A．确定如何审批范围基准　　　　B．验收项目交付成果
  　　 C．制定项目范围说明书　　　　　D．成本估算

■ **试题分析** 范围管理计划是项目管理计划的组成部分，描述如何定义、制定、监督、控制和确认项目范围。范围管理计划用于指导制定项目范围说明书；根据详细项目范围说明书创建WBS；确定如何审批和维护范围基准；正式验收已完成的项目可交付成果等工作。

■ **参考答案** D

知识点：收集需求

知识点综述

收集需求是确定、记录并管理干系人需求的过程。本过程的主要作用是为定义产品范围和项目范围工作提供基础。

参考题型

【考核方式1】 考核该过程的输入、输出、工具与技术。
- ____(1)____不属于收集需求的输入。
  (1) A．立项管理文件　　B．需求跟踪矩阵　　C．项目文件　　D．项目章程

■ **试题分析** 收集需求的输入包含立项管理文件、项目管理计划、项目文件、项目章程、协议、事业环境因素、组织过程资产等。需求跟踪矩阵属于收集需求的输出。

■ **参考答案** B

- ____(2)____不是用于收集需求过程的数据收集技术。
  (2) A．头脑风暴　　　B．决策　　　　C．问卷调查　　　D．标杆对照

■ **试题分析** 可用于收集需求过程的数据收集技术主要包括头脑风暴、访谈、焦点小组、问卷调查、标杆对照。

■ **参考答案** B

- ____(3)____用于确认项目可交付成果的成功完成。
  (3) A．业务需求　　　　　　　　　　B．解决方案需求
  　　 C．质量需求　　　　　　　　　　D．过渡与就绪需求

■ **试题分析** 需求的类别如下。
1) 业务需求：即组织高层级需要。
2) 干系人需求：即干系人的需要。
3) 解决方案需求：为满足业务需求和干系人需求，产品、服务或成果必须具备的特性、功能

和特征。解决方案需求可以细分为功能需求（描述产品功能）和非功能需求（描述产品保密性、可靠性、性能、安全性、服务水平等）。

4）过渡与就绪需求：即培训、数据转换等需求。

5）项目需求：项目本身所需的条件、行动、过程等。如合同责任、里程碑日期、制约因素等。

6）质量需求：确认项目可交付成果的成功完成。如认证、测试、确认等。

■ 参考答案　C

【考核方式2】　考核需求过程的实际应用。

- 在项目范围定义过程中，客户不断地对需求进行小幅调整，已经超出预期完成时间。为了解决当前问题，应该___(1)___。

（1）A．安排召开引导式研讨会，就最终需求达成一致意见

　　　B．重新进行产品分析，明晰范围

　　　C．团队内部确定最终需求，通知客户

　　　D．组织培训，讲解需求收集的相关技术

■ 试题分析　由于"客户不断地对需求进行小幅调整"导致了"超出预期完成时间"，所以需要明确需求，确定最终需求。

■ 参考答案　A

- ___(2)___不是需求跟踪矩阵的内容。

（2）A．详细需求　　　B．项目目标　　　C．测试策略　　　D．工作绩效

■ 试题分析　需求跟踪矩阵包含的内容有业务需求、机会、目标、项目目标、项目范围；WBS可交付成果；产品设计与开发；测试策略和测试场景；高层级的详细需求。

■ 参考答案　D

知识点：定义范围

知识点综述

定义范围过程中产生的关键交付物是范围说明书。项目范围说明书详细描述了项目的可交付成果，以及为提交这些可交付成果而必须开展的工作。项目范围说明书也描述了项目干系人之间就项目范围所达成的共识。同时，项目范围说明书明确指出哪些工作不属于项目范围，使项目团队能开展更详细的规划，并可在执行过程中指导项目团队的工作；它还为评价变更请求或额外工作是否超出项目边界提供了基准。

参考题型

【考核方式1】　考核定义范围中输入、输出和工具项的具体内容，如考核范围说明书的具体内容。

- 定义范围的主要交付物是___(1)___。

（1）A．WBS和WBS字典　　　　　　B．项目范围说明书

　　　C．批准的变更申请　　　　　　　D．产品范围描述

项目范围管理 第 4 章

■ **试题分析** 定义范围的主要交付物实际就是定义范围过程的输出。

本题中，选项 B 是定义范围过程的输出。

■ **参考答案** B

- ___(2)___ 不属于项目范围说明书的内容。

  (2) A. 项目的可交付成果　　　　　　B. 项目的假设条件

  　　C. 干系人清单　　　　　　　　　D. 验收标准

■ **试题分析** 理解题，从题目上看是考核考生对范围说明书所包含的内容的熟悉程度，实际考核的是对范围概念的理解，选项 C 明显不属于范围说明书的范畴。

■ **参考答案** C

[辅导专家提示] 考生对某些识记类的知识点要灵活处理，某些看上去要背诵的知识点，实际只需一定程度理解即可，在做题过程中，能够辨认出正确或错误项即可。

【考核方式2】 考核对定义范围过程概念的理解。

- 关于项目定义范围的描述，不正确的是___(1)___。

  (1) A. 定义范围是制订目标和产品详细描述的过程

  　　B. 定义范围过程的输出包括范围管理计划、干系人登记册、需求文件

  　　C. 范围说明书是对项目范围、可交付成果、假设条件和制约因素等的描述

  　　D. 项目进行中，往往需要多次反复开展定义范围的活动

■ **试题分析** 定义范围的输出包括：①项目范围说明书；②项目文件更新。

项目范围说明书是对项目范围、可交付成果、假设条件和制约因素的描述。项目范围说明书记录了整个范围，包括项目和产品范围。

选项 B 中"干系人登记册"是"识别干系人"过程的输出。

■ **参考答案** B

【考核方式3】 综合性考核对定义范围过程的理解。

- 小王正在负责管理一个产品开发项目。开始时，产品被定义为"最先进的个人数码产品"，后来被描述为"先进个人通信工具"。在市场人员的努力下，该产品与某市交通局签订了采购意向书，与用户、市场人员和研发工程师进行充分的讨论后，被描述为"成本在 1000 元以下，能通话、播放 MP3、运行 Windows CE 的个人掌上电脑"。这表明产品的特征正在不断地变更、改进，但是小王还需将___(1)___与其相协调。

  (1) A. 项目范围定义　　　　　　　　B. 项目干系人的利益

  　　C. 范围变更控制系统　　　　　　D. 用户的战略计划

■ **试题分析** 产品范围描述了项目承诺交付的产品、服务或结果的特征。这种描述会随着项目的开展而逐渐细化产品特征。但产品特征的细化必须在适当的范围定义下进行，特别是对于基于合同开展的项目。项目的范围一旦得到项目相关干系人定义且确认后就不能随意改变，即使产品特征在逐渐细化，也要在相关干系人定义并确认后的项目范围内进行。

■ **参考答案** A

53

测试时发现一项功能不在测试计划内，则该项目可能在___(2)___阶段出现了问题。

(2) A．质量管理　　　　　　　　　　B．定义范围
　　C．质量保证　　　　　　　　　　D．制订成本管理计划

■ **试题分析**　定义范围明确项目、服务的边界，是详细描述制订项目和产品的过程。如果测试时发现一项功能不在测试计划内，则可能在定义范围阶段的定义项目边界时出了问题。

■ **参考答案**　B

知识点：创建 WBS

知识点综述

WBS 是以可交付成果为导向的工作层级分解，其分解的对象是项目团队为实现项目目标、提交所需可交付成果而实施的工作。工作分解结构组织并定义项目的总范围，代表着现行项目范围说明书所规定的工作。

在 WBS 中，计划要完成的工作包含在工作分解结构底层的组成部分中，这些组成部分被称为工作包。可以针对工作包安排进度、估算成本和实施监控。

(1) 工作分解结构是用来确定项目范围的，项目的全部工作都必须包含在工作分解结构中，不包含在内的任何工作都不是项目的组成部分。

(2) 工作分解结构的编制需要所有项目干系人的参与。各项目干系人站在自己的立场上，对同一个项目可能编制出差别较大的工作分解结构。项目经理应该发挥"整合者"的作用，组织他们进行讨论，以便编制出一份大家都能接受的工作分解结构。

(3) 工作分解结构是逐层向下分解的。工作分解结构最高层的要素总是整个项目或分项目的最终成果。每下一个层次都是上一层次相应要素的细分，上一层次是下一层次各要素之和。工作分解结构中每条分支分解层次不必相等，如某条分支分解到了第四层，而另一条可能只分解到第三层。一般情况下，工作分解结构应控制在 4～6 层为宜。如果项目比较大，以至于工作分解结构要超过 6 层，我们可以把大项目分解成子项目，然后针对子项目来做工作分解结构。

参考题型

【考核方式1】　考核对 WBS 的理解。

● 下列关于工作分解结构的叙述，错误的是___(1)___。

(1) A．工作分解结构是项目各项计划和控制措施制订的基础和主要依据
　　B．工作分解结构是面向可交付物的层次型结构
　　C．工作分解结构可以不包括分包出去的工作
　　D．工作分解结构能明确项目各方面相关的工作界面，便于责任划分和落实

■ **试题分析**　工作分解结构组织并定义项目的总范围，代表着现行项目范围说明书所规定的工作。

■ **参考答案**　C

【考核方式2】 考核工作包，理解 WBS 的分解活动。

- 下列关于 WBS 的叙述，错误的是 ___(1)___ 。
  （1）A．WBS 是管理项目范围的基础，详细描述了项目所要完成的工作
  　　 B．WBS 最底层的工作单元称为功能模块
  　　 C．树型结构图的 WBS 层次清晰、直观、结构性强
  　　 D．比较大的、复杂的项目一般用列表形式的 WBS 表示

  ■ **试题分析**　项目的工作分解结构（WBS）是管理项目范围的基础，它组织并定义了整个项目范围，详细描述了项目所要完成的工作。

  WBS 最底层的工作单元称为工作包，它是定义工作范围和项目组织、设定项目产品的质量和规格、估算和控制费用、估算时间周期和安排进度的基础。

  WBS 的表现形式主要有两种：①树型结构，类似于组织结构图。树型结构的 WBS 层次清晰、非常直观、结构性很强，但不容易修改，一般在一些中小型的项目中用得较多。②列表形式。列表形式能够反映出项目所有的工作要素，但直观性较差，常用在一些大型、复杂的项目中，因为有些项目分解后，内容分类较多、容量较大，用缩进图表的形式表示比较方便，也可以装订成册。在项目管理软件中，通常也会采用列表形式的 WBS。大型项目的 WBS 要首先分解为子项目，然后各子项目进一步分解出自己的 WBS。

  ■ **参考答案**　B

- 关于 WBS 的描述，正确的是 ___(2)___ 。
  （2）A．WBS 中的各项工作为可交付成果提供服务
  　　 B．WBS 的内容一般会超出完成可交付成果的活动范围
  　　 C．WBS 的元素可以由一人或多人负责
  　　 D．WBS 应包括分包的工作，但不包括管理工作

  ■ **试题分析**　WBS 必须是面向可交付成果的，项目的目标是提供产品或服务，WBS 各项工作是确保成功交付产品或服务，因此选项 A 正确。WBS 必须符合项目的范围，因此选项 B 错误；WBS 中的元素必须有人负责，且只有一人负责，因此选项 C 错误；WBS 包括项目管理工作（包含外包部分），因此选项 D 错误。

  另外，其他 WBS 创建与分解原则如下：
  ➢ WBS 的底层应该支持计划和控制。WBS 的底层不但要支持项目管理计划，而且要让管理层能够监视和控制项目的进度和预算。
  ➢ WBS 应控制在 4~6 层。
  ➢ WBS 的编制需要主要干系人参与，WBS 并非一成不变的。

  ■ **参考答案**　A

- 关于创建 WBS 的相关描述，正确的是 ___(3)___ 。
  ①项目的全部工作仅限于 WBS 范围内，不在 WBS 中的任何工作都是"镀金"
  ②作为 WBS 的最小单元，一个工作包的工作量不能超过 60 小时
  ③WBS 是自下而上分解的，其最高层的要素是整个项目或分项目的最终成果
  ④WBS 的拆解要遵循互斥的原则，减少相互之间的交叉

⑤里程碑标志着某个可交付成果的正式完成，包括完成时间和应完成的事件
⑥相较于表格，树型结构的 WBS 结构性强、易修改，可直观表现项目的全景
（3）A．①②⑥　　　　B．③④⑤　　　　C．①④⑤　　　　D．②④⑥
■ **试题分析**　②是错误的，一个工作包的工作量不能超过 80 小时；③是错误的，WBS 是自上而下分解的；⑥是错误的，树型结构的 WBS 结构性强但不容易修改，对于大型、复杂的项目也很难表示出项目的全景。
■ **参考答案**　C

【考核方式3】 考核该过程的输入、输出、工具与技术。

- _____（1）_____ 不属于创建 WBS 过程的输入。
  （1）A．项目管理计划　　　　　　　　B．需求文件
  　　C．项目范围说明书　　　　　　　D．更新的假设日志
  ■ **试题分析**　创建 WBS 过程的输入包括项目管理计划；项目文件（包括需求文件、项目范围说明书等）；事业环境因素；组织过程资产。更新的假设日志属于创建 WBS 过程的输出。
  ■ **参考答案**　D

【考核方式4】 考核范围基准的特点。

- _____（1）_____ 不属于范围基准的内容。
  （1）A．批准的范围说明书　　　　　　B．WBS
  　　C．项目管理计划　　　　　　　　D．相应的 WBS 字典
  ■ **试题分析**　范围基准是经过批准的范围说明书、WBS 和相应的 WBS 字典。范围基准是项目管理计划的组成部分。
  ■ **参考答案**　C

知识点：确认范围

知识点综述

确认范围又称范围核实，核实范围时，项目管理团队必须向客户出示能够明确说明项目（或项目阶段）成果的文件（如项目管理文件、需求说明书、技术文件、竣工图纸等）。提交的验收文件是客户已经认可了的此项目产品或某个阶段的文件。

确认范围应该贯穿项目的始终。如果项目在早期被终止，则确认范围过程将记录其完成的情况，如图 4-6-1 所示。

图 4-6-1　确认范围

参考题型

【考核方式1】 侧重于概念考核，要求考生理解概念。

- ___(1)___ 是客户等项目干系人正式验收并接受已完成的项目可交付物的过程。

  (1) A．确认范围 　　　　　　　　　　B．控制范围
  　　C．范围基准 　　　　　　　　　　D．里程碑清单

  ■ **试题分析** 　确认范围：客户等项目干系人正式验收并接受已完成的项目可交付物的过程。

  控制范围：监控项目状态（如项目的工作范围状态和产品范围状态）的过程，也是控制范围变更的过程。

  范围基准：项目范围说明书、与之联系的 WBS 及 WBS 字典作为项目的范围基准，在整个项目的生命周期，这个范围基准被监控、核实和确认。

  ■ **参考答案** 　A

【考核方式2】 判断题，本质仍然是对"确认范围"工作的理解。

- 下列关于项目确认范围的描述，___(1)___ 是正确的。

  (1) A．确认范围是一项对项目范围说明书进行评审的活动
  　　B．确认范围活动通常由项目组和质量管理员参与执行
  　　C．确认范围过程中可能会产生变更申请
  　　D．确认范围属于一项质量控制活动

  ■ **试题分析** 　确认范围是客户等项目干系人正式验收并接受已完成的项目可交付物的过程，包括审查项目可交付物以保证每一个交付物圆满完成。如果项目在早期被终止，项目确认范围过程将记录其完成情况。

  项目确认范围应该贯穿项目的始终。确认范围与质量控制不同，确认范围是有关工作结果验收的问题，而质量控制是有关工作结果正确与否的问题。质量控制一般在确认范围之前完成，当然也可以并行进行。

  ■ **参考答案** 　C

- 确认范围过程的一般步骤是___(2)___。

  ①组织确认范围会议
  ②识别确认范围需要哪些投入
  ③确定需要进行确认范围的时间
  ④确定确认范围会议的组织步骤
  ⑤确定范围正式被接受的标准和要素

  (2) A．③①②⑤④ 　　　　　　　　　B．③②⑤④①
  　　C．①⑤④③② 　　　　　　　　　D．①③②⑤④

  ■ **试题分析** 　确认范围的一般步骤如图 4-6-2 所示。

图 4-6-2 确认范围的一般步骤

■ **参考答案** B

- 关于确认范围的描述中，不正确的是___(3)___。
  (3) A. 确认范围的作用之一是确保验收过程具有客观性
      B. 确认范围过程通常先于控制质量过程，二者也可同时进行
      C. 在确认范围时，应先检查可交付成果是否具有明确的质量标准
      D. 管理层、客户、项目管理人员在确认范围时的关注点有所不同

■ **试题分析** 控制质量过程通常先于确认范围过程，但二者也可同时进行。

■ **参考答案** B

【考核方式3】考核确认范围的输入、输出、工具与技术。

- 某项目团队针对三个方案进行投票，支持 A 方案的人有 35%，支持 B 方案的人有 40%，支持 C 方案的人有 25%，根据以上投票结果选取了 B 方案，此决策依据的是群体决策中的___(1)___。
  (1) A. 一致同意原则   B. 相对多数原则
      C. 大多数原则   D. 独裁原则

■ **试题分析** 本题考核群体决策技术。达成群体决策的方法如下。
1) 一致同意原则。每个人都同意某个行动方案。
2) 大多数原则。获得群体中超过 50%人员的支持，就能做出决策。应把参与决策的小组人数定为奇数，防止因平局而无法达成决策。
3) 相对多数原则。根据群体中相对多数者的意见做出决策，即便未能获得大多数人的支持。通常在候选项超过两个时使用。
4) 独裁原则。在这种方法中，由某一个人为群体做出决策。

■ **参考答案** B

- ___(2)___ 不可作为确认范围过程输入的项目文件。
  (2) A. 需求文件   B. 需求跟踪矩阵   C. 质量报告   D. 范围基准

■ **试题分析** 可作为确认范围过程输入的项目文件主要包括需求文件、需求跟踪矩阵、质量报告、经验教训登记册等。范围基准属于项目管理计划组件。

■ **参考答案** D

- ___(3)___ 不属于确认范围过程的输出。
  (3) A. 验收的可交付成果   B. 项目文件
      C. 变更请求   D. 工作绩效信息

■ **试题分析** 确认范围过程的输出包括验收的可交付成果，变更请求，工作绩效信息，项目文件（更新）。

■ **参考答案** B

知识点：控制范围

知识点综述

范围管理过程中，控制范围经常结合具体的案例进行综合性考核。一般给出一段关于范围管理相关的场景描述，要求考生在阅读完案例场景的内容后作出判断，此类题目涉及范围管理过程中各类概念的综合运用。

参考题型

【考核方式1】 综合性考核。要求考生深入理解概念，有难度。

● 当范围变更导致成本基线发生变化时，项目经理需要做的工作不包括___(1)___。

(1) A．重新确定新的需求基线　　　　　　B．发布新的成本基准
　　C．调整项目管理计划　　　　　　　　D．调整项目章程

■ **试题分析** 项目章程的作用是授权，与成本基线变化无关，且项目章程不由项目经理发布和调整。

■ **参考答案** D

● 关于范围蔓延的描述，正确的是___(2)___。

(2) A．用户需求变化导致的项目范围的延伸
　　B．需求基线内具体内容的调整
　　C．WBS拆分不够细致导致的研发工作增加
　　D．测试问题增加导致的项目完成时间延迟

■ **试题分析** 范围蔓延是指未得到控制的变更、未经控制的产品或项目范围（未对时间、成本和资源做相应调整）的扩大。用户需求变化导致的项目范围的延伸，隐含了没有控制而导致项目范围扩大的信息，因此属于范围蔓延。

■ **参考答案** A

● 关于控制范围的描述，不正确的是___(3)___。

(3) A．发现用户需求变更需通过变更流程　　B．通过范围变更控制降低项目风险
　　C．确定范围正式被接受的标准和要素　　D．判断范围变更是否已经发生

■ **试题分析** 从字面意思上来看，选项C就应该属于确认范围的内容。确认范围包含的步骤有：确定确认范围的时间；确定确认范围的投入；确定确认范围的标准和要素；确定确认范围会议步骤；组织确认范围会议。

■ **参考答案** C

【考核方式2】 考核该过程的输入、输出、工具与技术。

- ___(1)___ 是控制范围常用的工具与技术。

  (1) A．引导式研讨会　　B．产品分析　　C．偏差分析　　D．标杆对照

  ■ **试题分析**　控制范围的工具是数据分析，具体包含了"偏差分析"和"趋势分析"。偏差分析是一种确定实际绩效与基准的差异程度及原因的技术。

  ■ **参考答案**　C

- ___(2)___ 不属于控制范围过程的输入。

  (2) A．项目管理计划　　B．项目文件　　C．变更请求　　D．组织过程资产

  ■ **试题分析**　控制范围过程的输入包含项目管理计划（包括范围管理计划、需求管理计划、变更管理计划、配置管理计划、范围基准、绩效测量基准等）；项目文件；组织过程资产；工作绩效数据。变更请求是控制范围过程的输出。

  ■ **参考答案**　C

范围管理过程补充知识点

输入、输出、工具与技术是常考知识点。表4-7-1对本管理过程中的主要输入、输出、工具与技术进行了整理。

表4-7-1　范围管理过程的输入、输出、工具与技术

过程名称	输入、输出、工具与技术	
规划范围管理	主要输入	项目章程、项目管理计划、事业环境因素、组织过程资产
	主要输出	范围管理计划、需求管理计划
	主要工具	专家判断、数据分析、会议
收集需求	主要输入	立项管理文件、项目章程、项目管理计划、项目文件、协议、事业环境因素、组织过程资产
	主要输出	需求文件、需求跟踪矩阵
	主要工具	专家判断、数据收集、数据分析、决策、数据表现、人际关系与团队技能、系统交互图、原型法
定义范围	主要输入	项目章程、项目管理计划、项目文件、事业环境因素、组织过程资产
	主要输出	项目范围说明书、项目文件（更新）
	主要工具	专家判断、数据分析、决策、人际关系与团队技能、产品分析
创建WBS	主要输入	项目管理计划、项目文件、事业环境因素、组织过程资产
	主要输出	范围基准、项目文件（更新）
	主要工具	专家判断、分解
确认范围	主要输入	项目管理计划、项目文件、工作绩效数据、核实的可交付成果
	主要输出	验收的可交付成果、变更请求、工作绩效信息、项目文件（更新）
	主要工具	检查、决策
控制范围	主要输入	项目管理计划、项目文件、工作绩效数据、组织过程资产
	主要输出	工作绩效信息、变更请求、项目管理计划（更新）、项目文件（更新）
	主要工具	数据分析

课堂练习

- 下列有关项目的工作分解结构的叙述，错误的是___(1)___。
  （1）A．WBS 是管理项目范围的基础，详细描述了项目所要完成的工作
  　　　B．WBS 最底层的工作单元称为工作包
  　　　C．WBS 一般用图形或列表表示，其中分级树型结构适用于一些大型的、复杂的项目
  　　　D．凡是出现在 WBS 中的工作都应该属于项目的范围
- 项目范围说明书、工作分解结构、项目范围管理计划和可交付物都是确认范围的___(2)___。
  （2）A．工具　　　　　B．技术　　　　　C．成果　　　　　D．输入
- 下列有关确认范围相关的叙述，错误的是___(3)___。
  （3）A．确认范围是客户等项目干系人正式验收并接受已完成的项目可交付物的过程
  　　　B．确认范围应贯穿项目的始终
  　　　C．确认范围是有关工作结果正确与否的问题，而质量控制一般在确认范围之前完成
  　　　D．确认范围完成时，同时应对确认中调整的 WBS 和 WBS 字典进行更新
- 以下关于项目范围和产品范围的叙述，不正确的是___(4)___。
  （4）A．项目范围是为了获得具有规定特性和功能的产品、服务和结果，而必须完成的项目工作
  　　　B．产品范围是表示产品、服务和结果的特性和功能
  　　　C．项目范围是否完成以产品要求作为衡量标准
  　　　D．项目的目标是项目范围管理计划编制的一个基本依据
- 项目的工作分解结构是管理项目范围的基础，描述了项目需要完成的工作，___(5)___是实施工作分解结构的依据。
  （5）A．项目活动估算　　　　　　　　B．组织过程资产
  　　　C．详细的项目范围说明书　　　　D．更新的项目管理计划
- ___(6)___是在确认范围中使用的工具。
  （6）A．群体决策　　　B．网络图　　　C．控制图表　　　D．关键路径法
- 关于控制范围的描述，不正确的是___(7)___。
  （7）A．控制范围是监督项目和产品的状态、管理范围基准变更的过程
  　　　B．必须以书面的形式记录各种变更
  　　　C．每次需求变更经过需求评审后都要重新确定新的基准
  　　　D．项目成员可以提出范围变化的要求，并经客户批准后实施
- 关于工作分解结构（WBS）的描述，不正确的是___(8)___。
  （8）A．一般来说 WBS 应控制在 3~6 层为宜
  　　　B．WBS 是项目时间、成本、人力等管理工作的基础
  　　　C．WBS 必须且只能包括整个项目 100%的工作内容
  　　　D．WBS 的制订由项目主要干系人完成

第5章 项目进度管理

知识点图谱与考点分析

每一个项目都有一个进度要求，项目进度管理就是保证项目的所有工作都在指定的时间内完成。

项目时间管理包括六个管理过程：规划进度管理、定义活动、排列活动顺序、估算活动持续时间、制订进度计划和进度控制。其中，规划进度管理过程是新版教程根据 PMBOK 第 5 版新增的过程。

具体可参考知识点图谱，如图 5-0-1 所示。

图 5-0-1　进度管理知识点图谱

本章的重点是关键路径法，难点是计算题，如三点估算法、计算完工概率，本章将介绍用面积法来解此类计算题。比较常见的考核内容是过程的输入、输出、工具与技术，这里不再赘述。

知识点：规划进度管理

知识点综述

规划进度管理是为规划、编制、管理、执行和控制项目进度而制定政策、程序和文档的过程。本过程的主要作用是在整个项目期间，为项目进度管理提供指南和方向。

参考题型

【考核方式1】 考核输入、输出、工具与技术的具体内容。

● 规划项目进度管理是为实施项目进度管理制定政策、程序，并形成文档化的项目进度管理计划的过程，___(1)___ 不属于规划项目进度管理的输入。
　　(1) A. 项目章程　　　B. 范围管理计划　　　C. 里程碑清单　　　D. 组织文化
　　■ 试题分析　规划项目进度管理的输入包括：项目管理计划（包括范围管理计划和开发方法）；项目章程；组织过程资产；事业环境因素。
　　■ 参考答案　C

● ___(2)___ 不是规划项目进度管理的输入。
　　(2) A. 事业环境因素　　　　　　　　B. 项目管理计划
　　　　C. 活动清单　　　　　　　　　　D. 项目章程
　　■ 试题分析　根据逻辑关系解题。选项C"活动清单"是"活动定义"过程的输出。
　　■ 参考答案　C

● 下列四个选项中，___(3)___ 是错误的。
　　(3) A. 规划进度管理过程的工具与技术包含专家判断、数据分析、会议
　　　　B. 进度管理计划是项目管理计划的组成部分，属于规划进度管理过程的输出
　　　　C. 进度管理计划为编制、监督和控制项目进度建立准则和明确活动要求
　　　　D. 进度管理计划必须是正式的，非常详细的
　　■ 试题分析　进度管理计划可以是正式的或非正式的，非常详细的或高度概括的。
　　■ 参考答案　D

【考核方式2】 考核规划进度管理的概念与作用。

● 规划进度管理是为规划、___(1)___ 和控制项目进度而制定政策、程序和文档的过程。
　　(1) A. 编制、管理、执行　　　　　　B. 编制、管理、分解
　　　　C. 管理、执行、分解　　　　　　D. 编制、执行、分解
　　■ 试题分析　规划进度管理是为规划、编制、管理、执行和控制项目进度而制定政策、程序和文档的过程。本过程的主要作用是在整个项目期间，为项目进度管理提供指南和方向。
　　■ 参考答案　A

知识点：定义活动

知识点综述

定义活动是项目进度管理的第一个过程，在定义活动中涉及一些基本概念，比如活动的时间参数，包括 ES（最早开始时间）、EF（最早完成时间）、LS（最迟开始时间）、LF（最迟完成时间）、TF（总时差）、FF（自由时差）。除此以外还要注意对三个基本概念（检查点、里程碑、基线）的理解。

参考题型

【考核方式 1】 考核基本概念。

- 下列有关里程碑的说法中，_____(1)_____是错误的。
    (1) A. 里程碑显示了项目为达到最终目标而必须经过的条件或序列状态
        B. 一个好的里程碑最突出的特征是达到此里程碑的标准毫无歧义
        C. 里程碑计划的编制一般不宜从项目的终结点开始，而应反向进行
        D. 在确定项目的里程碑时，可采用头脑风暴法

    ■ **试题分析** 里程碑是由相关人负责、按计划预定的事件，用于测量工作进度。

在活动定义时，产生的大量的控制点，即为里程碑。它是项目中的重大事件，通常指一个主要可交付成果的完成，一个项目中应该有几个用作里程碑的关键事件。里程碑显示了项目为达到最终目标而必须经过的条件或序列状态，描述了在每一阶段要达到什么状态。一个好的里程碑最突出的特征是达到此里程碑的标准毫无歧义。

里程碑计划的编制可以从最后一个里程碑（即项目的终结点）开始，反向进行，即先确定最后一个里程碑，再依次逆向确定各个里程碑。在确定项目的里程碑时，可采用头脑风暴法。

■ **参考答案** C

[辅导专家提示] 本题延伸的其他概念：里程碑、检查点、基线。

- 定义活动的主要作用是将工作包分解为进度活动，作为对项目工作进行进度估算、_____(2)_____的基础。
    (2) A. 规划、执行、监督和控制　　　　B. 规划、定义、监督和控制
        C. 规划、执行、定义和控制　　　　D. 规划、执行、监督和定义

    ■ **试题分析** 定义活动是识别和记录为完成项目可交付成果而须采取的具体行动的过程。本过程的主要作用是将工作包分解为进度活动，成为项目进度估算、规划、执行、监督和控制的基础。

    ■ **参考答案** A

【考核方式 2】 根据给定条件进行时间的参数计算。

- 已知网络计划中，工作 M 有两项紧后工作，这两项紧后工作的最早开始时间分别为第 15 天和第 18 天，工作 M 的最早开始时间和最迟开始时间分别为第 6 天和第 9 天，如果工作 M 的持续时间为 9 天，则工作 M_____(1)_____。

（1）A. 总时差为 3 天　　　　　　　　B. 自由时差为 1 天
　　　C. 总时差为 2 天　　　　　　　　D. 自由时差为 2 天

■ 试题分析　总时差是指在不延误总工期的前提下，工作的机动时间。工作的总时差等于工作的两个完成时间之差或工作的两个开始时间之差。

自由时差是指在不延误紧后工作开工的前提下工作的机动时间，等于该工作紧后工作的最早开始时间与最早完成时间之差，工作的自由时差最小值一定小于或等于其总时差。在考虑总时差时，可以让紧后工作按最迟开始时间开工，借用紧后工作的松弛时间。而在考虑自由时差时，必须保证紧后工作按最早时间开工。

■ 参考答案　A

【考核方式 3】考核该过程的输入、输出、工具与技术。

- ___(1)___ 不属于定义活动过程的工具与技术。
  （1）A. 分解　　　　　　　　　　　　B. 专家判断
  　　　C. 滚动式规划　　　　　　　　　D. 数据分析
  ■ 试题分析　定义活动的工具与技术包括分解、专家判断、滚动式规划、会议。
  ■ 参考答案　D

- 下列四个选项中，___(2)___ 是错误的。
  （2）A. 定义活动过程的输入包括项目管理计划、组织过程资产、事业环境因素
  　　　B. 定义活动中使用的项目管理计划组件主要包括进度管理计划、范围基准
  　　　C. 活动清单属于定义活动过程的输出
  　　　D. 滚动式规划是一种迭代式的规划技术，可以详细规划远期要完成的工作
  ■ 试题分析　滚动式规划是一种迭代式的规划技术，即详细规划近期要完成的工作，同时在较高层级上粗略规划远期工作。
  ■ 参考答案　D

知识点：排列活动顺序

知识点综述

排列活动顺序的目的在于识别活动之间的依赖关系，是后续制订进度计划的关键，活动排序的结果是输出网络图，是后续关键路径计算的前提条件。

在活动排序过程中，重点在于掌握活动之间的几种逻辑关系和依赖关系。同时要求能够绘制单代号网络图，能够识别箭线图等。

此外，需要熟悉活动排序相关的工具与技术，包括提前量和滞后量、前导图法、活动逻辑关系以及依赖关系等。

参考题型

【考核方式1】 直接给出四种逻辑关系的图形，要求能够判断每种图形所代表的逻辑关系。

- 某项目中有活动一和活动二两个活动单元，其中活动一开始后活动二才能开始。能正确表示这两个活动之间依赖关系的前导图是___(1)___。

(1) A. 活动一 → 活动二   B. 活动一 → 活动二（右侧到右侧）

   C. 活动一 → 活动二（右侧到左侧下）   D. 活动一 → 活动二（左侧到右侧）

■ 试题分析 前导图法包括活动之间存在的四种依赖关系。
FS 型：前序活动结束后，后续活动才能开始。
FF 型：前序活动结束后，后续活动才能结束。
SS 型：前序活动开始后，后续活动才能开始。
SF 型：前序活动开始后，后续活动才能结束。
本题中，选项 A、B、C、D 分别属于 FS、FF、SS 和 SF 型。

■ 参考答案 C

[辅导专家提示] 判断活动之间的依赖关系一般通过箭线起点和终点在活动方框的位置判断。箭线连在活动方框的左侧（前面）为 S，箭线连在活动方框的右侧（后面）为 F。

【考核方式2】 考核活动之间的逻辑关系，一般给出应用场景，要求考生根据应用场景判断。

- 在某个信息系统项目中存在新、老系统切换的问题，在设置项目计划网络图时，新系统上线和老系统下线之间应设置成___(1)___的关系。

(1) A. 结束—开始（FS 型）   B. 结束—结束（FF 型）
    C. 开始—结束（SF 型）   D. 开始—开始（SS 型）

■ 试题分析 参考上题的分析。

■ 参考答案 C

【考核方式3】 考核依赖关系，给出应用场景进行判断。

- 某软件项目测试活动的进度可能取决于外部硬件是否到货，那么这种活动之间的依赖关系为___(1)___。

(1) A. 外部依赖关系   B. 强制性依赖关系
    C. 可斟酌处理的依赖关系   D. 内部依赖关系

■ 试题分析 在确定活动之间的先后顺序时有以下四种依赖关系。
1）强制性依赖关系（硬逻辑关系）：如在电子项目中，必须先制作原型机，然后才能进行测试。
2）可斟酌处理的依赖关系（软逻辑关系）。
3）外部依赖关系（指涉及项目活动和非项目活动之间关系的依赖关系）：如软件项目测试活动的进度可能取决于外部的硬件是否到货。

4）内部依赖关系（项目内部活动之间的依赖关系）。

本题选项 A 中，测试活动属于软件项目活动，硬件活动属于非项目活动。

■ **参考答案** A

【考核方式4】 考核活动排序的工具与技术。

● 下列___(1)___不是活动排序的工具与技术。
   （1）A．前导图法（PDM）　　　　　　B．关键路径法（CPM）
        C．确定依赖关系　　　　　　　　D．利用时间提前量和滞后量

■ **试题分析** 活动排序的工具与技术如下。

1）前导图法（PDM）：又称紧前关系绘图法，是一种用节点表示活动、箭线表示活动关系的项目网络图，也称为单代号网络图（Activity On the Node，AON）。

2）箭线图法（ADM）：表示方法与前导图法相反，用箭线表示活动、节点表示活动排序的一种网络图方法，这种方法也称为双代号网络图（Activity On the Arrow，AOA）法。每一项活动都用一根箭线和两个节点来表示，每个节点都编以号码，箭线的箭尾节点和箭头节点是该项活动的起点和终点。

3）项目管理信息系统。

4）确定和整合依赖关系：包括强制性依赖关系、可斟酌处理的依赖关系和外部依赖关系。

5）提前量和滞后量。

本题中选项 B 的关键路径法是制订进度计划的工具与技术。

■ **参考答案** B

● 下列四个选项中，___(2)___是错误的。
   （2）A．提前量和滞后量属于排列活动顺序过程的工具与技术
        B．提前量是相对于紧前活动紧后活动可提前的时间量
        C．滞后量是相对于紧前活动紧后活动需要推迟的时间量
        D．提前量一般用正值表示

■ **试题分析** 提前量一般用负值表示，滞后量一般用正值表示。

■ **参考答案** D

【考核方式5】 考核活动排序的方法，掌握推算 ES、EF、LS 和 LF 的方法。

● 在下列活动图（图5-3-1）中，I 和 J 之间的活动开始的最早时间是___(1)___。

图5-3-1 活动图

（1）A. 13 B. 23 C. 29 D. 40

■ **试题分析** 从 A 到 J 的关键路径是 ADFHJ，I 和 J 之间的活动开始的最早时间为 40。

首先确定关键路径为 ADFHJ。I 和 J 之间活动的前序活动是 H、I，而 H、I 必须等到关键路径上 F、H 完成后才能开始，F、H 的最早完成时间为 39，H、I 的最早完成时间则为 40，所以，I 和 J 之间活动的最早开始时间是 40。

■ **参考答案** D

【考核方式6】在网络图的基础上进一步考核关键路径或项目工期。

● 求图 5-3-1 中 A 和 J 之间的关键路径。

■ **试题分析** 本题中，对于关键路径的判断可以采用观察法，通过观察来确定最长的路径（关键路径为最长的路径）。在图中，显然 ADFHJ 最长，所以关键路径为 ADFHJ，项目的完成工期 $T = 10+9+20+10 = 49$ 天。

【考核方式7】直接或间接考核过程的输入和输出。

● 项目进度网络图是____(1)____。

（1）A. 活动定义的结果和活动历时估算的输入
B. 排列活动顺序的结果和进度计划编制的输入
C. 活动计划编制的结果和进度计划编制的输入
D. 排列活动顺序的结果和活动历时估算的输入

■ **参考答案** B

■ **试题分析** 项目进度网络图是项目活动排序的结果。

进度计划编制的输入有：①项目管理计划：主要包括进度管理计划、范围基准等；②项目文件：主要包括假设日志、风险登记册、活动属性、活动清单、里程碑清单、项目进度网络图、估算依据、持续时间估算、资源需求、项目团队派工单、资源日历等；③协议；④事业环境因素；⑤组织过程资产。

对项目进度管理中全部过程的输入、输出及主要工具与技术总结见表 5-3-1。

表 5-3-1 项目进度管理的输入、输出、工具与技术

过程名称		输入、输出、工具与技术
规划进度管理	主要输入	项目管理计划、项目章程、事业环境因素、组织过程资产
	主要输出	进度管理计划
	主要工具	专家判断、分析技术、会议
定义活动	主要输入	项目管理计划、事业环境因素、组织过程资产
	主要输出	活动清单、活动属性、里程碑清单、变更请求、项目管理计划（更新）
	主要工具	分解、滚动式规划、专家判断、会议
排列活动顺序	主要输入	项目管理计划、项目文件、事业环境因素、组织过程资产
	主要输出	项目进度网络图、项目文件（更新）

续表

过程名称		输入、输出、工具与技术
排列活动顺序	主要工具	紧前关系绘图法、箭线图法、确定和整合依赖关系、提前量和滞后量、项目管理信息系统
估算活动持续时间	主要输入	项目管理计划、项目文件、事业环境因素、组织过程资产
	主要输出	持续时间估算、项目文件（更新）、估算依据
	主要工具	专家判断、<u>类比估算</u>、<u>参数估算</u>、<u>三点估算</u>、<u>自下而上估算</u>、<u>数据分析</u>、<u>决策</u>、<u>会议</u>
制订进度计划	主要输入	项目管理计划、项目文件、协议、事业环境因素、组织过程资产
	主要输出	项目进度计划、进度基准、进度数据、项目日历、变更请求、项目管理计划（更新）、项目文件（更新）
	主要工具	进度网络分析、关键路径法、资源优化、数据分析、提前量和滞后量、进度压缩、计划评审技术、项目管理信息系统、敏捷或适应型发布规划
控制进度	主要输入	项目管理计划、项目文件、工作绩效数据、组织过程资产
	主要输出	工作绩效信息、进度预测、变更请求、项目管理计划（更新）、项目文件（更新）
	主要工具	数据分析、关键路径法、项目管理信息系统、资源优化、提前量和滞后量、进度压缩

[辅导专家提示] 表 5-3-1 给出了进度管理过程的主要的输入、输出、工具与技术。考生需要重点关注活动历时估算、制订进度计划和控制进度三个过程的工具。

● ___（2）___ 不属于排列活动顺序过程的输入。
　　（2）A．假设日志　　　　　　　　　　B．活动属性
　　　　 C．里程碑清单　　　　　　　　　　D．项目进度网络图

■ 试题分析　排列活动顺序过程的输入包括项目管理计划（主要包括进度管理计划、范围基准等）；项目文件（主要包括假设日志、活动属性、活动清单、里程碑清单等）；事业环境因素；组织过程资产。项目进度网络图属于排列活动顺序过程的输出。

■ 参考答案　D

知识点：估算活动持续时间

知识点综述

　　估算活动持续时间过程利用计划活动对应的工作范围、需要的资源类型和资源数量，以及相关的资源日历信息来估算活动持续的时间。

　　在估算活动持续时间这一过程中，主要的方法有类比估算法、参数估算法、三点估算法和储备分析等。考核的方法一般比较灵活，常见的形式是给出案例场景描述，要求考生根据案例场景从以上几种方法中选择最合适的方法。

　　由于三点估算法的题目变化程度高，我们将其单独作为一个知识点进行详细介绍。

参考题型

【考核方式1】 考核估算活动持续时间的工具——储备分析。

● 项目经理对某软件需求分析活动历时估算的结果是该活动用时 2 周（假定每周工作时间是 5 天）。随后对其进行后备分析，确定的增加时间是 2 天。下列针对该项目储备分析结果的叙述中，___(1)___ 是不正确的。

（1）A．增加软件需求分析的应急时间是 2 天
  B．增加软件需求分析的缓冲时间是该活动历时的 20%
  C．增加软件需求分析的时间储备是 20%
  D．增加软件需求分析的历时标准差是 2 天

■ **试题分析** 三点估算法的公式如下。
PERT 值=(最悲观时间+4×最可能时间+最乐观时间)/6
标准差=(最悲观时间-最乐观时间)/6
显然选项 D 缺乏相关的计算条件，不正确。

■ **参考答案** D

【考核方式2】 网络图的计算，基于网络图推导活动完成的时间。

● 图 5-4-1 中，活动 G 可以拖延 ___(1)___ 周而不会延长项目的最终结束日期（图中时间单位为周）。

图 5-4-1 网络图

（1）A．0 B．1 C．3 D．4

■ **试题分析** 此图为双代号网络图。关键路径为 DHC，整个项目工期 $T=9+0+3=12$ 周。在求出整个项目工期后，再求 G 的浮动时间，由于全部完成 F、H 仅需 8 周，也就意味着 FG 这条路径上的活动可以拖延 4 周。

■ **参考答案** D

[辅导专家提示] 在本题中，用"代号:工期"的方式来表示一项活动，如 A:3 代表 A 活动所需消耗的时间为 3 周。在题中要注意 H 为虚活动，该活动并没有用虚线来表示，而是直接用 H:0 来表示该活动不消耗资源。因此，H 仅表示活动之间的逻辑关系。

【考核方式3】 考核该过程的输入、输出、工具与技术。

● ___(1)___ 不属于估算活动持续时间过程的输入。

（1）A．项目管理计划 B．项目文件

C. 组织过程资产　　　　　　　　D. 持续时间估算

■ **试题分析**　估算活动持续时间过程的输入包括项目管理计划、项目文件、事业环境因素、组织过程资产。持续时间估算属于估算活动持续时间过程的输出。

■ **参考答案**　D

● 下列四个选项中，___(2)___ 是错误的。
(2) A. 类比估算以过去类似项目的参数值（如持续时间、预算、规模、重量和复杂性等）为基础，来估算当前和未来项目的同类参数或指标
　　B. 类比估算属于估算活动持续时间过程的工具与技术
　　C. 可在估算活动持续时间过程更新的项目文件主要包括活动属性、假设日志、经验教训登记册等
　　D. 数据分析不属于估算活动持续时间过程的工具与技术

■ **试题分析**　估算活动持续时间过程的工具与技术包括专家判断、类比估算、参数估算、三点估算、决策、自下而上估算、数据分析、会议。

■ **参考答案**　D

【考核方式4】　考核估算活动持续时间的特点。

● 以下关于估算活动持续时间如何开展的描述，正确的是___(1)___。
(1) A. 仅开展一次
　　B. 仅在项目的预定义点开展
　　C. 仅开展一次或仅在项目的预定义点开展
　　D. 需要在整个项目期间开展

■ **试题分析**　估算活动持续时间是根据资源估算的结果，估算完成单项活动所需工作时段数的过程。本过程需要在整个项目期间开展。

■ **参考答案**　D

知识点：三点估算法

知识点综述

　　三点估算法属于估算活动持续时间这一过程中的重要工具，该方法的关键在于掌握求期望工期和标准差的公式。该方法是计划评审技术的基础。

参考题型

【考核方式1】　考核活动的期望完成时间，要求考生掌握三点估算法的公式。

● 完成活动 A 悲观估计需 36 天，最可能估计需 21 天，乐观估计需 6 天，求该活动的期望完成时间。

■ **试题分析**　PERT 值 =(最乐观时间+4×最可能时间+最悲观时间)/6，可写为：

$$T = \frac{T_a + 4T_m + T_b}{6}$$

式中，T_a 代表最乐观时间；T_m 代表最可能时间；T_b 代表最悲观时间。

因此，本题中 $T = (36+4×21+6)/6 = 21$ 天，即该活动的期望完成时间为 21 天。

【考核方式 2】 求标准差。

● 完成活动 A 悲观估计需 36 天，最可能估计需 21 天，乐观估计需 6 天，求标准差。

■ 试题分析

$$\sigma = \frac{T_b - T_a}{6}$$

标准差 = (最悲观时间 – 最乐观时间)/6 = (36-6)/6 = 5 天。

【考核方式 3】 在三点估算法的基础上考核活动完成的概率。

● 完成活动 A 悲观估计需 36 天，最可能估计需 21 天，乐观估计需 6 天，活动 A 在 16 天到 26 天内完成的概率是多少？

■ 试题分析

如果完成工期在 1 个标准差内，完成概率为 68.26%；
如果完成工期在 2 个标准差内，完成概率为 95.46%；
如果完成工期在 3 个标准差内，完成概率为 99.736%。

根据前面的求解，得知期望工期为 21 天，标准差为 5 天，活动 A 在 16~26 天完成，属于 1 个标准差的范围，因此，其完成概率为 68.26%。

[辅导专家提示] 对于此类题目有比较复杂的其他变化方式，可以采用图形面积法将"完成概率"问题转换成"图形面积"问题求解。以该题为例，根据工期 21 天、标准差 5 天，绘制分布图形如图 5-5-1 所示。

图 5-5-1 标准差面积图

其中，1 个标准差（16~26 天）所占据的面积为整个图形面积的 68.26%，对应其完成概率 68.26%；2 个标准差（11~31 天）所占据的面积为整个图形面积的 95.46%，对应其完成概率 95.46%。

图形面积法将在知识点"计算评审技术"中进行应用。

[辅导专家提示] 三点估算法知识点的考核在近几年的考试中逐渐趋向简单，最近几年的题目考核的均是三点估算法的公式。

● 完成某信息系统集成项目中的一个最基本的工作单元 A 所需的时间，乐观估计需 8 天，悲观估计需 38 天，最可能估计需 20 天，按照 PERT 方法进行估算，项目在 26 天以后完成的概率应是___(1)___。

(1) A．8.9%　　　　　B．15.9%　　　　　C．22.2%　　　　　D．28.6%

■ **试题分析**　项目的工期 PERT 值 =（最乐观估计时间+4×最可能估计时间+最悲观估计时间）/6 = (8+4×20+38)/6 = 126/6 = 21 天，标准差 = (38-8)/6 = 5 天。

采用图形面积法，将完成概率问题转换成图形面积问题进行处理。

题目要求 26 天以后完成的概率，即求 26 天以后的图形面积占整个图形面积的百分比。绘制其分布曲线图如图 5-5-2 所示。

图 5-5-2　标准差面积图

此部分面积 f = 50%-68.26%/2 = 15.87% ≈ 15.9%，选择 B 选项。

■ **参考答案**　B

[辅导专家提示]　请思考此类题目的其他变化方式。

完成活动 A 悲观估计需 36 天，最可能估计需 21 天，乐观估计需 6 天，请问：
1）在 16 天内完成的概率是多少？
2）在 21 天内完成的概率是多少？
3）在 21 天之后完成的概率是多少？
4）在 21 天到 26 天之间完成的概率是多少？
5）在 26 天完成的概率是多少？

知识点：关键路径法&关键链法

知识点综述

关键路径法（Critical Path Method，CPM）属于制订进度计划过程的工具，属于必考知识点。对于关键路径法，考生需要重点掌握：①求关键路径；②识别关键路径，掌握关键路径判断的两个重要原则；③计算项目活动的总时差和自由时差。

此外，与关键路径法同属工具的还有计划评审技术（Program Evaluation and Review Technique, PERT）和关键链法（理解其与关键路径法的区别）。

参考题型

【考核方式 1】 考核对关键路径的理解，掌握关键路径上节点的几个重要参数。

- 任务的最早开始时间是第 3 天，最迟开始时间是第 13 天，最早完成时间是第 9 天，最迟完成时间是第 19 天，则该任务___(1)___。

    (1) A. 在关键路径上　　　　　　　　　　B. 有滞后
    　　C. 进展情况良好　　　　　　　　　　D. 不在关键路径上

    ■ **试题分析** 判断一项活动在不在关键路径上，关键在于判断总时差是否为零。如果总时差为零，则该任务一定在关键路径上；如果总时差不为零，则不在关键路径上。

    活动的总时差=最迟开始时间－最早开始时间=最迟完成时间-最早完成时间=13-3=19-9=10>0，从而可以判断该任务不在关键路径上。

    ■ **参考答案**　D

- 图 5-6-1 为某工程单代号网络图，其中活动 B 的总浮动时间为___(2)___天。

0	5	5
	A	

5	2	7
	B	

9	5	14
	E	

16	4	20
	F	

5	4	9
	C	

5	11	16
	D	

ES	工期	EF
	活动名称	
LS	总时差	LF

图 5-6-1　习题用图

(2) A. 1　　　　　　B. 2　　　　　　C. 3　　　　　　D. 4

■ **试题分析**　本题采用观察法，最长路径为 ADF，工期 20 天。

求 B 的总时差，B 所在的路径 ABEF，周期为 16 天，所以 B 可以延后 4 天不影响工期。

总浮动时间计算方法为：本活动的最迟完成时间减去本活动的最早完成时间，或本活动的最迟开始时间减去本活动的最早开始时间。正常情况下，关键活动的总浮动时间为 0。

■ **参考答案**　D

【考核方式 2】 关键路径计算，根据图例来判断关键路径。

- 下列工程进度网络图（图 5-6-2）中，若节点 0 和 6 分别表示起点和终点，则关键路径为___(1)___。

图 5-6-2 习题用图

(1) A. 0→1→3→6 B. 0→1→4→6
    C. 0→1→2→4→6 D. 0→2→5→6

■ **试题分析** 本题考核根据网络图求关键路径，考生可在网络图基础之上逐步推导。

另外，可以采用"蛮力法"，根据关键路径的判断原则之一——最长的路径为关键路径，可将选项 A、选项 B、选项 C、选项 D 中全部活动进行累加，得到：

A. 2+4+8 = 14 天   B. 2+0+5 = 7 天   C. 2+2+6+5 = 15 天   D. 3+1+4 = 8 天

选项 C 的路径最长，所以选择 C。

■ **参考答案** C

[辅导专家提示] 关键路径法知识点的重要性不言而喻，考生在复习中要注意的是，常规的考核是通过找关键路径来计算工期，除此之外，还需要掌握以下几点。

1) 关键路径法在下午卷案例的考核中往往和挣值分析的题目结合在一起。

2) 关键路径法除了考核计算外，还可以考核对关键路径法的理解。

3) 关键路径法属于制订进度计划的工具，制订进度计划过程中其他的工具也是重点，建议考生阅读教程中相关章节进行总结。

● 关于关键路径的描述，不正确的是＿＿（2）＿＿。

　　（2）A. 关键路径决定着可能的项目最短工期
　　　　B. 关键路径是项目中使用时间最长的活动顺序
　　　　C. 进度网络图中只有一条关键路径
　　　　D. 在项目进展过程中关键路径在不断变化

■ **试题分析** 进度网络图中可能存在多条关键路径。

■ **参考答案** C

知识点：制订进度计划

知识点综述

本题考核知识点如下。

（1）进度计划相关的工具与技术（关键路径法、关键链法，见前述章节）。

（2）进度计划种类（里程碑进度计划、概况性进度计划、详细进度计划）。
（3）常考的工具与技术有资源优化技术、时标网络图。

参考题型

■ **【考核方式】** 考核该过程的输入、输出、工具与技术。

● 关于制订进度计划的工具与技术的描述，不正确的是___(1)___。

(1) A．总浮动时间等于本活动的最迟完成时间减去本活动的最早完成时间
B．自由浮动时间等于紧后活动的最早开始时间的最小值减去本活动的最早完成时间
C．资源平滑技术通过缩短项目的关键路径来缩短完工时间
D．关键路径上活动的总浮动时间与自由浮动时间都为 0

■ **试题分析** 本题考核对制订进度计划的工具的理解，如果对关键路径的知识比较熟悉，可以逐步判断选项 A、B、D 是正确的。

选项 C 中对"资源平滑"的描述错误。

➢ 资源平衡：为了在资源需求与资源供给之间取得平衡，根据资源制约对开始日期和结束日期进行调整的一种技术。如果共享资源或关键资源只在特定时间可用，数量有限，或被过度分配，如一个资源在同一时段内被分配至两个或多个活动，就需要进行资源平衡，也可以为保持资源使用量处于均衡水平而可进行资源平衡。资源平衡往往导致关键路径改变，通常是延长。

➢ 资源平滑：对进度模型中的活动进行调整，从而使项目资源需求不超过预定的资源限制的一种技术。相对于资源平衡而言，资源平滑不会改变项目关键路径，完工日期也不会延迟。也就是说，活动只在其自由浮动时间和总浮动时间内延迟。因此，资源平滑技术可能无法实现所有资源的优化。

■ **参考答案** C

[辅导专家提示] 资源平衡和资源平滑都属于"资源优化技术"，资源优化技术是根据资源供需情况来调整进度模型的技术，包括但不限于资源平衡和资源平滑。<u>两者的区分点在于是否导致关键路径改变</u>。

● ___(2)___ 不属于制订进度计划过程的输入。

(2) A．项目进度计划　　B．项目管理计划　　C．假设日志　　D．资源需求

■ **试题分析** 制订进度计划过程的输入包括项目管理计划（主要包括进度管理计划、范围基准等）；项目文件（主要包括假设日志、风险登记册、活动属性、活动清单、里程碑清单、项目进度网络图、估算依据、持续时间估算、资源需求、项目团队派工单、资源日历等）；协议；事业环境因素；组织过程资产。项目进度计划属于制订进度计划过程的输出。

■ **参考答案** A

● 下列四个选项中，___(3)___ 是错误的。

(3) A．关键路径法属于制订进度计划过程的工具与技术
B．关键路径法用于在进度模型中估算项目的最长工期，确定逻辑网络路径的进度灵活性
C．资源优化技术是根据资源供需情况来调整进度模型的技术

D．进度压缩技术是指在不缩减项目范围的前提下，缩短或加快进度工期，以满足进度制约因素、强制日期或其他进度目标

■ **试题分析** 关键路径法用于在进度模型中估算项目的最短工期，确定逻辑网络路径的进度灵活性。

■ **参考答案** B

● 关于项目日历的描述，不正确的是＿＿（4）＿＿。

（4）A．一个项目只需一个项目日历来编制项目进度计划

B．项目进度计划可能需要对项目日历进行更新

C．项目日历规定工作日和工作班次

D．项目日历明确可开展活动的时间段

■ **试题分析** 在项目日历中规定可以开展进度活动的可用工作日和工作班次，它把可用于开展进度活动的时间段与不可用的时间段区分开来。因为有些活动需要不同的工作时段，所以，在一个进度模型中，可能需要采用不止一个项目日历来编制项目进度计划。因此，可能需要对项目日历进行更新。

■ **参考答案** A

知识点：进度控制

知识点综述

进度控制是监控项目的状态以便采取相应措施以及管理进度变更的过程。进度控制关注如下内容：

（1）确定项目进度的当前状态。

（2）对于引起进度变更的因素施加影响，以保证这种变化朝着有利的方向发展。

（3）确定项目进度已经变更。

（4）当变更发生时管理实际的变更。

进度控制是整体变更控制过程的一个组成部分。

参考题型

【**考核方式1**】 考核进度控制的方法。

● 在软件开发项目实施过程中，由于进度需要，有时要采取快速跟进措施。＿＿（1）＿＿属于快速跟进范畴。

（1）A．压缩需求分析工作周期

B．设计图纸全部完成前就开始现场施工准备工作

C．使用最好的工程师，加班加点尽快完成需求分析说明书编制工作

D．同其他项目协调好关系以减少行政管理的摩擦

■ **试题分析** 进度压缩的两种方法是赶工和并行。

1）赶工：缩短关键路径节点历时，但不改变活动间的逻辑关系。赶工只适用于增加资源就能

压缩进度的活动，同时可能增加成本和风险，导致效率低下。赶工方法有追加资源、加班、支付额外费用等。

2）并行（快速跟进）：活动间的逻辑关系由 FS 变为 SS，即把正常的顺序执行变成并行，并行可能造成返工，风险更大。

■ **参考答案** B

● 项目经理小张在分析项目绩效时，发现几个模块的开发工作无法按时完成，导致测试工作也无法按时启动，但是目前项目成本已经超支，客户的交付时间也不可更改，小张于是和项目组讨论，开发全部完成前提前开始部分测试工作，确保项目按期交付，此处小张运用的进度管理技术是___（2）___。

（2）A．资源平衡　　　　　　　　　　B．资源平滑
　　 C．快速跟进　　　　　　　　　　D．赶工

■ **试题分析** 快速跟进将正常情况下按顺序进行的活动或阶段改为至少是部分并行开展。

■ **参考答案** C

【考核方式2】 考核进度控制的内容。

● ___（1）___属于控制进度的工作内容。
（1）A．确定完成项目工作所需花费的时间量
　　 B．确定完成项目工作所需的资源
　　 C．确定工作之间的逻辑关系
　　 D．确定是否对工作进度偏差采取纠正措施

■ **试题分析** 控制进度是监督项目活动状态、更新项目进展、管理进度基准变更，以实现计划的过程。本过程的主要作用是提供发现计划偏离的方法，从而可以及时采取纠正和预防措施，以降低风险。

进度控制关注的内容如下。
1）判断项目进度的当前状态。
2）对引起进度变更的因素施加影响，以保证这种变化朝着有利的方向发展。
3）判断项目进度是否已经变更。
4）当变更实际发生时严格按照变更控制流程对其进行变更。

■ **参考答案** D

【考核方式3】 考核该过程的输入、输出、工具与技术。

● ___（1）___不属于控制进度过程的输入。
（1）A．进度管理计划　　　　　　　　B．进度基准
　　 C．进度数据　　　　　　　　　　D．进度预测

■ **试题分析** 控制进度过程的输入包括项目管理计划（主要包括进度管理计划、进度基准、范围基准、绩效测量基准等）；项目文件（主要包括资源日历、项目进度计划、项目日历、进度数据、经验教训登记册等）；工作绩效数据；组织过程资产。进度预测属于控制进度过程的输出。

■ **参考答案** D

- 下列四个选项中，___（2）___是错误的。
  - （2）A．数据分析属于控制进度过程的工具与技术
  - B．可用作控制进度过程的数据分析技术包括挣值分析技术
  - C．检查关键路径的进展情况有助于确定项目进度状态
  - D．采用进度压缩技术使进度落后的项目活动赶上计划，对剩余工作可采用的唯一措施是赶工
  - ■ 试题分析　采用进度压缩技术使进度落后的项目活动赶上计划，可以对剩余工作使用快速跟进或赶工方法。
  - ■ 参考答案　D
- 在控制进度过程的数据分析技术中，___（3）___可以通过检查项目绩效随时间的变化情况确定绩效是在改善还是在恶化。
  - （3）A．储备分析　　　　　　　　　B．蒙特卡罗分析
  - 　　C．趋势分析　　　　　　　　　D．假设情景分析
  - ■ 试题分析　控制进度过程中的数据分析具体技术包括趋势分析、关键路径法、挣值分析、偏差分析、假设情景分析、绩效审查、迭代燃尽图等。其中，趋势分析技术用于检查项目绩效随时间的变化情况，以确定绩效是在改善还是在恶化。
  - ■ 参考答案　C

课堂练习

- ___（1）___体现了项目计划过程的正确顺序。
  - （1）A．范围计划→范围定义→活动定义→活动历时估算
  - 　　B．范围定义→范围规划→活动定义→活动排序→活动历时估算
  - 　　C．范围计划→范围定义→活动排序→活动定义→活动历时估算
  - 　　D．活动历时估算→范围规划→范围定义→活动定义→活动排序
- 某项目的主要约束是质量，为了不让该项目的项目团队感觉时间过于紧张，项目经理在估算项目活动历时的时候应采用___（2）___，以避免进度风险。
  - （2）A．专家判断　　　　　　　　　B．定量历时估算
  - 　　C．设置备用时间　　　　　　　D．类比估算
- 进度变更控制的内容包括___（3）___。
  - ①判断项目进度的当前状态　　　②对造成进度变更的因素施加影响
  - ③查明进度是否已经改变　　　　④在实际变更出现时对其进行管理
  - （3）A．①②③　　　B．②③④　　　C．①②③④　　　D．①③④
- 项目经理小李对某活动工期进行估算时，发现人员的熟练程度和设备供应是否及时对工期至关重要。如果形成最有利组合，预计17天可以完成；如果形成最不利组合，预计33天可以完成，按照公司的正常情况，一般22天可以完成，该项目的工期可以估算为___（4）___天。
  - （4）A．22　　　B．23　　　C．24　　　D．25

- 某软件开发项目的最快完成时间、最可能完成时间和最慢完成时间分别为 21 天、27 天和 33 天，那么该开发项目在 25 天至 27 天内完成的概率为___(5)___，在 27 天至 29 天内完成的概率为___(6)___（已知正态分布概率在±1σ 内为 68.26%，±2σ 内为 95.46%，±3σ 内为 99.736%）。

  (5) A．95.46%　　　　　B．47.73%　　　　　C．49.868%　　　　　D．34.13%
  (6) A．68.26%　　　　　B．34.13%　　　　　C．31.74%　　　　　D．95.46%

- 在制订进度计划时，已经完成了：①绘制进度网络图；②活动资源估算；③活动历时估算。此时为了确定各项活动的时差可进行___(7)___。

  (7) A．资源平衡分析　　　　　　　　B．进度压缩分析
　　　C．关键路线分析　　　　　　　　D．假设情景分析

- ___(8)___不属于制订进度计划所采用的工具与技术。

  (8) A．进度网络分析　　　　　　　　B．确定依赖关系
　　　C．进度压缩　　　　　　　　　　D．资源平衡

- 某工程由 9 个活动组成，其各活动情况如表 5-9-1 所示，该工程关键路径为___(9)___。

表 5-9-1　习题用表

活动	紧前活动	所需天数/天	活动	紧前活动	所需天数/天
A		3	F	C	6
B	A	2	G	E	2
C	B	5	H	F、G	5
D	B	7	I	H、D	2
E	C	4			

  (9) A．ABCEGI　　　　　B．ABCFHI　　　　　C．ABDHI　　　　　D．ABDI

- 在制订进度计划时，可以采用多种工具与技术，如关键路径法、资源平衡技术、资源平滑技术等，在以下叙述中，不正确的是___(10)___。

  (10) A．项目的关键路径可能有一条或多条
　　　 B．随着项目的开展，关键路径法可能也随着不断变化
　　　 C．资源平衡技术往往会导致关键路径延长
　　　 D．资源平滑技术往往会改变项目关键路径，导致项目进度延迟

第6章 项目成本管理

知识点图谱与考点分析

在开始成本管理之前,作为制订项目管理计划过程的一部分,项目管理团队需先进行规划,形成一份成本管理计划。项目所需要的成本管理过程及其相关工具与技术通常在定义项目生命周期时就已选定,并记录于成本管理计划中。成本管理计划的内容包括精确程度、计量单位、组织程序链接、控制临界值、绩效测量规则、报告格式和过程描述。

成本管理的四个过程为规划成本管理、估算成本、制订预算和成本控制。成本管理的难点在于成本控制中的挣值管理和完工预测。对于挣值管理,难点在于对三个参数的理解,即 AC、PV 和 EV,尤其是 EV(挣值);对于完工预测,重点在于如何区分典型偏差和非典型偏差,并据此求剩余工作完工成本。一旦能够区分典型偏差和非典型偏差,则可以套用公式进行项目完工成本的预测。此外,BAC、EAC、VAC 都属于常考核知识点。

成本管理知识点图谱如图 6-0-1 所示。

图 6-0-1 成本管理知识点图谱

知识点：成本概念

知识点综述

在进行项目预算时，除了要考虑项目的直接成本，还要考虑其间接成本和一些对成本有影响的其他因素，可能包括：①非直接成本；②沉没成本；③学习曲线。

参考题型

【考核方式1】 考核对成本基本概念的理解。

● 某企业今年用于信息系统安全工程师的培训费用为 5 万元，其中有 8000 元计入 A 项目成本，该成本属于 A 项目的___(1)___。

　　(1) A．可变成本　　　　B．沉没成本　　　　C．实际成本　　　　D．间接成本

　　■ **试题分析**　成本的类型有：可变成本、固定成本、直接成本与间接成本。

间接成本来自一般管理费用科目或几个项目共同担负的项目成本分摊给本项目的费用。

显然，题中"8000 元计入 A 项目成本"属于分摊给 A 项目的费用，从而该成本属于 A 项目的间接成本。

　　■ **参考答案**　D

● 项目经理可以控制的成本是___(2)___。

　　(2) A．间接成本　　　　B．审计成本　　　　C．管理成本　　　　D．直接成本

　　■ **试题分析**　直接成本是可以直接计入项目工作成本的费用，项目经理可以直接控制。其他三个选项，项目经理不可以控制。

　　■ **参考答案**　D

【考核方式2】 考核对机会成本、沉没成本的理解。

● 投资者赵某可以选择股票和储蓄存款两种投资方式。他于 2017 年 1 月 1 日用 2 万元购进某股票，一年后亏损了 500 元，如果当时他选择储蓄存款，一年后将有 360 元的收益，由此可知，赵某投资股票的机会成本为___(1)___元。

　　(1) A．500　　　　　　B．360　　　　　　C．860　　　　　　D．140

　　■ **试题分析**　机会成本是利用一定的时间或资源生产一种商品时，而失去的利用这些资源生产其他最佳替代品的机会，机会成本泛指一切在做出选择后其中一个最大的损失。本题中因为赵某没有选择储蓄导致了 360 元的损失，所以机会成本是 360 元。

　　■ **参考答案**　B

[辅导专家提示]　要求能够辨识可变成本、固定成本、直接成本、间接成本、机会成本、沉没成本、管理储备、应急储备。

1）可变成本：随着生产量、工作量或时间而变的成本为可变成本，又称变动成本。

2）固定成本：不随生产量、工作量或时间的变化而变化的非重复成本为固定成本。

3）直接成本：直接可以归属项目工作的成本为直接成本。如项目团队差旅费、工资、项目使

用的物料及设备使用费等。

4）间接成本：来自一般管理费用科目或几个项目共同担负的项目成本所分摊给项目的费用形成了项目的间接成本，如税金、额外福利和保卫费用等。

5）沉没成本：是指由于过去的决策已经发生了的，而不能由现在或将来的任何决策改变的成本。沉没成本是一种历史成本，对现有决策而言是不可控成本，会很大程度上影响人们的行为方式与决策，在投资决策时应排除沉没成本的干扰。

- 关于成本的描述，不正确的是___（2）___。

  （2）A．投资决策时应尽量考虑沉没成本　　B．沉没成本是一种历史成本

  　　C．管理储备不包括在成本基准中　　D．管理储备是项目总预算中的一部分

  ■ 试题分析　沉没成本是指由于过去的决策已经发生了的，而不能由现在或将来的任何决策改变的成本。沉没成本是一种历史成本，对现有决策而言是不可控成本，在投资决策时应排除其干扰。

  ■ 参考答案　A

- 关于项目成本管理的描述，不正确的是___（3）___。

  （3）A．应急储备通常是预算的一部分

  　　B．产品的全生命周期成本等于开发成本加上部署成本

  　　C．项目分摊的房租属于间接成本

  　　D．管理储备用来应对会影响项目的"未知-未知"风险

  ■ 试题分析　产品的全生命周期成本等于开发成本加上维护成本。

  ■ 参考答案　B

成本概念知识点补充

成本基本概念的总结见表 6-1-1。

表 6-1-1　成本基本概念的总结

术语	解释
项目成本	项目全过程所耗用的各种成本的总和
全生命周期成本	权益总成本，即开发成本和维护成本的总和
学习曲线	当重复生产许多产品时，产品的单位成本将随着数量的增多呈规律性递减的趋势。如果在信息系统项目中采用了项目组成员未使用过的技术和方法，那么在使用这些技术和方法的初期，项目组成员有一个学习的过程，许多时间和劳动投入到尝试和试验中，这些尝试和试验会增加项目的成本。同样，项目组从未从事的项目要比对原有项目升级的成本高得多，也是因为项目组必须学习新的知识
管理储备	管理储备是为了管理控制的目的而特别留出的项目预算、资源或时间，用于应对项目范围中不可预见的工作或风险。管理储备包含成本或进度储备，以降低偏离成本或进度目标的风险，管理储备的使用需要对项目基准进行变更。它们是未知的事件，项目经理在使用或支出管理储备前，可能需要获得批准。管理储备不是项目成本基准的一部分，但包含在项目总预算中。管理储备不纳入挣值计算
应急储备	为未规划但可能发生的变更提供的补贴，这些变更由风险登记册中所列的已知风险引起。它们是已知的未知事件，是项目范围和成本基准的一部分

续表

术语	解释
成本基准	经批准的按时间安排的成本支出计划，随时反映了经批准的项目成本变更（增加或减少的资金数目），被用于度量和监督项目的实际执行成本。它按时段汇总估算的成本编制而成，通常以 S 曲线的形式来表示

知识点：规划成本管理

知识点综述

规划成本管理是为了规划、管理、花费和控制项目成本而制订成本管理计划的过程。本过程的主要作用是在整个项目期间为项目成本管理提供指南和方向。

参考题型

【考核方式1】 考核该过程的输入、输出、工具与技术。

- ___(1)___ 不属于规划成本管理过程的输入。

  (1) A. 进度管理计划

  B. 风险管理计划

  C. 成本管理计划

  D. 项目章程中批准的财务资源及项目审批要求

■ 试题分析 规划成本管理过程的输入包括项目管理计划（包括进度管理计划、风险管理计划等）；项目章程（包含项目章程中批准的财务资源及项目审批要求）；组织过程资产（包括财务程序和数据库，与成本管理相关的政策、程序、指南，历史信息和经验教训等）；事业环境因素等。成本管理计划属于规划成本管理过程的输出。

■ 参考答案 C

- 下列四个选项中，不正确的是___(2)___。

  (2) A. 备选方案分析是适用于成本管理过程的数据分析技术

  B. 财务程序和数据库不是规划成本管理过程的输入

  C. 风险管理计划提供识别、分析和监督风险的方法，同时也提供了影响成本估算和管理的过程及控制方法

  D. 进度管理计划是确定编制、监督和控制项目进度的准则和活动，同时也提供了影响成本估算和管理的过程及控制方法

■ 试题分析 组织过程资产（包括财务程序和数据库，与成本管理相关的政策、程序、指南，历史信息和经验教训等）是规划成本管理过程的输入。

■ 参考答案 B

【考核方式2】 考核规划成本管理的特点，成本管理计划的概念、特点、内容等。

- 成本管理计划的内容不包括___(1)___。

（1）A．成本基准　　　　B．计量单位　　　　C．控制临界值　　　　D．挣值规则
■ **试题分析**　成本管理计划中的内容一般包含计量单位、精度（取整的规定）、准确度（成本估算可接受的区间，包括一定的应急储备）、控制临界值（采取措施前允许的最大偏差）、报告格式、组织程序链接（成本管理计划框架）、绩效测量规则（规定用于绩效测量的挣值管理规则）、其他细节等。
■ **参考答案**　A

● 规划成本管理是确定如何＿＿（2）＿＿和控制项目成本的过程。
（2）A．估算、明确、管理、监督　　　　B．明确、预算、管理、监督
　　　C．估算、预算、管理、监督　　　　D．估算、预算、明确、监督
■ **试题分析**　规划成本管理是确定如何估算、预算、管理、监督和控制项目成本的过程。本过程的主要作用是在整个项目期间为项目成本管理提供指南和方向。
■ **参考答案**　C

知识点：估算成本

知识点综述

估算成本是对完成项目活动所需资金进行近似估算的过程。在估算成本过程中，主要步骤如下。
（1）识别并分析项目成本的构成科目。
（2）估算每一成本科目的成本大小。
（3）分析估算成本结果，协调各种成本之间的比例关系。
在估算成本的知识点中，重点在于了解估算的主要步骤、估算的依据以及估算过程中的主要工具和工具所适用的场景。

参考题型

【**考核方式**】　考核估算成本过程中具体的输入、输出、工具与技术。
● 关于项目估算成本所采用的工具与技术的叙述，不正确的是＿＿（1）＿＿。
（1）A．估算成本需要采用定量方法，与估算人员的技术和管理经验无关
　　　B．三点估算法涉及最可能成本、最乐观成本和最悲观成本
　　　C．类比估算相对于其他估算技术，具有成本低、耗时少、准确率低的特点
　　　D．在估算活动成本时，可能会受到质量成本因素的影响
■ **试题分析**　本题考核对估算成本各个工具的理解，项目估算成本所采用的工具与技术包括：专家判断；类比估算；参数估算；自下而上估算；三点估算；储备分析；质量成本（Cost of Quality，COQ）；项目管理软件；卖方投标分析；群体决策技术。
■ **参考答案**　A

● ＿＿（2）＿＿不可作为估算成本过程输入的项目文件。
（2）A．风险登记册　　　B．资源需求　　　C．项目进度计划　　　D．估算依据

■ **试题分析** 可作为估算成本过程输入的项目文件包括风险登记册、经验教训登记册、资源需求、项目进度计划。估算成本过程更新的项目文件主要包括假设日志、经验教训登记册、风险登记册。估算依据属于估算成本过程的输出。

■ **参考答案** D

● 在估算成本过程的工具与技术中，不适用于估算成本过程的数据分析技术是___(3)___。

(3) A．参数估算 　　　　　　　　B．备选方案分析
　　C．储备分析 　　　　　　　　D．质量成本

■ **试题分析** 适用于估算成本过程的数据分析技术主要包括备选方案分析、储备分析和质量成本。参数估算不属于估算成本过程的数据分析技术。

■ **参考答案** A

● 某高校校园网建设的一个项目经理正在估算该项目的成本，此时尚未掌握项目的全部细节。项目经理应该首先采用的估算成本方法是___(4)___。

(4) A．类比估算法 　　　　　　　B．自下而上估算法
　　C．蒙特卡罗分析 　　　　　　D．参数模型

■ **试题分析** 类比估算法是一种通过比照已完成的类似项目的实际成本估算出新项目成本的方法。类比估算法适合评估一些与历史项目在应用领域、环境和复杂度方面相似的项目。其约束条件在于必须存在类似的具有可比性的软件开发系统，估算结果的精确度依赖于历史项目数据的完整性、准确度以及现行项目与历史项目的近似程度。

自下而上估算法的主要思想是把待开发的软件细分，直到每一个子任务都已经明确所需要的开发工作量，然后把它们加起来，得到软件开发的总工作量。

蒙特卡罗分析是一种随机模拟方法，是以概率和统计理论方法为基础的一种计算方法。

参数模型通常采用经验公式来预测项目计划所需要的成本、工作量和进度数据。

还没有一种估算模型能够适用于所有的项目类型和开发环境，从这些模型中得到的结果必须慎重使用。

本题中，由于"尚未掌握项目的全部细节"，因此适合采用类比估算法。

■ **参考答案** A

● 关于成本估算，正确的是___(5)___。

(5) A．只能用货币单位进行成本估算，不能用人天数或人时数作为计量单位
　　B．通货膨胀补贴、融资成本不应纳入成本估算
　　C．参数估算可以针对整体项目，也可针对项目中的某个部分
　　D．应急储备用于应对项目中不可预知的风险

■ **试题分析** 可以使用货币单位、其他计量单位（如人时数或人天数）进行成本估算，所以选项 A 错误。

成本估算，应该考虑针对项目收费的全部资源，包括人工、材料、设备、服务、设施以及特殊成本（如通货膨胀补贴、融资成本、应急成本），所以选项 B 错误。应急储备包含在成本基准内，用于应对"已知-未知"风险，所以选项 D 错误。

参数估算是指利用历史数据之间的统计关系，来进行项目工作的成本估算，其准确性取决于参数

86

模型的成熟度和基础数据的可靠性。参数估算可以针对整个项目或项目中的某个部分，并可与其他估算方法联合使用。

■ **参考答案** C

- 关于进度储备分析的描述，不正确的是___(6)___。

  (6) A. 管理储备包含在项目总持续时间中，使用管理储备可能影响进度基准

  B. 应急储备主要用于应对进度方面的不确定性，属于进度基准的一部分

  C. 应急储备对"未知-未知"风险进行合理估算，以完成未知的工作量

  D. 管理储备用于项目的管理控制，不包括在进度基准中

  ■ **试题分析** 应急储备包含在成本基准内，用于应对"已知-未知"风险。

  ■ **参考答案** C

知识点：制订预算

制订预算的过程是汇总所有单个活动或工作包的估算成本，并建立一个经批准的成本基准的过程。

参考题型

【考核方式1】 考核成本预算的过程以及对过程的理解。

- 下列关于成本基准计划的叙述中，不正确的是___(1)___。

  (1) A. 按时间分段计算，用作度量和监督成本绩效的基准

  B. 成本基准反映整个项目生命周期的实际成本支出

  C. 按时段汇总估算的成本编制而成

  D. 通常以 S 曲线的形式表示

  ■ **试题分析** 成本基准计划即成本基线，是用来度量和监测项目成本绩效和按时间分段的预算。将按时段估算的成本加在一起即可得出成本基准，通常以 S 曲线的形式显示。

  成本基准计划是成本预算阶段的产物，而非成本估算阶段的产物。

  ■ **参考答案** B

  [辅导专家提示] S 曲线也表明了项目的预期资金。项目经理在开销之前如能提供必要的信息去支持资金要求以确保资金流可用，则其意义非常重大。许多项目（特别是大项目）可能有多个成本基准，以便度量项目成本绩效的各个方面。

- ___(2)___ 过程建立成本基准。

  (2) A. 估算成本   B. 成本控制

  C. 规划成本管理   D. 制订预算

  ■ **试题分析** 制订预算是汇总所有单个活动或工作包的估算成本，形成一个经批准的成本基准的过程。

  ■ **参考答案** D

- 制订预算是汇总所有单个活动或工作包的估算成本，建立一个经批准的成本基准的过程，其主要作用是___(3)___。

（3）A. 根据项目类型和复杂程度确定适用于项目资源的管理方法和管理程度
　　　B. 明确完成项目所需的资源种类、数量和特性
　　　C. 确定可据以监督和控制项目绩效的成本基准
　　　D. 在整个项目期间为如何管理和核实质量提供指南和方向

■ **试题分析**　制订预算是汇总所有单个活动或工作包的估算成本，形成一个经批准的成本基准的过程。本过程的主要作用是确定监督和控制项目绩效的成本基准的依据。

■ **参考答案**　C

【考核方式2】　考核成本预算过程相关的输入、输出、工具与技术。

● 以下关于项目成本预算的工具与技术的叙述中，不正确的是　(1)　。
（1）A. 管理储备金包含在项目预算范围内，是项目成本基准的一部分
　　　B. 参数估算技术是运用数学模型根据项目特性预测项目成本
　　　C. 资金限制平衡需要对工作安排进行调整
　　　D. 工作包的成本估算汇总到WBS中的更高一级，最终形成项目预算

■ **试题分析**　成本预算、估算、控制三个过程的工具都是重点，本题从题目选项来看，选项B、C、D是成本预算的工具，但选项A其实质是考核对管理储备和应急储备的理解。应急储备包含在项目预算范围内，是项目成本基准的一部分，而管理储备包含在项目预算范围内，但是不属于成本基准。

■ **参考答案**　A

[辅导专家提示]　本题涉及的管理储备的概念是一个容易出错的概念。要注意区分项目预算、完工预算、管理储备三者的关系，项目预算=完工预算+管理储备。

此外，成本预算中的常见工具包括成本汇总、资金限制平衡、专家判断、历史信息审核、融资、数据分析。成本预算中其他考点包括成本预算的特征、制订项目成本预算的步骤、项目预算的组成。

● 制订预算过程的输入中，　(2)　不属于制订预算的项目管理计划组件。
（2）A. 成本管理计划　　　　　　　　B. 资源管理计划
　　　C. 可行性研究报告　　　　　　　D. 范围基准

■ **试题分析**　用于制订预算的项目管理计划组件主要包括成本管理计划、资源管理计划、范围基准。可行性研究报告属于可行性研究文件。

■ **参考答案**　C

●　(3)　不属于制订预算过程输入的项目文件。
（3）A. 估算依据　　　　　　　　　　B. 项目资金需求
　　　C. 成本估算　　　　　　　　　　D. 项目进度计划

■ **试题分析**　可作为制订预算过程输入的项目文件主要包括估算依据、成本估算、项目进度计划、风险登记册。项目资金需求属于制订预算过程的输出。

■ **参考答案**　B

知识点：成本控制

知识点综述

成本控制是对造成成本基准变更的因素施加影响，监督成本执行并找出与成本基准的偏差，采取措施，将预期的成本超支控制在可接受的范围内。

成本控制中相关的选择题侧重于理解，同时，此类题目的答案最适宜作为案例分析卷中成本案例分析题目的参考答案。因此，此类题目关键在于理解。

参考题型

【考核方式1】 识记、理解题。此类题型对案例分析题具有参考意义。

- 信息系统项目成本失控的原因通常有＿＿（1）＿＿。
  ①对信息系统工程项目认识不足
  ②组织制度不健全
  ③缺乏科学、严格、明确且完整的成本控制方法和工作制度
  ④采用的项目成本估算方法不恰当，与项目的实际情况不符
  ⑤项目规划与设计方面的变更引起相关成本的增加
  ⑥对风险估计不足
  (1) A. ①②③④ B. ③④⑤⑥
  　　C. ①②③④⑤⑥ D. 以上选项均不正确

  ■ **试题分析** 项目成本控制工作是在项目实施过程中，通过项目成本管理尽量将项目实际发生的成本控制在预算范围内。发生成本失控的原因主要归纳为以下四点：①对工程项目认识不足；②组织制度不健全；③方法问题；④技术的制约。
  所以，本题所列出的均是成本失控的常见原因。

  ■ **参考答案** C

  [辅导专家提示]
  1) 对于此类综述题，有一种解题策略是用"描述最完全的可能就是答案"的经验来判断。
  2) 对此类题目要注意总结，此类题目的答案一般可以应用于案例分析的答案中。

【考核方式2】 考核该过程的输入、输出、工具与技术。
该部分内容在具体考核上更多的是以挣值分析与完工预测的考核为主。

- ＿＿（1）＿＿不属于控制成本过程的输入。
  (1) A. 项目管理计划 B. 项目资金需求
  　　C. 组织过程资产 D. 偏差分析

  ■ **试题分析** 控制成本过程的输入包括项目管理计划、项目资金需求、组织过程资产、工作绩效数据、项目文件。偏差分析属于控制成本过程的工具与技术。

  ■ **参考答案** D

- ____(2)____ 不适用于控制成本过程的数据分析。

  (2) A. 挣值分析 　　　　　　　　B. 偏差分析
  　　C. 趋势分析 　　　　　　　　D. 专家判断

■ **试题分析** 适用于控制成本过程的数据分析技术主要包括挣值分析、偏差分析、趋势分析、储备分析等。

■ **参考答案** D

知识点：挣值分析

知识点综述

挣值分析属于成本控制的工具，是成本管理的重点和难点，同时也是系统集成项目管理工程师考试的重点和难点，属于必考知识点。

解答此类题目的关键在于理解挣值分析的含义，理解 PV、AC 和 EV 等参数的含义，并能在给定的案例中识别出 PV、AC 和 EV，同时理解四个指标 CPI、SPI、CV、SV 的含义，能够根据指标判断项目的绩效状况。

参考题型

【考核方式1】 考核对挣值分析概念的理解。

- 项目进行到某阶段时，项目经理进行了绩效分析，计算出 CPI 的值为 0.91，这表示____(1)____。

  (1) A. 项目的每 91 元投资中可创造相当于 100 元的价值
  　　B. 当项目完成时将会花费投资额的 91%
  　　C. 项目仅进展到计划进度的 91%
  　　D. 项目的每 100 元投资只创造相当于 91 元的价值

■ **试题分析** CPI 是最常用的成本效率指标，其计算公式是 CPI＝EV/AC，CPI 的值若小于 1，则表示实际成本超出预算。在本题中，项目经理进行绩效分析时，计算出 CPI 的值为 0.91，这表示项目的每 100 元投资只创造相当于 91 元的价值。

■ **参考答案** D

[辅导专家提示]　根据近几年的试题考核趋势来看，挣值分析考核的难点集中在对挣值分析基本概念的理解上。表 6-6-1 和表 6-6-2 对三个参数、四个指标进行了总结。

表 6-6-1 挣值分析参数

参数名	含义
计划费用（Planned Value，PV）	当前时间点，计划工作的预算成本
实际费用（Actual Cost，AC）	当前时间点，实际完成工作发生的实际成本
挣值（Earned Value，EV）	当前时间点，已完成工作的预算值

表 6-6-2　挣值分析指标

名称	公式	具体值表示的含义		
成本偏差（Cost Variance，CV） 成本绩效指数（Cost Performance Index，CPI）	CV = EV-AC CPI = EV/AC	CV = 0	CPI = 1	计划和实际一致
		CV > 0	CPI > 1	结余
		CV < 0	CPI < 1	超支
进度偏差（Schedule Variance，SV） 进度绩效指数（Schedule Performance Index，SPI）	SV = EV-PV SPI = EV/PV	SV = 0	SPI = 1	项目按计划进行
		SV > 0	SPI > 1	进度超前
		SV < 0	SPI < 1	进度滞后

【考核方式 2】　根据给出的条件，求绩效指标并判断项目的状态。

● 根据表 6-6-3 提供的数据，＿＿（1）＿＿最有可能在时间和成本的约束内完成。

表 6-6-3　习题用表

项目	PV	EV	AC
甲	1200	900	700
乙	1200	700	900
丙	1200	900	1000

（1）A．项目甲　　　　B．项目乙　　　　C．项目丙　　　　D．项目甲和项目乙

■ **试题分析**　本题可根据公式 SPI = EV/PV 和 CPI = EV/AC 来判断。SPI 的值越大，说明项目的实际进度越会相对提前于计划进度；CPI 的值越大，说明项目的实际成本相对于预算会越节约。本题中，甲、乙、丙三个项目的 CPI 和 SPI 如表 6-6-4 所示。

表 6-6-4　项目 CPI 和 SPI 情况分析

项目	PV	EV	AC	CPI	SPI
甲	1200	900	700	900/700	900/1200
乙	1200	700	900	700/900	700/1200
丙	1200	900	1000	900/1000	900/1200

显然，甲的 CPI 和 SPI 均大于其余项目。

■ **参考答案**　A

【考核方式 3】　根据挣值分析的图形判断当前的绩效状态。

● 项目经理小张对自己正在做的一个项目进行成本挣值分析后，画出了如图 6-6-1 所示的一张图，当前时间为图中的检查日期。根据该图，小张分析该项目进度＿＿（1）＿＿，成本＿＿（2）＿＿。

（1）A．正常　　　　B．落后　　　　C．超前　　　　D．无法判断
（2）A．正常　　　　B．超支　　　　C．节约　　　　D．无法判断

■ **试题分析**　从该图中可以非常直观地看出 EV<AC，EV>PV，由此得出 CV<0，SV>0。因此，当前的绩效状态是：进度超前，成本超支。

图 6-6-1 习题用图

■ 参考答案　（1）C　（2）B

[辅导专家提示]　案例分析题中曾经出现根据挣值管理的参数来绘制图形的题目。一般来说，有四种比较常见的图形用来描述项目挣值绩效，如图 6-6-2 所示。

图1

图2

图3

图4

图 6-6-2　挣值绩效

对于四种不同的绩效状态，可分别采取以下措施。

1）图 1：效率低，进度拖延，成本支出超前。

提高效率，如用工作效率高的人员更换一批工作效率低的人员，赶工、工作并行以追赶进度，加强成本监控。

2）图2：进度效率较低，进度拖延，成本支出与预算相差不大。

增加高效率人员的投入，赶工、工作并行以追赶进度。

3）图3：成本效率较低，进度提前，成本支出与预算相差不大。

提高效率，减少人员成本，加强人员培训和质量控制。

4）图4：效率高，进度提前，成本支出节约。

检查计划是否有不当之处，密切监控，加强质量控制。

挣值分析是一种进度测量技术，可用来估计和确定变更的程度和范围，所以又称为偏差分析法。挣值法通过测量和计算已完成工作的预算费用与已完成工作的实际费用和计划工作的预算费用得到有关计划实施的进度和费用偏差，达到判断项目预算和进度计划执行情况的目的。因而它的独特之处在于可以以预算和费用来衡量工程的进度。

- 表6-6-5给出了某项目2023年1月至4月的成本执行数据，其中___（3）___适合采取"赶工"的方式来控制项目进度。

（3）A．1月　　　　　B．2月　　　　　C．3月　　　　　D．4月

表6-6-5 习题用表

时间点	1月	2月	3月	4月
累计PV/万元	54.7	326.5	417.5	485
累计EV/万元	53.8	328.2	405	488.6
累计AC/万元	55.7	327.9	399	498

■ **试题分析** 根据公式CV=EV-AC，SV=EV-PV可知：

1月：CV<0，SV<0，说明项目进度滞后，成本超支，适合采用"快速跟进"的方式来控制项目进度。

2月：CV>0，SV>0，说明项目进度超前，成本节约，不需要控制项目进度。

3月：CV>0，SV<0，说明项目进度滞后，成本节约，可以增加一点资源来加快关键路径上的活动，适合采取"赶工"的方式来控制项目进度。

4月：CV<0，SV>0，说明项目进度超前，成本超支，不需要控制项目进度。

■ **参考答案** C

知识点：完工估算

知识点综述

完工估算属于成本管理考核的难点，在历次考试中均作为压轴题出现。一般来说，如果该部分知识点在综合知识中出现，则所占分值大约为1分，在案例分析中出现的概率较高，而且所占分值比重较大。

解答此类题目的关键在于：

（1）根据给定的案例场景判断当前项目状态属于典型偏差还是非典型偏差。

（2）熟记典型偏差和非典型偏差的公式，公式的记忆属于最基本的要求。

目前此类知识点的题目也存在着不断变化的趋势，灵活性越来越高，要求考生高度理解，不能死记公式。解题过程中，ETC 为剩余工作成本、EAC 为完工估算、BAC 为完成工作预算。此外，还需关注 VAC（完工偏差）=BAC-EAC。

参考题型

【**考核方式1**】 考核典型偏差，根据题目中的关键词判断当前状态是典型还是非典型，同时考核对公式的熟练程度。

● 项目经理认为，到目前为止的费用在某种程度上是项目将发生的剩余工作所需成本的指示器，则 EAC 的公式为___（1）___。

（1）A．EAC = AC+(BAC-EV)/CPI　　　　B．EAC = AC+ETC
　　　C．EAC = AC+BAC-EV　　　　　　　D．EAC = AC+EV

■ **试题分析** EAC 为完工估算。公式为 EAC = AC+ETC = AC+(BAC-EV)/CPI。因目前的偏差属于典型偏差（目前为止的费用在某种程度上是项目将发生的剩余工作所需成本的指示器），而选项 C 是非典型偏差的 EAC 计算公式，显然选项 A 符合题意。

项目出现成本偏差意味着原来的成本预算出现了问题，已完成工作的预算成本和实际成本不相符，这必然会对项目的总体实际成本带来影响，这时需要重新估算项目的成本。这个重新估算的成本也称为最终估算成本（Estimate at Completion，EAC），即完工估算，EAC = AC + ETC。

完成工作预算（Budget at Completion，BAC），即整个项目所有阶段的预算的总和，也就是整个项目成本的预算值。

剩余工作成本（Estimate to Completion，ETC），即完成项目剩余工作预计还需要花费的成本。ETC 用于预测项目完工所需要花费的成本。

对于 ETC 来说有以下两种判定情况。

1）典型偏差：认为项目日后工作的工作效率将和以前相同，未完成工作的实际成本和未完成工作预算的比例与已完成工作的实际成本和预算的比率相同，即

$$EAC = (AC/EV) \times BAC = BAC/CPI$$

或

$$EAC = AC+(BAC-EV)/CPI$$

2）非典型偏差：假定未完成工作的效率和已完成工作的效率没有关系，对未完成的工作依然使用原来的预算值。那么，对于最终估算成本就是已完成工作的实际成本加上未完成工作的预算成本，即

$$EAC = AC+BAC-EV$$

■ **参考答案** A

[辅导专家提示]

1）根据近几年的考核情况，典型偏差出现的概率比非典型偏差要高。

2）典型偏差中一般会有关键字眼，如"将发生的剩余工作所需成本的指示器""继续按照此

趋势发展"等。

3）部分考生很容易将典型和非典型弄混，记忆的关键是典型是"按趋势"进行，非典型是"按计划"，按照原定的计划进行。

4）表6-7-1对BAC、EAC、ETC进行了总结。

表 6-7-1　BAC、EAC、ETC 总结

参数名	含义与公式	
项目完工总预算BAC	所有计划成本的和，BAC = ΣPV	
完工尚需估算 ETC	当前时间点，项目剩余工作完工的估算	
	非典型偏差（按计划）	ETC = 剩下工作量对应计划值 = 总计划值-已完成工作的计划值，即 ETC = BAC-EV
	典型偏差（按趋势）	ETC = 剩下工作量对应计划值/成本绩效指数，即 ETC = (BAC-EV)/CPI
完工估算 EAC	项目整体完工估算成本 = 剩余工作的预算+AC，即 EAC = ETC+AC	

【考核方式2】 考核具体的应用，ETC的计算。

● 已知某综合布线工程的挣值曲线如图6-7-1所示，总预算为1230万元，到目前为止已支出900万元，实际完成总工作量的60%，该阶段的预算费用是850万元。按目前的状况发展，要完成剩余的工作还需要___(1)___万元。

图 6-7-1　某综合布线工程的挣值曲线

(1) A. 330　　　　　B. 492　　　　　C. 600　　　　　D. 738

■ 试题分析　本题考核预测技术，计算ETC剩余工作所需成本。

本题已明显给出典型偏差，并且今后仍"按目前的状况发展"，则ETC=(BAC-EV)/CPI。这里的BAC是指完工时的PV总和（即总预算）为1230万元，EV=1230×60%=738万元，AC为900万元，则CPI=EV/AC=0.82，根据公式ETC=(BAC-EV)/CPI=(1230-738)/0.82=492/0.82=600万元。

对于本题，有便捷的解题技巧。根据题目给定的条件，目前为止完成了 60%的工作量，花费了 900 万元，也就意味着求剩下 40%的工作量所需要消耗的成本。

完成工作量	对应成本
60%	900
40%	$x=?$

解方程，得 $x=600$。

■ **参考答案** C

[辅导专家提示] 根据 ETC 的公式，其中的 BAC 在题目中很容易找出，因此，其关键点在于如何确定 EV，这是挣值分析类题目的关键点。如果考生在此类题目上碰到障碍，大部分失误都在于把 EV 计算错了，因此，了解 PV、EV、AC 的概念是这类题目的关键。

【考核方式3】 考核完工估算（EAC）。

- 某工程项目，完工预算为 2000 万元。到目前为止，由于某些特殊原因，实际支出 800 万元，成本绩效指数为 0.8，假设后续不再发生成本偏差，则完工估算（EAC）为＿＿（1）＿＿万元。

（1）A．2500　　　　　B．2160　　　　　C．2000　　　　　D．2800

■ **试题分析** 根据题目中关键句子"后续不再发生成本偏差"，说明是非典型偏差。
则 ETC=BAC-EV=2000-800×0.8=1360 万元。
EAC=AC+ETC=800+1360=2160 万元。

■ **参考答案** B

[辅导专家提示] 与完工估算相关的其他知识点如下。
1）完工尚需绩效指数（To Complete Performance Index，TCPI），TCPI=(BAC-EV)/(EAC-AC)。
2）完工偏差（Variance at Completion，VAC），VAC=BAC-EAC。

成本管理过程补充知识点

输入、输出、工具与技术是常考知识点。表 6-7-2 对本管理过程中的主要输入、输出、工具与技术进行了整理。

表 6-7-2　成本管理过程的输入、输出、工具与技术

过程名称	输入、输出、工具与技术	
规划成本管理	主要输入	项目章程、项目管理计划、事业环境因素、组织过程资产
	主要输出	专家判断、数据分析、会议
	主要工具	成本管理计划
估算成本	主要输入	项目管理计划、项目文件、事业环境因素、组织过程资产
	主要输出	成本估算、估算依据、项目文件（更新）
	主要工具	专家判断、类比估算、参数估算、自下而上估算、三点估算、数据分析、项目管理信息系统、决策

续表

过程名称	输入、输出、工具与技术	
制订预算	主要输入	项目管理计划、可行性研究文件、项目文件、协议、事业环境因素、组织过程资产
	主要输出	成本基准、项目资金需求、项目文件（更新）
	主要工具	专家判断、成本汇总、数据分析、历史信息审核、资金限制平衡、融资
控制成本	主要输入	项目管理计划、项目资金需求、项目文件、工作绩效数据、组织过程资产
	主要输出	工作绩效信息、成本预测、变更请求、项目管理计划（更新）、项目文件（更新）
	主要工具	专家判断、数据分析、完工尚需绩效指数、项目管理信息系统

课堂练习

- 项目经理可以控制___（1）___。
  （1）A．审计成本　　　B．沉没成本　　　C．直接成本　　　D．间接成本
- 项目经理小张对正在做的一个项目进行挣值分析后，发现CPI>1，则可以判断该项目___（2）___。
  （2）A．进度超前　　　B．进度滞后　　　C．成本超支　　　D．成本节约
- 一般将成本管理划分为成本估算、成本预算和成本控制三个过程。以下关于成本预算的描述中，不正确的是___（3）___。
  （3）A．当项目的具体工作无法确定时，无法进行成本预算
  　　　B．成本基准计划可以作为度量项目绩效的依据
  　　　C．管理储备是为范围和成本的潜在变化预留的预算，因此需要体现在项目成本基准里
  　　　D．成本预算过程完成后，可能会引起项目管理计划的更新
- 图6-8-1是一项布线工程的计划和实际完成示意图，2009年3月23日的PV、EV、AC分别是___（4）___。
  （4）A．PV=4000元、EV=2000元、AC=3800元
  　　　B．PV=4000元、EV=3800元、AC=2000元
  　　　C．PV=3800元、EV=4000元、AC=2000元
  　　　D．PV=3800元、EV=3800元、AC=2000元

图6-8-1 习题用图

- 某项目当前的 PV=150、AC=120、EV=140，则项目的绩效情况是___(5)___。
  - (5) A. 进度超前，成本节约　　　　　　B. 进度滞后，成本超支
  　　　C. 进度超前，成本超支　　　　　　D. 进度滞后，成本节约
- 关于成本类型的描述，不正确的是___(6)___。
  - (6) A. 项目团队差旅费、工资、税金、物料及设备使用费为直接成本
  　　　B. 随着生产量、工作量或时间而变的成本称为变动成本
  　　　C. 利用一定时间或资源生产一种商品时，便失去了使用这些资源生产其他最佳替代品的机会，称为机会成本
  　　　D. 沉没成本是一种历史成本，对现有决策而言是不可控成本
- 某公司组织专家对项目成本进行评估，得到如下结论：最可能成本为10万元，最乐观成本为8万元，最悲观成本为12万元。采用"三点估算法"该项目成本为___(7)___万元。
  - (7) A. 9　　　　　　B. 10　　　　　　C. 11　　　　　　D. 12
- 在进行项目成本估算时，可以使用多种工具与技术，其中，___(8)___相对于其他估算技术来说，成本较低，耗时较少，但准确性也较低。
  - (8) A. 专家判断　　　B. 类比估算　　　C. 参数估算　　　D. 三点估算
- 某信息化项目到2017年12月31日的成本执行（绩效）数据如表6-8-1所示，根据表中数据，下列表述不正确的是___(9)___。

表6-8-1　某信息化项目成本执行（绩效）数据表

活动编号	活动	PV/元	AC/元	EV/元
1	召开项目会议	2000	2000	2000
2	制订项目计划	900	1000	900
3	客户需求分析	5000	5500	5000
4	系统总体设计	10500	11500	7350
5	系统编码	20500	22500	19000
6	界面设计	5200	5250	4160
	合计	44100	47750	38410

项目总预算（BAC）：167500

  - (9) A. 非典型偏差时，完工估算（EAC）为176840元
  　　　B. 该项目成本偏差为-9340元
  　　　C. 该项目进度绩效指数为0.80
  　　　D. 该项目目前成本超支，进度滞后
- 在管理项目及投资决策过程中，需要考虑很多成本因素，如人员的工资、项目过程中需要的物料、设备等，但是在投资决策的时候不需要考虑___(10)___，还应尽量排除它的干扰。
  - (10) A. 机会成本　　　B. 沉没成本　　　C. 可变成本　　　D. 间接成本

第7章 项目质量管理

知识点图谱与考点分析

"质量管理"章节所涉及的概念较多,主要包括质量、质量管理、质量方针、质量目标、质量成本、质量保证、质量控制等。同时还涉及质量的标准——ISO 9000、全面质量管理、六西格玛等。此外,质量管理中的三个主要过程均属重点,要求掌握过程的输入、输出及主要工具的应用。

项目质量管理知识点图谱如图7-0-1所示。

```
                         ┌─ 质量概念
                         ├─ 质量管理、质量方针、质量目标
                         ├─ 预防成本、评估成本和缺陷成本
              ┌─ 质量概念 ┤
              │          ├─ 过程改进
              │          └─ 质量管理相关理论 ─ 六西格玛、PDCA
              │
              │          ┌─ 输入、输出、工具与技术
              ├─ 规划质量管理 ┤
项目质量管理 ─┤          └─ 规划质量过程、质量规划概念
              │
              │          ┌─ 输入、输出、工具与技术
              ├─ 管理质量 ┼─ 质量保证和质量控制的区别
              │          └─ 管理质量过程的作用和概念
              │
              └─ 质量控制 ── 输入、输出、工具与技术(重点考核工具)
```

图 7-0-1　质量管理知识点图谱

对于质量管理中涉及的一些主要工具,我们建议总结相应的关键字,同时,考虑到知识点延续性,我们保留了旧版中的质量管理工具及其关键字(取工具名称首字和谐音)口诀,便于考生进行记忆,见表7-0-1。

表 7-0-1 质量管理主要工具和过程解释

过程名称	主要工具	旧版工具与关键字
规划质量管理	专家判断、数据收集（标杆对照、头脑风暴、访谈）、数据分析（成本效益分析、质量成本）、决策技术、数据表现（流程图、逻辑数据模型、矩阵图、思维导图）、测试与检查的规划、会议	【关键字：小工牛死直接过】效益成本分析、质量功能展开、流程图、实验设计、质量成本、基准比较、过程决策程序图
管理质量（原：质量保证）	数据收集（核对单、核查表、统计抽样、问卷调查）、数据分析（绩效审查、根本原因分析）、决策技术、数据表现（因果图、控制图、直方图、散点图）、审计、面向X的设计、问题解决、质量改进方法	【关键字：相亲先锯树过河】相互关系图、亲和图、优先级矩阵、矩阵图、树状图、过程决策程序图、活动网络图
质量控制	数据收集（核对单、核查表、统计抽样、问卷调查）、数据分析（绩效审查、根本原因分析）、检查、测试/产品评估、数据表现（因果图、控制图、直方图、散点图）、会议	【关键字：流控只因怕见伞】流程图、控制图、直方图、因果图、帕累托图、检查表、散点图

[辅导专家提示] 第3版官方教程中将原有的"规划质量管理、保证质量、控制质量"三个过程变更为"规划质量管理、管理质量、控制质量"。

知识点：质量概念

知识点综述

质量管理知识领域中所涉及的基本概念比较多，比如质量管理、质量方针、质量目标、质量成本（要求区分质量成本的分类）等。

参考题型

【考核方式1】 考核对基本概念和术语的理解。

- 项目经理在进行项目质量规范时应设计出符合项目要求的质量管理流程和标准，由此而产生的质量成本属于___(1)___。

    (1) A．纠错成本　　　　B．预防成本　　　　C．评估成本　　　　D．缺陷成本

    ■ 试题分析　质量成本分为预防成本、评估成本和缺陷成本。

    预防成本是指那些为保证产品符合条件且无产品缺陷而付出的成本，如项目质量计划、质量规划、质量控制计划、质量审计、设计审核、质量度量、测试系统建设、质量培训等。

    评估成本是指为使工作符合目标要求而进行检查评估所付出的成本，如设计评估、收货检验、采购检验、测试、测试结果的分析汇报等。

    缺陷成本又分为内部缺陷成本和外部缺陷成本。

    ■ 参考答案　B

- 某型号手机，主打"商务智能、无线充电、价格低廉、像素高、续航强"，___(2)___属于对质量量的描述。

    (2) A．商务智能　　　　B．无线充电　　　　C．价格低廉　　　　D．像素高、续航强

■ **试题分析** 国家标准对质量的定义是"一组固有特性满足要求的程序"。如"像素"是特性,"高"代表程度;"续航"是特性,"强"代表程度。

■ **参考答案** D

● 质量是反映明确和隐含需求能力的___(3)___总和。

(3) A. 特性　　　　　B. 标准　　　　　C. 规范　　　　　D. 技术要求

■ **试题分析** ISO 对质量的定义是"反应实体满足主体明确和隐含需求的能力的特性总和"。

■ **参考答案** A

● 关于"质量"概念的描述,不正确的是___(4)___。

(4) A. 质量通常是指产品的质量,广义上的质量还包括工作质量

　　B. 质量是对用途相同但技术特性不同的可交付成果的级别分类

　　C. 质量是一组固有特性满足要求的程度

　　D. 质量是对一个产品(包括相关的服务)满足程度的度量

■ **试题分析** 等级是对用途相同但技术特性不同的可交付成果的级别分类。

■ **参考答案** B

● 过程改进通常是在___(5)___过程中。

(5) A. 规划质量管理　　　　　　B. 管理质量

　　C. 控制质量　　　　　　　　D. 检查质量

■ **试题分析** 管理质量是把组织的质量政策用于项目,并将质量管理计划转化为可执行的质量活动的过程。本过程的主要作用包括:①提高实现质量目标的可能性;②识别无效过程和导致质量低劣的原因,促进过程改进;③基于控制质量过程的数据和结果,形成项目的总体质量状态报告。

■ **参考答案** B

● 关于质量的描述,正确的是___(6)___。

(6) A. 功能、性能、价格可作为衡量质量的标准

　　B. 质量与等级相关,等级的高低决定了质量的好坏

　　C. 预防错误的成本通常高于检查并纠正错误的成本

　　D. 项目合同通常是进行项目质量管理的主要依据

■ **试题分析** 没有标准或者约定的情况下,无法使用功能、性能和价格衡量质量,因此选项 A 错误;质量与等级属于两个不同的概念,质量是一系列内在特性满足要求的程度,等级是对用途相同但技术特性不同的可交付成果的级别分类,因此选项 B 错误;预防胜于检查,预防错误的成本通常远低于在检查或使用中发现并纠正错误的成本,因此选项 C 错误。

■ **参考答案** D

【考核方式2】 考核质量管理理论——六西格玛。

● 质量管理六西格玛标准的优越之处不包括___(1)___。

(1) A. 从结果中检验质量　　　　　B. 减少了检控质量的步骤

　　C. 培养了员工的质量意识　　　D. 减少了由于质量问题带来的返工成本

■ **试题分析** 六西格玛在质量上表示 DPMO (100 万个机会中出现缺陷的机会)少于 3.4。

一般企业的缺陷率大约在 3σ～4σ 之间。六西格玛强调对组织过程满足顾客要求的能力进行量化，并在此基础上确定改进目标并寻求改进机会，其核心是将所有的工作作为一种流程，采用量化的方法分析流程中影响质量的因素，找出最关键的因素加以改进从而达到更高的客户满意度，即采用 DMAIC（确定、测量、分析、改进、控制）对组织的关键流程进行改进。

六西格玛的优越之处在于从项目实施过程中改进和保证质量，而不是从结果中检验控制质量。

■ **参考答案** A

知识点：规划质量管理

知识点综述

规划质量管理过程是识别项目及其产品的质量要求和标准，并利用质量计划描述项目将如何达到这些要求和标准。质量计划属于规划质量过程的主要输出之一。

现代质量管理的一个基本准则：质量是计划出来的，而不是检查出来的。由此可以看到质量计划的重要性。

质量计划中，常考的知识点涉及对质量计划的理解及规划质量的相关工具等。

参考题型

【考核方式1】 考核对规划质量过程的理解。

● 有关质量计划的编制，____(1)____ 是正确的。
（1）A．在整个项目的生命周期，应当定期进行质量计划的编制工作
　　　 B．编制质量计划是编制范围说明书的前提
　　　 C．仅在编制项目计划时进行质量计划的编制
　　　 D．在项目的执行阶段不再考虑质量计划的编制

■ **试题分析** 质量计划编制是项目质量管理的重要工作，致力于制订质量目标，并规定必要的运行过程和相关资源以实现项目质量目标。在整个项目的生命周期，对于各类计划都存在一个渐进明细、监控调整的过程，不可能一次性完成。因此，对于质量计划来说，在生命周期内应当定期进行质量计划的编制工作。

本题中，选项 B 中的范围说明书是编制质量计划的输入（前提条件），选项 C 和选项 D 均与选项 A 矛盾。

■ **参考答案** A

【考核方式2】 识记题，考核规划质量的工具与技术。

● 规划质量管理的工具与技术不包括____(1)____。
（1）A．数据收集　　　　　　　　　B．决策技术
　　　 C．数据表现　　　　　　　　　D．质量审计

■ **试题分析** 此处考核的是规划质量管理过程（也称编制质量计划）的工具与技术。质量管理过程的输入、输出、工具与技术见表 7-2-1。

项目质量管理　第7章

表7-2-1　质量管理过程

管理过程		输入、输出、工具与技术
规划质量管理	输入	项目章程、项目管理计划、项目文件、事业环境因素和组织过程资产
	输出	质量管理计划、质量测量指标、项目管理计划（更新）、项目文件（更新）
	工具与技术	专家判断、数据收集、数据分析、决策技术、数据表现、测试与检查的规划、会议
管理质量	输入	质量管理计划、项目文件、组织过程资产
	输出	质量报告、测试与评估文件、变更请求、项目管理计划（更新）、项目文件（更新）
	工具与技术	数据收集、数据分析、决策技术、数据表现、审计、面向X的设计、问题解决、质量改进方法
控制质量	输入	项目管理计划、项目文件、可交付成果、工作绩效数据、批准的变更请求、事业环境因素、组织过程资产
	输出	工作绩效信息、控制质量测量结果、核实的可交付成果、变更请求、项目管理计划（更新）、项目文件（更新）
	工具与技术	数据收集、数据分析、检查、测试/产品评估、数据表现、会议

■ 参考答案　D

[辅导专家提示]　规划质量管理过程中主要掌握频率较高的一些工具，如效益分析法、质量成本法、标杆对照、实验设计等。

● 下列四个选项中，___(2)___是错误的。
（2）A．成本效益分析属于规划质量管理过程的工具与技术
　　　B．成本效益分析是用来估算备选方案优势和劣势的财务分析工具，以确定可以创造最佳效益的备选方案
　　　C．流程图也称过程图，用来显示将一个或多个输入转化成一个或多个输出的过程
　　　D．流程图不属于规划质量管理过程的工具与技术

■ 试题分析　流程图属于规划质量管理过程的工具与技术。

■ 参考答案　D

【考核方式3】　考核规划质量管理过程的输入、输出。

● ___(1)___不属于规划质量管理过程的输入。
（1）A．需求管理计划　　B．需求文件　　C．质量管理计划　　D．事业环境因素

■ 试题分析　规划质量管理过程的输入包括项目管理计划（包括需求管理计划、风险管理计划、干系人参与计划、范围基准等）；项目文件（包括假设日志、需求文件、需求跟踪矩阵、风险登记册、干系人登记册等）；项目章程；组织过程资产；事业环境因素。质量管理计划属于规划质量管理过程的输出。

■ 参考答案　C

【考核方式4】　考核对质量规划概念的理解。

● 下列关于质量计划与质量体系之间的描述中，正确的是___(1)___。
（1）A．质量计划是为具体产品、项目、服务或合同准备的
　　　B．质量体系是为具体产品、项目、服务或合同准备的

103

C. 质量体系由单个组织实体采用，通常是质量保证部门

D. 质量计划并非组织管理系统的一个组成部分

■ **试题分析** 建立质量保证体系首先要明确并在全体员工中贯彻质量方针，建立健全对形成质量全过程有影响的所有管理者、执行者、操作者的质量责任，建立起质量保证手册、质量程序文件等书面文件。质量体系并非为具体产品、项目、服务或合同准备的。

■ **参考答案** A

知识点：管理质量

知识点综述

管理质量（又称为"质量保证"）一般是每隔一定时间进行的，主要通过系统的质量审计和过程分析来保证项目的质量。对于本知识点，需要掌握以下三点：①管理质量与质量控制的区别；②管理质量中的工具与技术；③管理质量活动包含了哪些内容。

参考题型

【考核方式1】考核对管理质量的工具的理解。

● 下列关于项目质量审计的叙述中，___(1)___是不正确的。

(1) A. 质量审计是对其他质量管理活动的结构化审查和独立的评审方法

B. 质量审计可以内部完成，也可以委托第三方完成

C. 质量审计应该是预先计划的，不应该是随机的

D. 质量审计用于判断项目活动是否遵从于项目定义的过程

■ **试题分析** 本题考核管理质量的工具——质量审计。

质量审计是一种独立的结构化审查，用来确定项目活动是否遵循了组织和项目的政策、过程和程序。

■ **参考答案** C

● 下列四个选项中，___(2)___是错误的。

(2) A. 备选方案分析适用于管理质量过程的数据分析

B. 过程分析可以识别过程改进机会

C. 根本原因分析是确定引起偏差、缺陷或风险的根本原因的一种分析技术

D. 文件分析用于评估已识别的可选方案，以选择那些最合适的质量方案或方法

■ **试题分析** 适用于管理质量过程的数据分析技术主要包括备选方案分析、文件分析、过程分析、根本原因分析。备选方案分析用于评估已识别的可选方案，以选择那些最合适的质量方案或方法。

■ **参考答案** D

【考核方式2】考核对质量保证和质量控制的理解，区分其异同。

● 下列有关质量保证和质量控制的说法，错误的是___(1)___。

（1）A. 质量保证是质量管理的一部分，致力于增强满足质量要求的能力
　　B. 质量保证的内容就是保证项目的质量
　　C. 质量控制的目标就是确保产品的质量能满足顾客、法律法规等提出的质量要求
　　D. 质量控制应贯彻"预防为主与检验把关相结合"的原则

■ **试题分析**　质量保证一般是每隔一定时间（如每个阶段末）进行的，主要通过系统的质量审计和过程分析来保证项目的质量（如产品/系统/服务的质量保证、管理过程的质量保证）。

质量控制是实时监控项目的具体结果，以判断其是否符合相关质量标准，制定有效方案，以消除产生质量问题的原因，也就是说，质量控制检查项目做得是否正确并纠错。

一定时间内，质量控制的结果也是质量保证的质量审计对象。质量保证的成果又可以指导下一阶段的质量工作，包括质量控制和质量改进；质量保证体系是对质量控制过程的监督和管理，以确保质量控制活动的有效性和一致性。

质量计划是质量控制和质量保证的共同依据。满足相关的质量标准并达到质量要求是质量控制和质量保证的共同目标。

■ **参考答案**　B

【考核方式3】 考核该过程的输入、输出。

● ___(1)___ 不属于管理质量过程的输入。
　（1）A. 项目管理计划　　B. 质量报告　　C. 项目文件　　D. 组织过程资产

■ **试题分析**　管理质量过程的输入包括项目管理计划、项目文件、组织过程资产。质量报告属于管理质量过程的输出。

■ **参考答案**　B

【考核方式4】 考核对管理质量过程的作用和概念的理解。

● ___(1)___ 过程的作用之一是识别无效过程和导致质量低劣的原因。
　（1）A. 规划质量　　B. 管理质量　　C. 检查质量　　D. 控制质量

■ **试题分析**　管理质量过程的主要作用是提高实现质量目标的可能性；识别无效过程和导致质量低劣的原因；基于控制质量过程的数据和结果，形成项目的总体质量状态报告。

■ **参考答案**　B

知识点：质量控制

知识点综述

质量控制主要侧重于考核相关的工具与技术，主要的工具有：测试、检查（也称为评审、同行评审、审计或走查）、统计抽样、六西格玛、因果图、流程图、直方图、检查表、散点图、排列图（帕累托图）、控制图（管理图、趋势图）、相互关系图等。

参考题型

【考核方式1】 考核质量控制工具的分类，根据图形进行选择。

- 在项目质量管理中有多种质量控制工具，图 7-4-1 中，填入空白处正确的是 ___(1)___ 。
  （1）A．控制图　　　B．鱼骨图　　　C．帕累托图　　　D．流程图

```
         识别            分析
       ┌──────┐    ┌──────┐
       │ 核对表 │ 因果分析 │ 直方图 │
       │       │ 趋势分析 │ 散点图 │
       │  (1)  │        │       │
       └──────┘    └──────┘
```

图 7-4-1　质量控制工具

■ **试题分析**　通常在质量管理中广泛应用的直方图、控制图、因果图、排列图、散点图、核对表和趋势分析等都可以用于项目的质量控制。此外在项目质量管理中，还用到检查、统计分析等方法。本题应选择选项 C，帕累托图。

帕累托（Pareto）图来自于帕累托定律，该定律认为绝大多数的问题或缺陷产生于相对有限的起因，即常说的 80/20 定律，即 20%的原因造成 80%的问题。

帕累托图也称为排列图，是一种柱状图，按事件发生的频率排序而成。它显示由于某种原因引起的缺陷数量或不一致的排列顺序，是找出影响项目产品或服务质量的主要因素的方法。只有找出影响项目质量的主要因素（即项目组首先应该解决引起更多缺陷的问题），才能取得良好的经济效益。

■ **参考答案**　C

【**考核方式 2**】　考核具体的质量控制工具适用的场景。

- 排列图（帕累托图）可以用来进行质量控制是因为 ___(1)___ 。
  （1）A．它将缺陷的数量多少画出一条曲线，反映了缺陷的变化趋势
  　　　B．它将缺陷的数量从大到小进行了排列，使人们关注数量最多的缺陷
  　　　C．它将引起缺陷的原因从大到小排列，项目团队应关注造成最多缺陷的原因
  　　　D．它反映了按时间顺序抽取的样板的数值点，能够清晰看出过程实现的状态

■ **试题分析**　排列图也称为帕累托图，是按照频率大小的顺序绘制的直方图，表示有多少结果是由已确认类型或范畴的原因造成的。按等级排序的目的是指导如何采取主要纠正措施。项目团队应首先采取措施纠正缺陷数量最多的问题。

■ **参考答案**　C

- 下列四个选项中，___(2)___ 是错误的。
  （2）A．数据收集属于控制质量过程的工具与技术
  　　　B．检查是指通过对工作产品进行检视来判断是否符合预期标准
  　　　C．测试是一个验证项目实施阶段是否满足需求的正向过程，在所有的信息系统开发过程中都是最重要的部分
  　　　D．测试与评估文件属于控制质量过程输入的项目文件

■ **试题分析** 测试是一个验证项目实施阶段是否满足需求的逆向过程,在所有的信息系统开发过程中都是最重要的部分。

■ **参考答案** C

● 质量管理中,为了有效地收集潜在质量问题的有用数据,并识别造成大多数问题的重要原因,使用＿＿(3)＿＿。

(3) A. 亲和图和关联图　　　　　　　B. 因果图和直方图
　　C. 核查表和帕累托图　　　　　　D. 矩阵图和优先矩阵

■ **试题分析** 核查表又称计数表,用于合理排列各种事项,以便有效地收集关于潜在质量问题的有用数据。用核查表收集的关于缺陷数量或后果的数据,常用帕累托图来显示。

■ **参考答案** C

● 项目经理发现项目出现多个质量问题,需要使用一个图表向项目干系人描述质量问题的集中趋势、分散程度和统计分布形状,可以使用＿＿(4)＿＿。

(4) A. 控制图　　　B. 因果图　　　C. 直方图　　　D. 散点图

■ **试题分析** 直方图是一种显示各种问题分布情况的柱状图。每个柱子代表一个问题,柱子的高度代表问题出现的次数。直方图可以展示每个可交付成果的缺陷数量、缺陷成因的排列、各个过程的不合规次数,或项目与产品缺陷的其他表现形式。

■ **参考答案** C

【考核方式3】 考核具体的质量控制工具的应用。

● 某项目的质量管理人员在统计产品缺陷时,绘制了统计图(图7-4-2),并将结果反馈至项目经理,但是由于工期紧张,下列选项中＿＿(1)＿＿缺陷可以暂时搁置。

图 7-4-2　产品缺陷统计图

(1) A. 起皱　　　B. 缺边　　　C. 划伤　　　D. 磕碰

■ **试题分析** 本题考核对帕累托图的理解,该图的特点是依据二八原理抓大放小,图中"划伤"的数量最少,所以可以暂时搁置。

■ **参考答案** C

[辅导专家提示] 每种质量工具适用的环境是常考点，表 7-4-1 所示为常见的质量工具的特点和适用场景总结。

表 7-4-1 常见的质量工具的特点和适用场景总结

名称	解释	特点和适用场景
帕累托图（排列图）	基于二八原理，利用缺陷分布评估来指导纠错行动	从大到小排列，找到问题发生的主次原因
统计抽样	从感兴趣的群体中选取一部分进行检查	降低质量成本，精确度根据抽样的多少来决定
鱼骨图（因果图、石川图）	直观地显示出各项因素如何与各种潜在问题或结果联系起来	找到问题潜在的原因
散点图	将表示质量要素关联的点在坐标轴上进行呈现	发现两个质量要素之间的关联
直方图	一种垂直的条形图，显示特定情况发生的次数。每个柱形都代表某一个问题的一种属性或特征	用数字和柱形的相对高度直观地表示了引发问题最普遍的原因
控制图	质量控制图一般有三条线：上控制界限、下控制界限和中心线。将所控制的质量特性用圆点标记	判断项目过程的质量是否处于受控状态

【考核方式 4】 根据某种质量控制工具的特点来考核该工具的名称。

● 在质量控制中动态掌握质量状态，判断项目建设过程的稳定性应采用＿＿（1）＿＿。

　　(1) A．直方图法　　　B．因果分析图法　　C．排列图法　　　D．控制图法

　■ **试题分析**　选项 A，直方图法主要用于掌握偏差情况；选项 B，因果分析图法主要用来分析和说明各种因素和原因如何导致或产生各种潜在的问题和后果；选项 C，排列图法主要用来确定质量问题是由哪些主要因素导致的。选项 A、B、C 都是静态分析法，选项 D 控制图法需要用统计方法来分析判断项目建设过程的稳定性，及时发现项目建设过程中的异常现象，查明各类设备的实际精度，为评定产品质量提供依据。

　■ **参考答案**　D

【考核方式 5】 考核该过程的输入、输出。

● ＿＿（1）＿＿不属于控制质量过程的输入。

　　(1) A．变更请求　　　　　　　　　　　B．项目文件
　　　　C．工作绩效数据　　　　　　　　　D．批准的变更请求

　■ **试题分析**　控制质量过程的输入包括项目管理计划、项目文件、可交付成果、工作绩效数据、批准的变更请求、组织过程资产、事业环境因素。如果控制质量过程期间出现了可能影响项目管理计划任何组成部分或项目文件的变更，项目经理应提交变更请求。变更请求属于控制质量过程的输出。

　■ **参考答案**　A

● 关于控制质量的描述，不正确的是＿＿（2）＿＿。

　　(2) A．控制质量的目的是在用户验收和最终交付之前，测量产品或服务的完整性、合规性和适用性

　　　　B．控制质量时，控制图可用于确定一个过程是否稳定

C. 在瀑布或预测项目中，控制质量活动通常由特定团队成员在整个项目生命周期中持续执行

D. 质量检查既可以针对单个活动的成果，也可以针对项目的最终产品

■ **试题分析** 在敏捷或适应型项目中，控制质量活动可能由所有团队成员在整个项目生命周期中执行；在瀑布或预测型项目中，控制质量活动由特定团队成员在特定时间点或者项目或阶段快结束时执行。

■ **参考答案** C

课堂练习

- 质量控制非常重要，但是进行质量控制也需要一定的成本，___(1)___可以降低质量控制的成本。
    (1) A. 进行过程分析　　　　　　　　B. 使用抽样统计
        C. 对全程进行监督　　　　　　　D. 进行质量审计

- 某 ERP 系统投入使用后，经过一段时间发现系统变慢，进行初步检测之后要找出造成该问题的原因，最好采用___(2)___方法。
    (2) A. 质量审计　　B. 散点图　　C. 因果分析图　　D. 统计抽样

- 为了识别项目中使用的无效和低效政策、过程和程序，可以采用___(3)___方法。
    (3) A. 检查　　　B. 质量审计　　C. 标杆对照　　D. 过程分析

- 项目的质量保证不包括___(4)___，采用的方法和技术不包括___(5)___。
    (4) A. 产品的质量保证　　　　　　　B. 系统的质量保证
        C. 人员的质量保证　　　　　　　D. 服务的质量保证
    (5) A. 确定质量目标　　　　　　　　B. 确定保证范围的等级
        C. 质量检验　　　　　　　　　　D. 制订质量保证规划

- 针对规划质量管理的工具与技术的表述，不正确的是___(6)___。
    (6) A. 成本效益法通过比较可能的成本和预期的收益来提高质量
        B. 预防成本是质量成本，内部失败成本不是质量成本
        C. 统计抽样的频率和规模应在规划质量管理过程中确定
        D. 实验设计是规划质量管理过程中使用的一种统计方法

- 在项目质量管理中，规划质量管理阶段的输出结果包括___(7)___。
    (7) A. 质量管理计划、质量测量指标、建议的预防措施、质量检查单、过程改进计划
        B. 质量管理计划、质量测量指标、质量检查单、过程改进计划、更新的项目管理计划
        C. 质量测量指标、质量检查单、过程改进计划、项目管理计划
        D. 质量管理计划、质量测量指标、更新的项目文件、更新的项目管理计划

- 质量管理阶段，大致经历了手工艺人时代、质量检验阶段、统计质量控制阶段和___(8)___四个阶段。
    (8) A. 零缺陷质量管理　　　　　　　B. 全面质量管理
        C. 过程质量管理　　　　　　　　D. 精益质量管理

第 8 章
项目资源管理

知识点图谱与考点分析

项目资源管理包括规划资源管理、估算活动资源、获取资源、建设项目团队、管理项目团队、控制资源过程，如图 8-0-1 所示。

图 8-0-1 项目资源管理知识图谱

项目资源管理　第8章

资源管理章节复习的重点在于：①对资源管理过程的理解；②熟悉每个过程的输入、输出和工具。

[辅导专家提示] 本章节在原有的"人力资源管理"知识域的基础上进行了更新，新版教程用"资源管理"替代了原有的"人力资源管理"，考虑到人力资源管理本身就是项目管理的重点，因此，在本章的习题中保留了原有的"人力资源管理"相关的习题。

知识点：规划资源管理

知识点综述

规划资源管理是定义如何估算、获取、管理和利用团队以及实物资源的过程。本过程的主要作用是根据项目类型和复杂程度确定适用于项目资源的管理方法和管理程度。

在规划资源管理的考核中，通常涉及的内容有：规划资源管理过程的输出和主要工具，尤其以工具的考核居多。

参考题型

【考核方式1】 考核"规划资源管理"过程的输入、输出。

● 规划资源管理的输出不包括___(1)___。
　(1) A．角色和职责　　　　　　　　B．人力资源模板
　　　 C．项目的组织结构图　　　　　D．团队章程

■ **试题分析** 如表 8-1-1 所示，规划资源管理的输出为资源管理计划、团队章程等，其中，资源管理计划中包括识别资源、获取资源、角色与职责、项目的组织结构图、项目团队资源管理、培训、团队建设、资源控制、认可奖励计划等。

■ **参考答案** B

表 8-1-1　规划资源管理的输入、输出、工具与技术

过程名称		输入、输出、工具与技术
规划资源管理	主要输入	项目章程、项目管理计划、项目文件、事业环境因素、组织过程资产
	主要输出	资源管理计划、团队章程、项目文件（更新）
	主要工具	专家判断、数据表现、组织理论、会议
估算活动资源	主要输入	项目管理计划、项目文件、事业环境因素、组织过程资产
	主要输出	资源需求、估算依据、资源分解结构、项目文件（更新）
	主要工具	专家判断、自下而上估算、类比估算、参数估算、数据分析、项目管理信息系统、会议
获取资源	主要输入	项目管理计划、项目文件、事业环境因素、组织过程资产
	主要输出	物质资源分配单、项目团队派工单、资源日历、变更请求、项目管理计划（更新）、项目文件（更新）、事业环境因素（更新）、组织过程资产（更新）
	主要工具	决策、人际关系与团队技能、预分派、虚拟团队

111

续表

过程名称		输入、输出、工具与技术
建设项目团队	主要输入	项目管理计划、项目文件、事业环境因素、组织过程资产
	主要输出	团队绩效评价、变更请求、项目管理计划（更新）、项目文件（更新）、事业环境因素（更新）、组织过程资产（更新）
	主要工具	集中办公、虚拟团队、沟通技术、人际关系与团队技能、认可与奖励、培训、个人和团队评估、会议
管理项目团队	主要输入	项目管理计划、项目文件、工作绩效报告、团队绩效评价、事业环境因素、组织过程资产
	主要输出	变更请求、项目管理计划（更新）、项目文件（更新）、事业环境因素（更新）
	主要工具	人际关系与团队技能、项目管理信息系统
控制资源	主要输入	项目管理计划、项目文件、工作绩效数据、协议、组织过程资产
	主要输出	工作绩效信息、变更请求、项目管理计划（更新）、项目文件（更新）
	主要工具	数据分析、问题解决、人际关系与团队技能、项目管理信息系统

● ＿＿（2）＿＿不属于规划资源管理过程的输入。

（2）A．项目管理计划　　　　　　　　B．资源管理计划
　　　C．项目章程　　　　　　　　　　D．组织过程资产

■ **试题分析**　规划资源管理过程的输入包括项目管理计划、项目章程、项目文件、组织过程资产、事业环境因素。资源管理计划属于规划资源管理过程的输出。

■ **参考答案**　B

● ＿＿（3）＿＿不属于团队章程的内容。

（3）A．团队价值观　　B．资源日历　　C．沟通指南　　D．冲突处理过程

■ **试题分析**　团队章程是体现项目价值观、提供共识的文件。其主要内容包括决策标准和过程、沟通指南、冲突处理过程、团队共识、团队价值观、会议指南等。

■ **参考答案**　B

【考核方式2】　考核规划资源管理过程中的工具。

● 下列关于表8-1-2的描述中，＿＿（1）＿＿是错误的。

表8-1-2　习题用表

工作	人员				
	小张	小王	小李	小赵	小钱
定义	R	I	I	A	I
测试	A	C	I	I	C
开发	R	C	I	I	C

（1）A．该表是一个责任分配矩阵
　　　B．该表表示了需要完成的工作和团队成员之间的关系

112

C. 该表不应包含虚拟团队成员
D. 该表可用于人力资源计划编制

■ **试题分析** 本题考核责任分配矩阵（Responsibility Assignment Matrix，RAM）。RAM 用来表示需要完成的工作和团队成员之间的联系。RAM 是用于制订人力资源计划的工具与技术之一。从表中可以知道，这是一个负责/批准/审核/知会（Responsible/Accountable/Consulted/Informed，RACI）表。RACI 表是 RAM 的一种形式。虚拟团队是指一群拥有共同目标、履行各自职责，却很少有时间或者没有时间能面对面开会的人员。RAM 中应该包含虚拟团队成员。

■ **参考答案** C

● 下列有关项目规划资源管理方面内容的叙述中，错误的是 ___(2)___ 。
(2) A. 规划资源管理是定义如何估算、获取、管理、利用资源（实物资源和团队资源）的过程
　　 B. 资源分解结构（RBS）用来分解项目中各种类型的资源，不属于层次结构图
　　 C. 有效的资源规划还需要考虑稀缺资源的可用性和竞争方面的问题，并编制相应的计划
　　 D. 组织理论是规划资源管理的技术和工具

■ **试题分析** 层次结构图包括 WBS、OBS、RBS 等。其中，RBS 为风险分解结构（Risk Breakdown Structure，RBS）或资源分解结构（Resource Breakdown Structure，RBS）。

■ **参考答案** B

● 下列四个选项中，___(3)___ 是错误的。
(3) A. 图表适用于规划资源管理过程的数据表现
　　 B. 一般来说，层级型可用于表示高层级角色，而文本型则更适用于记录详细职责
　　 C. 职责分配矩阵属于矩阵型的数据表现技术
　　 D. 工作分解结构按照组织现有的部门、单元或团队排列，并在每个部门下列出项目活动或工作包

■ **试题分析** 组织分解结构（Organizational Breakdown Structure，OBS）按照组织现有的部门、单元或团队排列，并在每个部门下列出项目活动或工作包。

■ **参考答案** D

知识点：估算活动资源

知识点综述

估算活动资源是估算项目所需的团队资源、材料、设备的类型和数量的过程。本过程的主要作用是明确完成项目所需的资源种类、数量、特性。

参考题型

【考核方式】考核该过程的输入、输出、工具与技术。

● ___(1)___ 不属于估算活动资源过程的输入。
(1) A. 项目管理计划　　B. 项目文件　　C. 估算依据　　D. 组织过程资产

■ **试题分析** 估算活动资源过程的输入包括项目管理计划、项目文件、事业环境因素、组织过程资产。估算依据属于估算活动资源过程的输出。

■ **参考答案** C

● 下列四个选项中，____(2)____ 是错误的。

(2) A. 估算活动资源时，应征求具备团队和物质资源规划和估算方面的专业知识或接受过相关培训的个人或小组的意见

B. 参数估算的准确性取决于参数模型的成熟度和基础数据的可靠性

C. 适用于估算活动资源过程的数据分析技术是备选方案分析

D. 自上而下估算是首先对团队和实物资源在活动级别上进行估算，然后汇总成工作包、控制账户和总体项目层级上的估算

■ **试题分析** 自下而上估算是首先对团队和实物资源在活动级别上进行估算，然后汇总成工作包、控制账户和总体项目层级上的估算。

■ **参考答案** D

知识点：获取资源

知识点综述

获取资源是获取项目所需的团队成员、设施、设备、材料、用品和其他资源的过程。本过程的主要作用：①概述和指导资源的选择；②将选择的资源分配给相应的活动。

参考题型

【**考核方式**】考核该过程的输入、输出、工具与技术。

● 下列____(1)____ 不是获取资源的工具与技术。

(1) A. 事先分派　　　B. 资源日历　　　C. 决策　　　D. 虚拟团队

■ **试题分析** 获取资源的工具与技术包括：事先分派（或预分派）、人际关系与团队技能、虚拟团队、决策等。

获取资源的输出包括：物质资源分配单、项目团队派工单、资源日历、变更请求、项目管理计划（更新）、项目文件（更新）、事业环境因素（更新）、组织过程资产（更新）。

显然，选项B"资源日历"不是获取资源的工具与技术，而是该过程的输出。

■ **参考答案** B

[辅导专家提示]"获取资源"对应原"组建项目团队"。"获取资源"的工具中，"虚拟团队"考核频率较高，"决策"是教程改版后新增的工具。

● ____(2)____ 不属于获取资源过程的输入。

(2) A. 资源日历　　　B. 资源管理计划　　　C. 资源需求　　　D. 采购管理计划

■ **试题分析** 获取资源过程的输入包括项目管理计划（包括资源管理计划、成本基准、采购管理计划等）；项目文件（包括项目进度计划、资源需求、干系人登记册等）；事业环境因素；组织

过程资产。资源日历属于获取资源过程的输出。

■ **参考答案** A

- 下列四个选项中，____（3）____是错误的。

    （3）A．适用于获取资源过程的决策技术是多标准决策分析

    B．适用于获取资源过程的人际关系与团队技能是谈判

    C．项目团队派工单记录了团队成员及其在项目中的角色和职责

    D．资源日历属于获取资源过程的输入

    ■ **试题分析** 资源日历属于获取资源过程的输出。

    ■ **参考答案** D

- ____（4）____不是虚拟团队的优势。

    （4）A．更好地利用不在同一地埋区域的专家的技术

    B．提高沟通效率，便于分享知识和经验

    C．将在家办公的员工纳入团队

    D．节约差旅费用和办公场地费用

    ■ **试题分析** 虚拟团队通过新技术（电子邮件、网络视频会议、电话等）构建团队，开展工作。虚拟团队可在不同地理位置的员工之间组建团队，可实现居家办公，可以节约过高的差旅费用、办公室开支等；但团队成员沟通可能产生误解，团队成员之间难以分享知识和经验。

    ■ **参考答案** B

知识点：建设项目团队

知识点综述

有效地建设团队的直接结果是建设了一个高效、运行良好的项目团队，团队的整体效率提高，从而提高了项目的绩效。在"建设项目团队"知识点中，重点在于：①理解建设团队的阶段划分；②理解建设团队的工具，包括激励理论的具体应用；③识记建设团队的具体内容。

参考题型

【考核方式1】 识记题。考核建设团队的具体内容。

- 建设项目团队内容一般不包括____（1）____。

    （1）A．培训　　　　　B．认可和奖励　　　　C．职责分配　　　　D．同地办公

    ■ **试题分析** 建设团队的内容依据其使用的工具与技术，有一般管理技能、培训、团队建设活动、基本原则、集中办公、认可和奖励等。职责分配是人力资源计划编制过程要完成的工作。

    ■ **参考答案** C

- ____（2）____不是达成建设项目团队的目标。

    （2）A．提高项目团队成员的个人技能以改进质量并提高绩效

    B．提高项目团队成员之间的信任感和凝聚力以促进团队合作

C．创建团结合作的团队文化以促进团队生产率
　　D．严格控制汇报层级以将问题解决控制在层级内

■ **试题分析**　建设团队是提高工作能力，促进团队成员互动，改善团队整体氛围，以提高项目绩效的过程。本过程的主要作用有：提高项目团队成员之间的信任感和凝聚力以促进团队合作；提高人际关系技能、激励员工、减少摩擦以及提升整体项目绩效；创建团结合作的团队文化以促进团队生产率。

■ **参考答案**　D

【考核方式2】　理解题。考核对激励理论的理解。

● 下列对相关激励理论的叙述中，错误的是___(1)___。

　（1）A．典型的激励理论有马斯洛的需求层次理论、赫茨伯格的双因素理论和期望理论
　　　　B．自我实现是马斯洛需求层次中的最高需求层次
　　　　C．期望理论认为，一个目标对人的激励程度受目标效价与期望值两个因素的影响
　　　　D．Y理论强调应对员工严格监督、控制与管理，以强迫员工努力工作

■ **试题分析**　本题所考核的知识点涉及马斯洛的需求层次理论、双因素理论、期望理论、X理论和Y理论。

　　X理论是把人的工作动机视为获得经济报酬的"实利人"的人性假设理论。采用X理论管理的唯一激励办法就是以经济报酬来激励生产，只要增加金钱奖励，便能取得更高的产量。所以这种理论特别重视满足职工生理及安全的需要，同时也很重视惩罚，认为惩罚是最有效的管理工具。

　　Y理论认为，一般人本性不厌恶工作，如果给予适当机会，人们会喜欢工作并渴望发挥其才能；多数人愿意对工作负责，寻求发挥能力的机会；能力的限制和惩罚不是使人去为组织目标而努力的唯一办法；激励在需要的各个层次上都起作用；想象力和创造力是人类广泛具有的。因此，Y理论激励的办法是：扩大工作范围；尽可能把职工工作安排得富有意义，并具有挑战性；使职工在工作之后感到自豪，满足其自尊和自我实现的需要；使职工达到自我激励。只要启发内因，实行自我控制和自我指导，在条件适合的情况下就能实现组织目标与个人统一起来的最理想状态。

■ **参考答案**　D

【考核方式3】　理解、识记团队建设的生命周期。

● 建设优秀的团队并非一蹴而就，要经历几个阶段，一般按顺序可划分为___(1)___四个阶段。

　（1）A．形成、震荡、表现、正规　　　　　　B．形成、表现、震荡、正规
　　　　C．形成、磨合、表现、正规　　　　　　D．形成、震荡、正规、表现

■ **试题分析**　一个项目团队从开始到终止是一个不断成长和变化的过程，这个发展过程可以描述为四个时期：形成期、震荡期、正规期和表现期，然后转入项目结束阶段。

　　形成阶段：由单个的个体成员转变为团队成员，开始形成共同目标，对未来有美好的期待。

　　震荡阶段：团队成员开始执行被分配的任务，一旦遇到超出预想的困难，希望被现实打破，个体之间开始争执，互相指责，并且开始质疑项目经理的能力。

　　正规（规范）阶段：经过一段时间的磨合，团队成员之间相互熟悉了解，矛盾基本解除，项目经理得到了团队的认可。

表现（发挥）阶段：此时团队成员之间配合默契，对项目经理产生了信任，成员积极工作，努力实现目标，这时集体荣誉感也非常强。

结束（解散）阶段：团队解散。

■ **参考答案** D

- ___（2）___ 不属于建设项目团队的五个阶段。

（2）A. 规范阶段　　　B. 发挥阶段　　　C. 结束阶段　　　D. 冲突阶段

■ **试题分析** 项目团队建设的五个阶段包含形成阶段、震荡阶段、规范阶段、发挥阶段、结束阶段。

■ **参考答案** D

- A公司成立项目组承接某城市污水治理项目，项目团队成员来自各个部门。在项目开始执行三个月后的一次项目例会上，讨论方案时产生分歧，项目成员互相指责业务水平差，并质疑项目经理的协调能力。则该项目团队处于团队发展的___（3）___。

（3）A. 震荡阶段　　　B. 规范阶段　　　C. 发挥阶段　　　D. 形成阶段

■ **试题分析** 震荡期阶段中团队成员开始执行被分配的任务，一旦遇到超出预想的困难，希望被现实打破。个体之间开始争执，互相指责，并且开始质疑项目经理的能力。

■ **参考答案** A

- 项目经理观察到有些项目团队成员开始调整工作习惯以配合其他成员。但是，他们彼此仍然缺乏信任。项目经理可以得出___（4）___的结论。

（4）A. 团队处于规范阶段，很有可能进入到成熟阶段
　　B. 团队处于震荡阶段，很有可能进入到规范阶段
　　C. 团队处于规范阶段，很有可能退回到震荡阶段
　　D. 团队处于震荡阶段，很有可能退回到形成阶段

■ **试题分析** 规范阶段中团队成员开始协同工作，并调整各自的工作习惯和行为来支持团队，团队成员会学习相互信任。由于团队彼此仍然缺乏信任，所以团队可能会退回到不信任、各持己见的震荡阶段。

■ **参考答案** C

【考核方式4】考核该过程的输入、输出、工具与技术。

建设团队过程中除了用到"激励理论"外，其余的工具还包括：①人际关系技能；②培训；③团队建设活动；④基本规则；⑤集中办公；⑥认可和奖励；⑦人事测评工具。

- ___（1）___ 不属于建设团队过程的输入。

（1）A. 资源管理计划　　　　　　B. 团队章程
　　C. 团队绩效评价　　　　　　D. 项目团队派工单

■ **试题分析** 建设团队过程的输入包括项目管理计划（主要包括资源管理计划）；项目文件（主要包括团队章程、项目进度计划、项目团队派工单、资源日历、经验教训登记册等）；事业环境因素；组织过程资产。团队绩效评价属于建设团队过程的输出。

■ **参考答案** C

117

- 下列四个选项中，___(2)___ 是错误的。
    (2) A．建设团队过程使用到的项目管理计划组件是资源管理计划
        B．集中办公是指把许多或全部最活跃的项目团队成员安排在同一个地点工作，以增强团队工作能力
        C．在建设项目团队过程中，需要对成员的优良行为给予认可与奖励
        D．培训包括旨在提高项目团队成员能力的全部正式活动
    ■ 试题分析 培训包括旨在提高项目团队成员能力的全部活动，可以是正式的或非正式的。
    ■ 参考答案 D

- 项目经理被分配管理一个智能型新产品研发项目。项目团队是按照专业知识从不同地方选择的，发现难以管理分处不同地方的项目团队成员后，项目经理申请了一个新地点将团队整合在一起。项目经理使用的是___(3)___技术。
    (3) A．虚拟团队 B．团队建设 C．集中办公 D．基本规则
    ■ 试题分析 项目经理申请了一个新地点将团队整合在一起属于集中办公技术。
    ■ 参考答案 C

知识点：管理项目团队

知识点综述

管理项目团队是指跟踪个人和团队的绩效，提供反馈，解决问题，协调变更，以提高项目的绩效的过程。项目管理团队必须观察团队的行为、管理冲突、解决问题并评估团队成员的绩效。实施项目团队管理后，应将项目人员配备管理计划进行更新，可以提出变更请求，更新人力资源计划，实现问题的解决，同时为组织绩效评估提供依据，为组织的数据库增加新的经验教训。

参考题型

【考核方式1】 识记题。考核管理团队的输入、输出、工具与技术。
- ___(1)___不是管理项目团队的工具与技术。
    (1) A．制定决策能力   B．角色定义
        C．情商   D．冲突管理
    ■ 试题分析 管理项目团队的工具与技术有：①人际关系与团队技能（包括冲突管理、制定决策能力、情商、影响、领导力等）；②项目管理信息系统。
    ■ 参考答案 B

- ___(2)___不属于管理团队过程的输入。
    (2) A．团队章程   B．项目团队派工单
        C．变更请求   D．团队绩效评价
    ■ 试题分析 管理团队过程的输入包括项目管理计划（主要是资源管理计划）；项目文件（包括团队章程、问题日志、项目团队派工单、经验教训登记册等）；工作绩效报告；团队绩效评价；

事业环境因素；组织过程资产。变更请求属于管理团队过程的输出。

■ **参考答案** C

【考核方式2】 理解题。考核冲突管理中具体方法的应用。

● 冲突管理中最有效的解决冲突的方法是___(1)___。

(1) A. 问题解决　　　　B. 求同存异　　　　C. 强迫　　　　D. 撤退

■ **试题分析** 常见的冲突管理有六种方法：①问题解决：双方一起积极地定义问题，收集问题的信息，开发并分析解决方案，直到最后选择一个最合适的方法来解决问题，使双方都满意，也就是双赢，它是冲突管理中最有效的解决方法；②合作：集合多方的观点和意见，得出一个多数人接受并承诺的冲突解决方案；③强制：以牺牲其他各方的观点为代价，强制采纳一方的观点；④妥协：冲突各方协商并寻找一种能够使其都在一定程度上满意、但没有任何一方完全满意的方法，是一种冲突各方都做一些让步的冲突解决方法；⑤求同存异：冲突各方都关注他们一致的一面，而淡化不一致的一面，让大家都冷静下来，先把工作做完；⑥撤退：把眼前的或潜在的冲突搁置起来，从冲突中撤退。

显然，冲突管理中最有效的解决冲突的方法是问题解决。

■ **参考答案** A

● 下列四个选项中，___(2)___是牺牲其他各方的观点，强制采用一方观点。

(2) A. 合作　　　　B. 妥协　　　　C. 问题解决　　　　D. 强制

■ **试题分析** 强制是牺牲其他各方的观点，强制采用一方观点。

■ **参考答案** D

● 一次项目例会上，研发工程师和产品经理因为某个功能定义的频繁变更发生了激烈的争吵，此时项目经理制止了争吵，提出会后再单独组织一次会议来讨论解决方案，该项目经理采用的冲突管理方法是___(3)___。

(3) A. 撤退　　　　B. 妥协　　　　C. 强制　　　　D. 合作

■ **试题分析** 撤退/回避：从冲突中退出，将问题推迟，或者推给其他人解决。

■ **参考答案** A

【考核方式3】 理解题。考核管理项目团队的作用。

● 通过项目团队管理可以___(1)___。

(1) A. 解决项目团队成员之间的冲突，保障高效开展项目工作
　　B. 将项目的监控结果全面记录在工作绩效报告里
　　C. 为项目团队成员提供组织的政策、流程和规定
　　D. 在人员配备管理计划中列出团队成员在项目中的工作周期

■ **试题分析** 管理团队是跟踪团队成员工作表现、提供反馈、解决问题并管理团队变更，以优化项目绩效的过程。本过程的主要作用是影响团队行为、管理冲突以及解决问题。本过程需要在整个项目期间开展。

■ **参考答案** A

知识点：控制资源

知识点综述

控制资源是为了按计划分配和使用实物资源、监督资源使用并采取必要的纠正措施的过程。本过程的主要作用：①确保所分配的资源适时、适地用于项目；②释放不再使用的资源。

参考题型

【考核方式1】 考核该过程的输入、输出、工具与技术。

- ___(1)___ 不属于控制资源过程的输入。
    (1) A．资源管理计划　　　　　　　　B．资源需求
        C．资源分解结构　　　　　　　　D．工作绩效信息

    ■ 试题分析　控制资源过程的输入包括项目管理计划（主要是资源管理计划）；项目文件（包括项目进度计划、问题日志、资源需求、资源分解结构、经验教训登记册、物质资源分配单、风险登记册）；工作绩效数据；协议；组织过程资产。工作绩效信息属于控制资源过程的输出。

    ■ 参考答案　D

- 下列四个选项中，___(2)___ 有助于项目成本出现差异时确定最佳的纠正措施。
    (2) A．备选方案分析　　　　　　　　B．成本效益分析
        C．绩效审查　　　　　　　　　　D．趋势分析

    ■ 试题分析　适用于控制资源过程的数据分析技术如下。
    > 备选方案分析：有助于选择最佳解决方案以纠正资源使用偏差，可将加班和增加团队资源等备选方案与延期交付或阶段性交付比较，以权衡利弊。
    > 成本效益分析：有助于项目成本出现差异时确定最佳的纠正措施。
    > 绩效审查：分析成本和进度工作绩效信息有助于指出可能影响资源使用的问题。
    > 趋势分析：使用趋势分析，基于当前绩效信息来确定未来项目阶段所需的资源。

    ■ 参考答案　B

【考核方式2】 考核该过程的概念。

- ___(1)___ 过程的主要作用是确保所分配的资源可适时、适地用于项目。
    (1) A．规划资源　　　　　　　　　　B．获取资源
        C．估算活动资源　　　　　　　　D．控制资源

    ■ 试题分析　控制资源过程的主要作用是确保所分配的资源适时、适地可用于项目；确保资源在不再需要时被释放。

    ■ 参考答案　D

课堂练习

- 在规划资源管理过程中，一般会涉及组织结构图和职位描述。其中，根据组织现有的部门、单位或团队进行分解，把工作包和项目的活动列在负责的部门下面的图采用的是___(1)___。
  - (1) A．工作分解结构（WBS） B．组织分解结构（OBS）
      C．资源分解结构（RBS） D．责任分配矩阵（RAM）
- 小王作为项目经理正在带领项目团队实施一个新的信息系统集成项目。项目团队共同工作了相当一段时间，正处于项目团队建设的发挥阶段，此时一个新成员加入该团队，则___(2)___。
  - (2) A．团队建设将从震荡阶段重新开始
      B．团队建设将继续处于发挥阶段
      C．团队建设将从震荡阶段重新开始，但很快就会步入发挥阶段
      D．团队建设将从形成阶段重新开始
- 作为项目管理计划的一部分，资源管理计划提供了关于如何分类、分配、管理和释放项目资源的指南。___(3)___不属于资源管理计划的内容。
  - (3) A．识别资源 B．人力资源模板
      C．角色与职责 D．项目组织图
- 对团队成员的激励永远是困扰项目经理的一个问题，对于高创新要求的项目团队来说，使用___(4)___的方法相对会更加有效。
  - (4) A．赋予更大的责任和权力 B．大幅增加薪酬
      C．给予必要的关心和照顾 D．给予更高的社会地位
- ___(5)___不属于规划资源管理的工具与技术。
  - (5) A．OBS B．RAM C．RBS D．SWOT
- 关于责任分配矩阵（RAM）的描述，不正确的是___(6)___。
  - (6) A．大型项目中，RAM可分为多个层
      B．针对具体的一项活动可分配多个成员，每个成员承担不同的工作任务
      C．RAM中用不同的字母表示不同的职责
      D．RAM中每项活动中可以有一个以上成员对任务负责
- 项目经理常用领导力、影响力和有效决策等人际关系技能来管理团队，根据项目管理的领导与管理理论，如果针对新员工，采用___(7)___领导方式更有效。
  - (7) A．民主型 B．部分授权 C．放任型 D．指导型
- 关于项目团队管理的表述，不正确的是___(8)___。
  - (8) A．项目团队管理用于跟踪个人和团队的绩效，解决问题和协调变更
      B．项目成员的工作风格差异是冲突的来源之一
      C．在一个项目团队环境下，项目经理不应公开处理冲突
      D．合作、强制、妥协、求同存异等是解决冲突的方法

第9章
项目沟通管理和干系人管理

知识点图谱与考点分析

本章节包括沟通管理和干系人管理两个部分。项目沟通管理这一章在系统集成历年真题的综合知识卷中所占分值为 2 分左右。在 2016 年新版教程中，沟通管理和干系人管理分为了两个知识域，这两个知识域的管理过程参考本书第 1 章。本书基于实际考核情况，把沟通管理和干系人管理合为一章。

如图 9-0-1 所示为项目沟通管理和干系人管理知识点图谱。

图 9-0-1　项目沟通管理过程和干系人管理管过程知识点图谱

知识点：沟通管理过程

知识点综述

了解沟通管理的过程、工具与技术，具体见表 9-1-1。

表 9-1-1　沟通管理输入、输出、工具与技术

过程名称	输入、输出、工具与技术	
规划沟通管理	主要输入	项目章程、项目管理计划、项目文件、事业环境因素、组织过程资产
	主要输出	沟通管理计划、项目管理计划（更新）、项目文件（更新）
	主要工具	专家判断、沟通需求分析、沟通技术、沟通模型、沟通方法、人际关系与团队技能、数据表现、会议
管理沟通	主要输入	项目管理计划、项目文件、工作绩效报告、事业环境因素、组织过程资产
	主要输出	项目沟通记录、项目管理计划（更新）、项目文件（更新）、组织过程资产（更新）
	主要工具	沟通技术、沟通方法、沟通技能、项目管理信息系统、项目报告、人际关系与团队技能、会议
监督沟通	主要输入	项目管理计划、项目文件、工作绩效数据、事业环境因素、组织过程资产
	主要输出	工作绩效信息、变更请求、项目管理计划（更新）、项目文件（更新）
	主要工具	专家判断、项目管理信息系统、数据表现、人际关系与团队技能、会议

参考题型

【考核方式】 识记题。考核主要过程的工具与技术。

● 以下＿＿（1）＿＿不是监督沟通的工具与技术。

（1）A．业务数据分析　　B．会议　　C．项目管理信息系统　　D．专家判断

■ **试题分析**　监督沟通的工具与技术包括：专家判断、项目管理信息系统、数据表现、人际关系与团队技能、会议。

■ **参考答案**　A

知识点：干系人管理过程

知识点综述

了解干系人管理过程、工具与技术，具体见表 9-2-1。

表 9-2-1　干系人管理过程、工具与技术

过程名称	输入、输出、工具与技术	
识别干系人	主要输入	立项管理文件、项目章程、项目管理计划、项目文件、协议、事业环境因素、组织过程资产
	主要输出	干系人登记册、变更请求、项目管理计划（更新）、项目文件（更新）
	主要工具	专家判断、数据收集、数据分析、数据表现、会议
规划干系人参与	主要输入	项目章程、项目管理计划、项目文件、协议、事业环境因素、组织过程资产
	主要输出	干系人参与计划
	主要工具	专家判断、数据收集、数据分析、决策、数据表现、会议

续表

过程名称		输入、输出、工具与技术
管理干系人参与	主要输入	项目管理计划、项目文件、事业环境因素、组织过程资产
	主要输出	变更请求、项目管理计划（更新）、项目文件（更新）
	主要工具	专家判断、沟通技能、人际关系与团队技能、基本规则、会议
监督干系人参与	主要输入	项目管理计划、项目文件、工作绩效数据、事业环境因素、组织过程资产
	主要输出	工作绩效信息、变更请求、项目管理计划（更新）、项目文件（更新）
	主要工具	数据分析、决策、数据表现、沟通技能、人际关系与团队技能、会议

参考题型

【考核方式】 识记题。考核主要过程的输入、输出、工具与技术。

- ＿＿＿(1)＿＿＿不属于管理干系人参与的输入。
  (1) A．项目管理计划　　　　　　　B．项目文件
  　　C．事业环境因素　　　　　　　D．问题日志

  ■ 试题分析　管理干系人的输入包括：项目管理计划、项目文件、事业环境因素、组织过程资产。

  ■ 参考答案　D

知识点：干系人分析

知识点综述

本节主要知识点如下。

（1）干系人分析的方法（识别干系人影响）：权力/利益方格、权力/影响方格、影响/作用方格、凸显模型。其中，权力/利益方格考核频率较高。

（2）干系人参与评估矩阵。

参考题型

【考核方式】 识记题。考核权力/利益方格、权力/影响方格及凸显模型。

- 关于图 9-3-1 中的干系人权力和利益方格的描述，不正确的是＿＿(1)＿＿。
  (1) A．项目经理的主管领导就是 A 区的干系人，要"令其满意"
  　　B．项目客户是 B 区的干系人，要"重点管理、及时报告"
  　　C．对于 C 区的干系人，要"随时告知"
  　　D．对于 D 区的干系人，花费最少的精力监督即可

图 9-3-1 习题用图

■ **试题分析** 权力/利益矩阵是根据干系人权力的大小以及利益对其分类。这个矩阵指明了项目需要建立的与各干系人之间的关系的种类。

首先关注处于 B 区的干系人，他们对项目有很高的权力，也很关注项目的结果，项目经理应该"重点管理，及时报告"，应采取有力的行动让 B 区干系人满意。项目的客户和项目经理的主管领导，就是这样的项目干系人。

图 9-3-2 习题用图

■ **参考答案** A

● ___(2)___ 是根据干系人的职权大小以及对项目结果的关注程度对干系人进行分组的干系人分类方法。
  (2) A．权力/利益方格 B．凸显模型
  　　C．影响/作用方格 D．权力/影响方格

■ **试题分析** 权力/利益方格是根据干系人的职权（权力）大小以及对项目结果的关注程度（利益）进行分组。

■ **参考答案** A

● 凸显模型根据干系人的___(3)___识别干系人___(3)___和___(3)___，对干系人进行分类。
  (3) A．权力、紧急性、合法性 B．影响、紧急性、合法性
  　　C．权力、影响、紧急性　　D．影响、作用、重要性

■ 试题分析 凸显模型通过评估干系人的权力（职权级别或对项目成果的影响能力）、紧急性（因时间约束或干系人对项目成果有重大利益诉求而导致需立即加以关注）和合法性（参与的适当性），对干系人进行分类。

■ 参考答案 A

知识点：识别干系人

知识点综述

识别干系人过程是识别影响项目决策、结果、活动的个人或者组织，并分析他们的利益、参与度、依赖度、影响力等信息的过程。该过程的主要作用是找出各类干系人，并记录各类干系人对项目的影响。

参考题型

【考核方式1】 考核该过程的输入、输出、工具与技术。

- ___（1）___ 不属于识别干系人过程的输入。
  - （1）A. 立项管理文件　　　　　　　　B. 项目章程
  　　　C. 项目管理计划　　　　　　　　D. 干系人登记册

  ■ 试题分析 识别干系人过程的输入包括立项管理文件、项目章程、项目管理计划、项目文件、协议、事业环境因素、组织过程资产。干系人登记册属于识别干系人过程的输出。

  ■ 参考答案 D

- 下列四个选项中，___（2）___ 是错误的。
  - （2）A. 适用于识别干系人过程的数据收集技术主要包括问卷和调查、头脑风暴
  　　　B. 适用于识别干系人过程的数据分析技术主要包括干系人分析、文件分析
  　　　C. 权力/利益方格、权力/影响方格，或影响/作用方格属于识别干系人过程的数据表现技术
  　　　D. 干系人登记册是识别干系人过程的主要输入，记录已识别干系人的信息

  ■ 试题分析 干系人登记册是识别干系人过程的主要输出，记录已识别干系人的信息。

  ■ 参考答案 D

【考核方式2】 考核该过程的特点。

- 项目在 ___（1）___ 中不需要识别干系人。
  - （1）A. 执行过程　　　　B. 启动过程　　　　C. 结束过程　　　　D. 规划过程

  ■ 试题分析 识别干系人过程的主要作用是找出各类干系人，并记录各类干系人对项目的影响。项目结束过程，也就不需要再识别干系人了。

  ■ 参考答案 C

知识点：规划干系人参与

知识点综述

规划干系人参与（又称编制项目干系人管理计划），基于分析干系人的利益、项目参与度、项目依赖性、项目影响力等信息，制定恰当的管理策略，调动干系人参与项目的全过程。本过程的主要作用是制订可行的干系人互动计划。

参考题型

【考核方式1】 考核该过程的输入、输出、工具与技术。

- ___(1)___ 不属于规划干系人参与过程的输入。

  (1) A．项目章程　　　B．项目管理计划　　C．项目文件　　　D．干系人参与计划

  ■ **试题分析**　规划干系人参与过程的输入包括项目章程、项目管理计划、项目文件、协议、事业环境因素、组织过程资产。干系人参与计划属于规划干系人参与过程的输出。

  ■ **参考答案**　D

- 下列四个选项中，___(2)___ 是错误的。

  (2) A．适用于规划干系人参与过程的数据收集技术是标杆对照

  　　B．适用于规划干系人参与过程的数据分析技术主要包括假设条件和制约因素分析、根本原因分析

  　　C．适用于规划干系人参与过程的决策技术主要包括优先级排序或分级

  　　D．适用于规划干系人参与过程的数据表现技术就是思维导图

  ■ **试题分析**　适用于规划干系人参与过程的数据表现技术主要包括思维导图、干系人参与度评估矩阵。

  ■ **参考答案**　D

【考核方式2】 考核该过程的作用。

- 通过干系人进行沟通协作，满足其需求与期望处理问题，促进其合理参与属于___(1)___过程的工作。

  (1) A．识别干系人　　　　　　　　　　B．规划干系人参与

  　　C．管理干系人参与　　　　　　　　D．监督干系人参与

  ■ **试题分析**　项目干系人管理的过程如下。

  ➢ 识别干系人：定期识别干系人，分析和记录他们的利益、参与度、相互依赖性、影响力和对项目潜在的影响。

  ➢ 规划干系人参与：根据干系人的需求、期望、利益和对项目的潜在影响，制订项目干系人参与项目的方法。

  ➢ 管理干系人参与：与干系人进行沟通和协作，以满足其需求与期望，并处理问题，以促进干系人合理参与。

➢ 监督干系人参与：监督项目干系人关系，并通过修订参与策略和计划来引导干系人合理参与项目。

■ 参考答案　C

知识点：管理干系人参与

知识点综述

管理干系人参与属于执行过程。管理干系人就是在整个项目生命周期中，依据项目干系人管理计划，与干系人进行沟通和协作，促使干系人合理参与项目，并满足干系人需求，解决项目问题的过程。本过程的主要作用是尽可能提高干系人的支持度，减少干系人的抵制。

参考题型

【考核方式】考核该过程的输入、输出、工具与技术。

- ＿＿（1）＿＿不属于管理干系人参与过程的输入。
  （1）A. 事业环境因素　　　　　　　　　B. 项目管理计划
  　　C. 项目文件　　　　　　　　　　　　D. 变更请求

  ■ 试题分析　管理干系人参与过程的输入包括项目管理计划、项目文件、事业环境因素、组织过程资产。变更请求属于管理干系人参与过程的输出。

  ■ 参考答案　D

- 下列四个选项中，＿＿（2）＿＿是错误的。
  （2）A. 管理干系人参与是通过与干系人进行沟通协作，以满足其需求与期望、处理问题，并促进干系人合理参与的过程
  　　B. 可用于管理干系人参与的项目管理计划组件主要包括干系人参与计划
  　　C. 项目经理应确保及时解决冲突
  　　D. 管理干系人参与过程的输出部分中，变更的项目管理计划组件主要是沟通管理计划

  ■ 试题分析　管理干系人参与过程的输出部分中，变更的项目管理计划组件主要包括沟通管理计划、干系人参与计划。

  ■ 参考答案　D

知识点：监督干系人参与

知识点综述

监督干系人参与过程是全面监控项目干系人的关系，及时调整计划和策略，调动干系人参与的过程。本过程的主要作用是随着项目进展和环境变化，维持并提升干系人参与项目的效率和效果。

参考题型

【考核方式】 考核该过程的输入、输出、工具与技术。

- ____(1)____ 不属于监督干系人参与过程的输入。
  - (1) A．工作绩效数据 　　　　　　B．项目管理计划
  　　　C．项目文件 　　　　　　　　D．变更请求
  - ■ 试题分析　监督干系人参与过程的输入包括项目管理计划、项目文件、工作绩效数据、事业环境因素、组织过程资产。变更请求属于监督干系人参与过程的输出。
  - ■ 参考答案　D

- ____(2)____ 不属于适用于监督干系人参与过程的数据分析技术。
  - (2) A．备选方案分析 　　　　　　B．根本原因分析
  　　　C．干系人分析 　　　　　　　D．多标准决策分析
  - ■ 试题分析　适用于监督干系人参与过程的数据分析技术主要包括备选方案分析、根本原因分析、干系人分析。多标准决策分析属于监督干系人参与过程的决策技术。
  - ■ 参考答案　D

- 表9-7-1干系人参与度矩阵中，需要授权管理职责并引导其积极参与项目执行的干系人是____(3)____。

表 9-7-1 习题用表

干系人	不知晓	抵制	中立	支持	领导
干系人1			○●		
干系人2			●	○	
干系人3			●		○

注：○表示期望参与水平；●表示实际参与水平。

　　(3) A．干系人1 　　　　　　　　B．干系人2
　　　　C．干系人3 　　　　　　　　D．干系人2和干系人3
- ■ 试题分析　需要授权管理职责并引导其积极参与项目执行的干系人属于领导型干系人。
- ■ 参考答案　C

知识点：规划沟通管理

知识点综述

　　项目沟通管理中的规划沟通（又称沟通管理计划编制）过程确定项目干系人的信息和沟通需求，包括哪些人是项目干系人、他们对于该项目的收益水平和影响程度、谁需要什么样的信息、何时需要以及怎样分发给他们。

参考题型

【考核方式1】 理解题。考核对沟通计划的理解。

- 项目文档应发送给___(1)___。

    (1) A．执行机构所有的干系人　　　　B．所有项目干系人
    　　C．项目管理小组成员和项目主办单位　D．沟通管理计划中规定的人员

    ■ **试题分析**　项目沟通管理中的规划沟通过程确定项目干系人的信息和沟通需求。也就是说，沟通的结果应当通过什么形式、向谁汇报、由谁执行、由谁监督以及使用什么方法来发布。选项 D "沟通管理计划中规定的人员"是最准确的选项。

    ■ **参考答案**　D

【考核方式2】 识记题。考核沟通管理的过程。

- 关于规划沟通的描述，正确的是___(1)___。

    (1) A．应根据需要在整个项目期间定期开展，持续保持其成果适用性
    　　B．确保所有沟通参与者之间的信息流动的最优化
    　　C．应尽量采用小组沟通方法来实现沟通管理计划所规定的沟通需求
    　　D．沟通管理计划基于项目范围管理计划制订和更新，与其同等重要

    ■ **试题分析**　规划沟通管理过程应根据需要在整个项目期间定期开展。故选项 A 正确。

    监督沟通过程的主要作用是依据沟通管理计划和干系人参与计划，优化信息流动。故选项 B 错误。

    沟通方法属于规划沟通管理的工具与技术之一。干系人之间分享信息方法包括交互（互动）式沟通、推式沟通、拉式沟通等。实现沟通管理计划所规定的沟通需求的方法包括人际（个人间）沟通、小组沟通、公众沟通、大众传播、网络和社交工具沟通等。故选项 C 错误。

    沟通管理计划是规划沟通管理的输出产物，而规划沟通管理的输入有项目章程、项目管理计划（主要包括资源管理计划、干系人参与计划等）、项目文件（主要包括需求文件、干系人登记册等）、事业环境因素、组织过程资产，没有项目范围管理计划。故选项 D 错误。

    ■ **参考答案**　A

【考核方式3】 考核该过程的输入、输出、工具与技术。

- 关于规划沟通管理过程的描述，不正确的是___(1)___。

    (1) A．项目章程属于规划沟通管理过程的输入，项目章程会列出主要干系人清单
    　　B．项目管理计划属于规划沟通管理过程的输入，可用于规划沟通管理的项目管理计划组件主要包括资源管理计划、干系人参与计划
    　　C．事业环境因素、组织过程资产均属于规划沟通管理过程的输入
    　　D．变更日志、问题日志、经验教训登记册、质量报告、风险报告、干系人登记册等项目文件可作为规划沟通管理过程的输入

    ■ **试题分析**　变更日志、问题日志、经验教训登记册、质量报告、风险报告、干系人登记册等项目文件可作为管理沟通过程的输入。

需求文件、干系人登记册等项目文件可作为规划沟通管理过程的输入。

■ 参考答案　D

知识点：管理沟通

知识点综述

管理沟通是依据沟通管理计划，生成、收集、分发、储存、检索及最终处置项目信息的过程。本过程的主要作用是促进项目干系人之间实现有效率的且有效果的信息流动。

参考题型

【考核方式1】考核该过程的输入、输出、工具与技术。

● ___(1)___ 不属于管理沟通过程的输入。
　(1) A. 项目管理计划　　B. 项目文件　　C. 工作绩效报告　　D. 项目沟通记录
　■ 试题分析　管理沟通过程的输入包括项目管理计划、项目文件、工作绩效报告、事业环境因素、组织过程资产。项目沟通记录属于管理沟通过程的输出。
　■ 参考答案　D

● 在适用于管理沟通过程的沟通技能中，示意、语调和面部表情等适当的肢体语言来表达意思属于___(2)___。
　(2) A. 沟通胜任力　　B. 反馈　　C. 非口头技能　　D. 演示
　■ 试题分析　示意、语调和面部表情等适当的肢体语言来表达意思属于非口头技能。模仿和眼神交流也是重要的非口头技能。
　■ 参考答案　C

● 关于项目报告的描述，不正确的是___(3)___。
　(3) A. 项目报告发布是收集和发布项目信息的行为
　　　B. 项目报告应尽量详尽，让所有干系人全面了解项目情况
　　　C. 项目信息应发布给众多干系人
　　　D. 可以定期或临时准备项目信息并编制项目报告
　■ 试题分析　项目报告发布是收集和发布项目信息的行为。项目信息应发布给众多干系人，不同干系人，所发项目报告形式，内容详略程度并不同。
　■ 参考答案　B

【考核方式2】识记题。考核绩效报告的具体内容。

● 绩效报告是指收集所有基准数据并向项目干系人提供项目绩效信息的报告。一般来说，绩效信息包括为实现项目目标而输入的资源使用情况。以下属于绩效报告需包括的内容是___(1)___。
　① 项目的进展和调整情况　　② 项目的完成情况　　③ 项目干系人分析
　④ 项目的总投入和资金到位情况　　⑤ 项目执行中存在的问题及改进措施
　⑥ 项目预测　　⑦ 变更请求

（1）A. ①②③④⑤ B. ②③④⑤⑥
　　C. ①②④⑤⑥⑦ D. ①②③④⑤⑥

■ **试题分析** 本题属于识记性题目，绩效报告的内容不包括项目干系人分析。

■ **参考答案** C

【考核方式3】 根据给定的信息进行判断。

● 项目经理在项目管理过程中需要收集多种工作信息，如完成了多少工作、花费了多少时间、发生了什么样的成本及存在什么突出问题等，以便___(1)___。

（1）A. 执行项目计划 B. 进行变更控制
　　C. 报告工作绩效 D. 确认项目范围

■ **试题分析** 选项A"执行项目计划"指执行在项目管理计划中所定义的工作达到项目的目标；选项B"进行变更控制"指评审所有的变更请求、批准变更、控制对可交付物和组织过程资产的变更；选项C"报告工作绩效"指收集并发布有关项目绩效的信息给项目干系人，通常这些信息包括状态报告、进展报告和项目预测；选项D"确认项目范围"指项目干系人对项目范围的正式确认，但实际上，项目范围确认贯穿整个项目生命周期的始终，从WBS的确认（或合同中具体分工界面的确认）到项目验收时范围的检验。从题干和各个选项的分析可知，答案应该是C。

■ **参考答案** C

[辅导专家提示] 一般来说，凡涉及"完成了多少工作、花费了多少时间、发生了什么样的成本"之类的关键词，其答案往往和绩效报告相关。

【考核方式4】 给出具体的案例环境，根据环境信息进行判断。

● 每次项目经理会见其所负责的赞助商，赞助商都强调对该项目进行成本控制的重要性，赞助商总是询问有关成本绩效的情况，如哪些预算实现了、哪些预算没有实现。为了回答其问题，项目经理应该提供___(1)___。

（1）A. 绩效报告 B. 绩效衡量图表
　　C. 资源生产力分析 D. 趋势分析统计数据

■ **试题分析** 绩效报告的主要输出包括状态报告、进展报告、项目预测和变更请求；其依据包括项目工作绩效信息、项目管理计划和其他项目记录（文件）；绩效评审、偏差分析、趋势分析、挣值分析是绩效报告过程的常用工具与技术。绩效衡量图表属于绩效报告的一部分。

■ **参考答案** A

知识点：监督沟通

知识点综述

监督沟通是**在整个项目生命周期**中对沟通进行监督和控制的过程，以确保满足项目干系人对信息的需求。本过程的主要作用是依据沟通管理计划和干系人参与计划，优化信息流动。

参考题型

【考核方式】 考核该过程的输入、输出、工具与技术。

- ___(1)___ 不属于监督沟通过程的输入。
  (1) A．项目管理计划　　B．项目文件　　　　C．工作绩效数据　　D．变更请求

  ■ **试题分析**　监督沟通过程的输入包括项目管理计划、项目文件、工作绩效数据、事业环境因素、组织过程资产。变更请求属于监督沟通过程的输出。

  ■ **参考答案**　D

- 下列四个选项中，___(2)___ 是错误的。
  (2) A．监督沟通时，适用的数据表现技术是干系人参与度评估矩阵
  　　B．适用于监督沟通过程的人际关系与团队技能主要包括观察
  　　C．适用于监督沟通过程的人际关系与团队技能主要包括交谈
  　　D．虚拟会议适用于回应干系人请求，不适用制订决策

  ■ **试题分析**　面对面或虚拟会议适用于制订决策，回应干系人请求，与提供方、供应方及其他项目干系人讨论。

  ■ **参考答案**　D

知识点：沟通模型

知识点综述

沟通是个双向的过程，是信息生成、传递、接收和理解检查的过程。"沟通模型"的知识点属于规划沟通管理过程。

对于沟通模型，要求考生掌握的内容如下。

识别沟通模型的组成要素（信息发送者、信息接收者、反馈、传递渠道）。

计算沟通渠道的数量，掌握沟通渠道的计算公式 $n \times (n-1)/2$。

沟通方式：参与讨论方式、征询方式、推销方式（说明）、叙述方式。

参考题型

【考核方式1】 考核对沟通概念的理解。

- 下列关于沟通与沟通管理的叙述中，错误的是___(1)___。
  (1) A．沟通就是信息生成、传递和接收的过程
  　　B．沟通的基本单元是个人与个人之间的沟通
  　　C．项目沟通管理在人员与信息之间提供取得成功所必需的关键联系
  　　D．项目沟通管理包括保证及时恰当地生成、搜集、加工处理、传播、存储、检索与管理项目信息所需的各个过程

  ■ **试题分析**　本题实际考核沟通模型，如图 9-11-1 所示。一般沟通模型包括信息发送者、传

递渠道、信息接收者和反馈四个部分，而且沟通模型往往是一个循环的过程。

```
信息发送者                    传递渠道              信息接收者

确定   信息   编码    信息   媒体    信息   信息在    信息   接收   信息   解码    信息   信息
信息   //     或      //     或      //     媒体中    //     信息   //     或      //     理解
       噪声   翻译    噪声   渠道    噪声   传递      噪声          噪声   翻译    噪声
              噪声           选择
                             噪声

                                    反馈
```

图 9-11-1 沟通模型

本题中，选项 A 缺少 "反馈" 过程。

■ 参考答案　A

【考核方式 2】考核沟通渠道的数量。

● 由 n 个人组成的大型项目组，人与人之间交互渠道的数量级为　(1)　。

(1) A. n^2　　　　　B. n^3　　　　　C. n　　　　　D. $2n$

■ 试题分析　沟通渠道数的计算公式为 $n×(n-1)/2$，从而交互渠道的数量级为 n^2。

■ 参考答案　A

课堂练习

● 系统集成工程建设的沟通协调非常重要，有效的沟通可以提升效率、降低内耗。下列关于沟通的叙述，　(1)　是错误的。

(1) A. 坚持内外有别的原则，要把各方掌握的信息控制在各方内部

　　B. 系统集成商经过广泛的需求调查，有时会发现业主的需求之间存在自相矛盾的现象

　　C. 一般来说，参加获取需求讨论会的人数控制在 5~7 人是最好的

　　D. 如果系统集成商和客户就项目需求沟通不够，只是依据招标书的信息做出建议书，可能会导致项目计划不合理，因而造成项目延期、成本超出、纠纷等问题

● 在实际沟通中，　(2)　更有利于被询问者表达自己的见解和情绪。

(2) A. 封闭式问题　　　　　　　　　B. 开放式问题

　　C. 探询式问题　　　　　　　　　D. 假设式问题

● 在管理项目团队时，项目经理可以运用　(3)　等方法来解决冲突。

(3) A. 求同存异、观察、强制　　　　B. 求同存异、妥协、增加权威

　　C. 强制、问题解决、撤退　　　　D. 强制、妥协、预防

- 沟通管理计划的编制是确定___(4)___的过程，即明确谁需要何种信息、何时需要以及如何向他们传递。

  （4）A．干系人信息与沟通需求　　　　B．沟通方式与信息发布
  　　　C．干系人提供的绩效信息　　　　D．干系人管理与经验教训总结

- 项目经理 80%甚至更多的时间都用于进行项目沟通工作。在项目的沟通管理计划中可以不包括___(5)___。

  （5）A．传达信息所需的技术或方法　　B．沟通频率
  　　　C．干系人登记册　　　　　　　　D．对要发布信息的描述

- 你正在组织项目沟通协调会，参加会议的人数为12人，沟通渠道有___(6)___条。

  （6）A．66　　　　B．72　　　　C．96　　　　D．132

- 项目团队中原来有5名成员，后来又有4人加入项目。与之前相比项目成员之间沟通渠道增加了___(7)___条。

  （7）A．26　　　　B．10　　　　C．20　　　　D．36

第10章 项目风险管理

知识点图谱与考点分析

风险管理就是要在风险成为影响项目成功的威胁之前，识别、处理并消除风险的源头。项目风险管理就是项目管理团队对项目进行风险识别、风险估计和风险评价，并以此为基础合理地使用多种管理方法、技术和手段对项目活动涉及的风险实行有效地控制，主动行动，创造条件，尽量扩大风险事件的有利结果，妥善处理风险事故造成的不利后果，以最少的成本保证安全，可靠地实现项目的总目标。

在风险管理中，要重点关注风险管理的过程、风险分析以及风险应对的方法，尤其是定量分析的方法，属于考核难点之一，如图10-0-1所示为风险管理知识点图谱。

图 10-0-1 风险管理知识点图谱

知识点：风险管理过程

知识点综述

在考核方式上，除了考核对六个管理过程的理解，还考核各个过程的输入、输出以及工具与技术等。

常见的考核方式是在选项中将过程及过程的输入、输出和工具混杂在一起，要求考生进行识别。

参考题型

【考核方式 1】 识记题。考核对风险管理过程的识记。

● 在项目风险管理的基本过程中，不包括___(1)___。

(1) A．风险分析　　　B．监督风险　　　C．风险规避措施　　　D．风险规划

■ 试题分析　　风险管理的基本过程包括 6 项主要活动：风险规划（风险管理计划编制）、风险识别、实施定性风险分析、实施定量风险分析、实施风险应对、监督风险。

选项 C "风险规避措施"是规划风险应对（制订风险应对计划）的一项输出，不属于风险管理基本过程中的活动。

■ 参考答案　　C

[辅导专家提示]　　本题的考核形式是将过程输出与过程名称混在一起，要求考生进行判别。本题在选择过程中，也可以根据各选项的词性来判断，选项 A、B、D 都属于动词结构，而选项 C 属于名词结构。

【考核方式 2】 考核对风险管理过程的理解，根据文字的描述找到相应的过程。

● 确定哪些风险会影响项目并记录风险的特性，这个过程称为___(1)___。

(1) A．风险识别　　　B．风险处理　　　C．经验教训学习　　　D．风险分析

■ 试题分析　　风险识别包括确定风险的来源、风险产生的条件、描述风险特征和确定哪些风险事件有可能影响整个项目。风险识别就是采用系统化的方法识别出项目中已知的和可预测到的风险。风险识别是一项反复的过程，项目团队应该参与该过程，以便形成针对风险的应对措施，并保持一种责任感。

确定风险并记录风险的特性属于风险识别的范畴。

■ 参考答案　　A

知识点：风险的概念

知识点综述

风险是一种不确定的事件或条件，一旦发生，会至少对一个项目目标造成影响，如范围、进度、成本和质量。

参考题型

【考核方式1】 考核对风险的理解。

- 下列____(1)____不是对风险的正确认识。
    (1) A. 所有项目都存在风险　　　　　　B. 风险可以转化成机会
        C. 风险可以完全回避或消除　　　　D. 对风险可以进行分析和管理

    ■ 试题分析　每一个项目都有风险。完全回避或消除风险，或者只享受权益而不承担风险是不可能的。对项目风险进行认真的分析、科学的管理是能够避开不利条件、减少损失、取得预期结果并实现项目目标的。

    ■ 参考答案　C

- 关于风险的描述，不正确的是____(2)____。
    (2) A. 风险是一种客观存在
        B. 未来风险事件发生与否均可以准确预测
        C. 风险性质会因时空各种因素变化而有所变化
        D. 风险发生时间具有不确定性

    ■ 试题分析　风险具有偶然性，由于信息的不对称，难以预测未来风险事件发生与否。

    ■ 参考答案　B

- ____(3)____不属于风险的特性。
    (3) A. 必然性　　　　　　　　　　　　B. 客观性
        C. 社会性　　　　　　　　　　　　D. 相对性

    ■ 试题分析　风险具有客观性、偶然性、相对性、社会性、不确定性等特性。

    ■ 参考答案　A

- 关于风险的描述，不正确的是____(4)____。
    (4) A. 风险是一种不以人的意志为转移的客观存在
        B. 风险的后果与人类社会的相关性决定了风险的社会性
        C. 在企业管理中所说的风险通常是指由于激烈竞争的环境以及技术条件的改变企业经营管理面临的不确定性
        D. 风险可以用概率表示其发生的可能性，概率值越大表示其对项目的影响越大

    ■ 试题分析　风险概率评估考虑的是特定风险发生的可能性，概率值越大代表发生的可能性越大。而风险影响评估考虑的是风险对一项或多项项目目标的潜在影响，如进度、成本、质量或绩效。威胁将产生负面的影响，机会将产生正面的影响。

    ■ 参考答案　D

【考核方式2】 考核风险的分类。给出分类后的结果，要求考生识别分类的方式。

- 按照风险可能造成的后果，可将风险划分为____(1)____。
    (1) A. 局部风险和整体风险　　　　　　B. 自然风险和人为风险
        C. 纯粹风险和投机风险　　　　　　D. 已知风险和不可预测风险

    ■ 试题分析　按照风险可能造成的后果，可将风险分为纯粹风险和投机风险。

纯粹风险是不能带来机会、无获得利益可能的风险。纯粹风险只有两种可能的后果：造成损失和不造成损失。纯粹风险造成的损失是绝对的损失，活动主体蒙受了损失，整个社会也跟着受损失。

投机风险是既可以带来机会、获得利益，又隐含威胁、造成损失的风险。投机风险有三种可能的后果：造成损失、不造成损失和获得利益。虽然投机风险可能使活动主体蒙受损失，但全社会不一定跟着受损失，相反，其他人有可能因此而获得利益。

此外，按照风险来源或损失产生的原因，风险可分为自然风险和人为风险；按照影响范围，风险可分为局部风险和整体风险；按照风险的可预测性，风险可分为已知风险、可预测风险和不可预测风险。

■ 参考答案　C

【考核方式3】 考核风险的分类，要求根据风险场景识别风险类型。

● 软件项目中，技术风险威胁到要开发软件的质量及交付时间，而___(1)___不属于技术风险。
（1）A. 采用先进技术开发但目前尚无用户真正需要的产品或系统
　　　B. 软件需要使用新的或未经证实的硬件接口
　　　C. 产品需求要求开发某些程序构件，这些构件与以前所开发的构件完全不同
　　　D. 需求中要求使用新的分析、设计或测试方法

■ 试题分析　本题考核风险的另一种分类形式，要求考生从选项中区分商业风险、技术风险和项目风险。

选项A尽管采用了先进的技术，但其关键的风险所在是"尚无用户真正需要"，因此，选项A应属于商业风险。选项B、C、D均属于技术风险。

■ 参考答案　A

[辅导专家提示]　项目风险包括潜在的预算、进度、人员和组织、资源、用户和需求问题、项目复杂性、规模和结构的不确定性等。

商业风险包括市场风险（系统虽然很优秀，但不是市场真正想要的）、策略风险（系统不再符合企业的信息系统战略）、销售风险（开发了销售部门，但不清楚如何推销的系统）、管理风险（由于重点转移或人员变动而失去上级支持）和预算风险（开发过程没有得到预算或人员的保证）。

技术风险主要指潜在的设计、实现、接口、测试和维护方面的问题、规格说明的多义性、技术上的不确定性、技术陈旧、采用最新技术等。

知识点：规划风险管理

知识点综述

风险管理计划属于规划风险管理过程的输出。**规划风险管理的重要性在于可提高其他五个风险管理过程的成功概率**，为风险管理活动安排充足的资源和时间，并为评估风险奠定一个共同认可的基础。规划风险管理过程在项目构思阶段就应开始，并在项目规划阶段早期完成。

参考题型

【考核方式1】 识记题。考核规划风险管理定义、风险管理计划的内容。

- 风险管理计划描述如何安排与实施项目风险管理，它的基本内容包括___(1)___。
  ①方法论　　　　　　　②角色与职责　　　　③预算
  ④风险概率及影响的定义　⑤汇报格式　　　　　⑥风险管理表格
  (1) A. ①②③④⑤　　　　　　　　　B. ②③④⑤⑥
  　　C. ①②③④⑥　　　　　　　　　D. ①②③⑤⑥

  ■ **试题分析** 本题将风险管理计划中的部分内容作为选项进行考核。
  风险管理计划的内容包括：方法论、角色与职责、预算、时间安排（实施风险管理的次数和频率）、风险分类、风险概率及影响的定义、概率和影响矩阵、项目干系人承受度、汇报格式、跟踪、应急计划、应急储备。
  ■ **参考答案** A

- 规划风险管理是___(2)___如何实施项目风险管理活动的过程。
  (2) A. 管理　　　　B. 定义　　　　C. 规划　　　　D. 监督
  ■ **试题分析** 规划风险管理是定义如何实施项目风险管理活动的过程。
  ■ **参考答案** B

【考核方式2】 考核该过程的输入、输出、工具与技术。

- ___(1)___不属于规划风险管理过程的输入。
  (1) A. 项目管理计划　　B. 项目章程　　C. 项目文件　　D. 风险管理计划
  ■ **试题分析** 规划风险管理过程的输入包括项目管理计划、项目章程、项目文件、事业环境因素、组织过程资产。风险管理计划属于规划风险管理过程的输出。
  ■ **参考答案** D

知识点：风险识别

知识点综述

本知识点要求掌握常见的风险识别技术以及技术的特点。

参考题型

【考核方式1】 考核风险识别的定义、特点。

- 风险识别是识别___(1)___的来源，并记录风险特征的过程。
  (1) A. 单个项目风险　　　　　　　　B. 整体项目风险
  　　C. 单个项目风险及整体项目风险　D. 单个项目风险或整体项目风险
  ■ **试题分析** 风险识别是识别单个项目风险及整体项目风险的来源，并记录风险特征的过程。
  ■ **参考答案** C

【考核方式2】 考核风险识别的输入、输出、工具与技术。

- 风险识别的输出是___(1)___。
  - (1) A. 风险因素　　　B. 已识别风险清单　　C. 风险概率　　D. 风险损失
  - ■ **试题分析**　风险识别过程的输出是风险登记册。风险登记册中包括已识别风险清单、潜在风险责任人、潜在风险应对措施清单。
  - ■ **参考答案**　B

- ___(2)___不属于风险识别过程的输入。
  - (2) A. 项目管理计划　　　　　　　　B. 项目文件
  　　　C. 采购文档　　　　　　　　　　D. 风险报告
  - ■ **试题分析**　风险识别过程的输入包括项目管理计划、项目文件、采购文档、协议、事业环境因素、组织过程资产。风险报告属于识别风险过程的输出。
  - ■ **参考答案**　D

- 关于识别风险的描述，不正确的是___(3)___。
  - (3) A. 可使用类似项目信息的核查单替代所需的风险识别
  　　　B. 在风险管理计划中应规定识别风险的迭代频率和迭代参与程度
  　　　C. 从组织外部采购商品和服务可能引发新的项目风险
  　　　D. 使用 SWOT 分析法可以拓宽项目识别风险的范围
  - ■ **试题分析**　核查单列举了需要考虑的项目、行动或要点的清单。核查单不可能列举所有风险，所以不能取代所需的风险识别工作。
  - ■ **参考答案**　A

- 关于风险识别的工具与技术的说法，不正确的是___(4)___。
  - (4) A. 假设分析是检验假设条件在项目中的有效性，并识别因其中的不准确、不稳定、不一致或不完整而导致的项目风险
  　　　B. 德尔菲技术是组织项目风险专家实名参与，达成一致意见
  　　　C. 头脑风暴的目的是获得一份综合的项目风险清单
  　　　D. 文件分析是对项目文件进行结构化审查
  - ■ **试题分析**　德尔菲技术本质上是一种匿名反馈的函询法，是专家就某一专题达成一致意见的一种方法。
  - ■ **参考答案**　B

- 关于风险登记册的描述，不正确的是___(5)___。
  - (5) A. 风险登记册的编制始于风险识别，其内容随着风险管理过程不断完善
  　　　B. 为了防止遗漏已识别的风险，风险登记册编制完成后尽量不要变更
  　　　C. 风险登记册中对已识别的风险进行尽可能详细的描述
  　　　D. 风险登记册中也包括对风险的潜在应对措施
  - ■ **试题分析**　风险登记册记录已识别项目风险的详细信息。随着项目管理的实施，很多过程都需要更新和完善风险登记册，变更是在整个项目中进行的。
  - ■ **参考答案**　B

知识点：风险分析

知识点综述

风险分析的知识点包括风险定性分析和风险定量分析。风险定性分析包括对已识别风险进行优先级排序，以便采取进一步措施，如进行风险量化分析或风险应对；风险定量分析过程定量地分析风险对项目目标的影响，它也为用户在面对很多不确定因素时提供了一种量化的方法，以做出尽可能恰当的决策。

参考题型

【考核方式1】 识记题。要求区分风险定性分析和风险定量分析的工具。

- 在进行项目风险定性分析时，一般不会涉及___(1)___；在进行项目风险定量分析时，一般不会涉及___(2)___。
    (1) A. 风险数据质量评估　　　　　　B. 风险概率和影响评估
    　　 C. 风险紧迫性评估　　　　　　　D. 建模和仿真
    (2) A. 概率及影响矩阵　　　　　　　B. 期望货币值分析
    　　 C. 敏感性分析　　　　　　　　　D. 风险信息访谈

    ■ **试题分析**　风险定性分析是通过对风险发生的概率及影响程度的综合评估来确定其优先级的。在进行风险定性分析时，经常会使用到的工具与技术包括风险概率和影响评估、概率及影响矩阵、风险数据质量评估、风险分类和风险紧迫性评估。

    风险定量分析经常会使用到的工具与技术包括数据收集和表现技术（包括风险信息访谈、概率分布和专家判断）、建模技术（包括灵敏度分析、期望货币值分析、建模和仿真）。

    ■ **参考答案**　(1) D　(2) A

【考核方式2】 理解题。考核风险分析工具的应用。

- 准确和无偏颇的数据是量化风险分析的基本要求，可以通过___(1)___来检查人们对风险的理解程度。
    (1) A. 风险数据质量评估　　　　　　B. 概率及影响评估
    　　 C. 敏感性分析　　　　　　　　　D. 影响图

    ■ **试题分析**　检查人们对风险的理解程度属于风险定性分析，定性分析的方法有风险概率及影响评估、概率及影响矩阵、风险数据质量评估等。选项B"概率及影响评估"并没有说明是"风险发生概率"，而选项C和选项D都是定量分析的工具与技术。

    ■ **参考答案**　A

- 关于风险分析技术的表述，不正确的是___(2)___。
    (2) A. 概率影响矩阵适用于两个以上的参数对风险进行分类的情况
    　　 B. 蒙特卡罗分析是使用模型模拟大量单个项目风险和其他不确定性来源的综合影响，以评估它们对项目目标的潜在影响

C. 敏感性分析是将项目结果变化与定量风险分析模型中的要素变化之间建立联系的方法
D. 影响图是在不确定条件下进行决策的图形辅助工具

■ **试题分析** 层级图可以用两个以上的参数对风险进行分类；而概率和影响矩阵则不适用两个以上的参数对风险进行分类。

概率和影响矩阵即风险级别评定矩阵，是将概率与对目标的影响映射起来的表格，并以此为依据建立一个对风险或风险情况评定等级（例如，极低、低、中、高、极高）的矩阵。

■ **参考答案** A

【考核方式3】 理解题。考核对风险分析工具的理解。

● 图10-5-1是某项目成本风险的蒙特卡罗分析图。以下说法中，不正确的是____(1)____。

图 10-5-1　某项目成本风险的蒙特卡罗分析图

（1）A. 蒙特卡罗分析法也叫随机模拟法
B. 该图用于风险分析时，可以支持定量分析
C. 根据该图，用41万元完成的概率是12%，如果要达到75%的概率，需要增加5.57万元作为应急储备
D. 该图显示用45万元的成本也可能完成计划

■ **试题分析** 本题考核蒙特卡罗分析的综合应用。

蒙特卡罗模拟是将目标变量与自变量之间的关系用一个尽可能综合了主要风险变量的模型表示。每个风险变量用一个具体的概率分布来描述，并据此分布产生随机数。各风险变量每取一个随机数值，就可以根据所建立的模型计算出目标变量的一个值。经过多次重复计算，就可以统计计算出目标变量的分布，即风险对整个项目的影响大小和分布。蒙特卡罗法主要通过分析各种不确定因素，模拟真实情况下某个系统中的各个主要因素变化对风险结果的影响。

本图表明了项目成本的乐观估计值、悲观估计值和最可能估计值符合一定的资金分布。从此图可以看出，该项目在41万元内完成的概率仅有12%，为了达到75%的成功概率则需要50万元。

因此，若完成概率从12%提高到75%，则需要增加9万元。

■ **参考答案** C

[辅导专家提示] 定量分析工具中注意风险值的计算，风险值=风险发生的概率×风险发生的后果。

定性分析工具中注意各个工具的归属关系，包括工具的图例，能识别工具并理解工具的用途。

【考核方式4】考核风险分析的输入、输出。

- ___(1)___ 不属于实施定量风险分析过程的输入。
  - (1) A. 项目管理计划　　　　　　　　B. 项目文件
  　　　C. 事业环境因素　　　　　　　　D. 影响图
  - ■ 试题分析　实施定量风险分析过程的输入包括项目管理计划、项目文件、事业环境因素、组织过程资产。影响图属于实施定量风险分析过程的工具与技术。
  - ■ 参考答案　D

- ___(2)___ 不属于实施定性风险分析过程的输入。
  - (2) A. 项目管理计划　　　　　　　　B. 项目文件
  　　　C. 事业环境因素　　　　　　　　D. 会议
  - ■ 试题分析　实施定性风险分析过程的输入包括项目管理计划、项目文件、事业环境因素、组织过程资产。会议属于实施定性风险分析过程的工具与技术。
  - ■ 参考答案　D

【考核方式5】考核风险分析的概念及特点。

- 关于风险分析的描述，不正确的是___(1)___。
  - (1) A. 实施定量风险分析的对象是在定性风险分析过程中，被确定为对项目的竞争性需求存在重大潜在影响的风险
  　　　B. 实施定量风险分析，是就对已识别风险对项目整体目标的影响，进行定量分析的过程，该过程的主要作用是产生量化风险信息来支持决策制定
  　　　C. 在没有足够的数据建立模型的时候，定性风险分析可能无法实施
  　　　D. 实施定性风险分析评估，并综合分析风险的概率和影响，对风险进行优先排序
  - ■ 试题分析　能否实施稳健的定量分析取决于是否有关于单个项目风险和其他不确定性来源的高质量数据，以及与范围、进度和成本相关的扎实的项目基线。
  - ■ 参考答案　C

知识点：规划风险应对

知识点综述

规划风险应对就是对项目风险提出处置意见和方法。项目风险应对包括对风险有利机会的跟踪和对风险不利影响的控制，应对策略包括消极的应对策略和积极的应对策略。

参考题型

【考核方式1】考核风险应对措施中的具体方法。

- 在一个子系统中增加冗余设计，以增加某信息系统的可靠性，这种做法属于风险应对策略中的___(1)___方法。
  - (1) A. 避免　　　　B. 减轻　　　　C. 转移　　　　D. 接受

■ **试题分析**　选项 A，"避免"是指改变项目计划以排除风险或条件、保护项目目标使其不受影响、或对受到威胁的一些目标降低要求，如延长进度或减少范围。

选项 B，"减轻"是指设法把不利的风险事件的概率或后果降低到一个可接受的临界值。

选项 C，"转移"是指设法将风险的后果连同应对的责任转移到他方身上。

选项 D，"接受"是指避免来自项目的所有风险通常是不可能的，所以有时要采取一种风险接受策略。该策略表明项目团队已经决定不通过改变项目计划来应对风险或不能够识别其他适当的应对策略。

■ **参考答案**　B

[辅导专家提示]　本题选项 D"接受"策略既可以是积极的，也可以是消极的。常见的积极接受是建立应急储备，应对已知或潜在的未知威胁或机会；消极接受则不需要采取任何行动，待风险发生时视情况进行处理。

【考核方式2】　综合性理解。

● 某项目经理刚刚完成了项目的风险应对计划，＿＿(1)＿＿应该是风险管理的下一步措施。

（1）A．确定项目整体风险的等级　　　　B．开始分析那些在产品文档中发现的风险
　　　C．在工作分解结构上增加任务　　　　D．进行风险审核

■ **试题分析**　规划风险应对是继风险识别、风险分析与评估之后，针对风险量化结果，为降低项目风险的负面效应制订风险应对策略和技术手段的过程。风险应对计划必须与风险的严重程度和成功实现项目目标的有效性相适应，与风险发生的过程、时间和由于风险而导致的后果相适应。

选项 A 和选项 D 属于风险分析的范畴，选项 B 属于风险识别的范畴。

■ **参考答案**　C

【考核方式3】　考核该过程的输入、输出、工具与技术。

● ＿＿(1)＿＿不属于规划风险应对过程的输入。

（1）A．项目管理计划　　　　　　　　　B．项目文件
　　　C．事业环境因素　　　　　　　　　D．变更请求

■ **试题分析**　规划风险应对过程的输入包括项目管理计划、项目文件、事业环境因素、组织过程资产。变更请求属于规划风险应对过程的输出。

■ **参考答案**　D

● 某企业准备通过融资的方式进行项目的二期开发，在进行成本预算时，发现项目资金可能在融资款到账时间之前用尽，可应对此风险的措施不包括＿＿(2)＿＿。

（2）A．更新风险登记册，进行风险分析和应对规划
　　　B．结合资金到账计划，调整项目进度计划
　　　C．与融资方沟通，申请提早释放一部分资金
　　　D．向管理层申请使用管理储备，应对资金缺口

■ **试题分析**　项目资金可能在融资款到账时间之前用尽属于"已知-未知"，应使用应急储备应对。选项 D 使用的是管理储备，只能应对"未知-未知"风险。

■ **参考答案**　D

知识点：实施风险应对

知识点综述

实施风险应对是执行风险应对计划的过程。本过程的主要作用：①确保按计划执行风险应对措施；②管理整体项目风险，最小化单个项目的威胁、最大化单个项目的机会。

参考题型

【考核方式】 考核该过程的输入、输出、工具与技术。

- ___(1)___ 不属于实施风险应对过程的输入。
  (1) A．项目管理计划　　B．项目文件　　C．组织过程资产　　D．变更请求

  ■ 试题分析　实施风险应对过程的输入包括项目管理计划、项目文件、组织过程资产。变更请求属于实施风险应对过程的输出。

  ■ 参考答案　D

知识点：监督风险

知识点综述

监督风险过程跟踪已经识别的风险、监测残余风险和识别新的风险，保证风险计划的执行，并评价这些计划对减轻风险的有效性。监督风险可能涉及选择备用策略方案、执行某一应急计划、采取纠正措施或重新制订项目计划。

监督风险会使用风险再评估、风险审计、定期的风险评审、偏差和趋势分析、技术绩效测评以及预留管理等技术。

预留管理（又称储备分析）是指在项目的执行过程中总有可能发生某些风险，这会对预算和时间的应急储备产生正面或负面的影响。通过比较剩余的预留储备和风险可以看出预留储备是否合适。

参考题型

【考核方式 1】 考核对风险控制工具的理解。要求考生了解各个工具，能够根据给定的场景选择合适的工具。

- 在处理已识别的风险及其根源时，___(1)___ 用来检查并记录风险应对策略和风险管理过程的效果。
  (1) A．风险再评估　　　　　　　　B．风险审计
  　　C．预留管理　　　　　　　　　D．偏差和趋势分析

  ■ 试题分析　风险审计用于检查并记录风险应对措施在处理已识别风险及其根源方面的有效性，以及风险管理过程的有效性。项目经理要确保按项目风险管理计划所规定的频率实施风险审计。既可以在日常的项目审查会中进行风险审计，也可单独召开风险审计会议。在实施审计前，要

明确定义审计的格式和目标。

风险审计可以通过应用风险管理方法，对风险管理过程的充分性和有效性进行检查、评价和报告，提出改进意见，为管理层或审计委员会提供帮助。风险审计包括确定风险领域、评价风险控制程序的有效性、检查风险管理过程的效果。

■ 参考答案　B

[辅导专家提示]　一般来说，题干中出现了"检查并记录"关键词，则选项中必有"审计"选项。"风险审计"考核频率较高。

● 关于风险审计的描述，不正确的是___（2）___。
（2）A．风险审计可用于评估风险管理过程的有效性
　　　B．项目经理要确保按项目风险管理计划所规定的频率实施风险审计
　　　C．应召开专门的风险审计会议进行风险审计
　　　D．在实施审计前，要明确定义审计的格式和目标

■ 试题分析　风险审计是一种审计类型，可用于评估风险管理过程的有效性。风险审计可以在日常项目审查会上开展，可以在风险审查会上开展，团队也可以召开专门的风险审计会。

■ 参考答案　C

【考核方式2】　考核该过程的输入、输出。
● ___（1）___不属于监督风险过程的输入。
（1）A．项目管理计划　　B．项目文件　　C．工作绩效数据　　D．变更请求

■ 试题分析　监督风险过程的输入包括项目管理计划、项目文件、工作绩效数据、工作绩效报告。变更请求属于监督风险过程的输出。

■ 参考答案　D

风险管理过程补充知识点

输入、输出、工具与技术是常考知识点。表10-8-1对本管理过程中的主要输入、输出和工具进行了整理。

表10-8-1　风险管理过程的输入、输出和工具

过程名称		输入、输出、工具
规划风险管理	主要输入	项目章程、项目管理计划、项目文件、事业环境因素、组织过程资产
	主要输出	风险管理计划
	主要工具	专家判断、数据分析、会议
识别风险	主要输入	项目管理计划、项目文件、采购文档、协议、事业环境因素、组织过程资产
	主要输出	风险登记册、风险报告、项目文件（更新）
	主要工具	专家判断、数据收集、数据分析、人际关系与团队技能、提示清单、会议
实施定性风险分析	主要输入	项目管理计划、项目文件、事业环境因素、组织过程资产
	主要输出	项目文件（更新）
	主要工具	专家判断、数据收集、数据分析、人际关系与团队技能、风险分类、数据表现、会议

续表

过程名称		输入、输出、工具
实施定量风险分析	主要输入	项目管理计划、项目文件、事业环境因素、组织过程资产
	主要输出	项目文件（更新）
	主要工具	专家判断、数据收集、人际关系与团队技能、不确定性表现方式、数据分析
规划风险应对	主要输入	项目管理计划、项目文件、事业环境因素、组织过程资产
	主要输出	变更请求、项目管理计划（更新）、项目文件（更新）
	主要工具	专家判断、数据收集、人际关系与团队技能、威胁应对策略、机会应对策略、应急应对策略、整体项目风险应对策略、数据分析、决策
实施风险应对	主要输入	项目管理计划、项目文件、组织过程资产
	主要输出	变更请求、项目文件（更新）
	主要工具	专家判断、人际关系与团队技能、项目管理信息系统
监督风险	主要输入	项目管理计划、项目文件、工作绩效数据、工作绩效报告
	主要输出	数据分析、审计、会议
	主要工具	工作绩效信息、变更请求、项目管理计划（更新）、项目文件（更新）、组织过程资产（更新）

课堂练习

- 下列___(1)___不属于风险识别的方法或工具。
  （1）A．访谈　　　　　B．头脑风暴　　　C．核查单　　　　D．风险分类
- 某公司希望举办一个展销会以扩大市场，选择北京、天津、上海、深圳作为候选会址。获利情况除了与会址有关外，还与天气有关。天气可分为晴、多云和多雨三种。通过天气预报，估计三种天气情况发生的概率分别为 0.25、0.50、0.25，其收益（单位：万元）情况如表 10-9-1 所示，使用决策树进行决策的结果为会址选在___(2)___。
  （2）A．北京　　　　　B．天津　　　　　C．上海　　　　　D．深圳

表 10-9-1 习题用表

选址 \ 天气收益	晴 (0.25)	多云 (0.50)	多雨 (0.25)
北京	4.5	4.4	1
天津	5	4	1.6
上海	6	3	1.3
深圳	5.5	3.9	0.9

- 项目策略是否仍然有效是在风险管理的___(3)___过程确定的。
  （3）A．风险识别　　　B．定量风险分析　C．风险应对规划　D．监督风险

- 因时间紧、任务急，经过评估，某智能监控软件涉及的传输速度与精度指标难以满足需求，故项目团队欲将该软件开发分包给技术实力很强的企业。这种风险应对措施被称为风险___(4)___。

  （4）A．接受　　　　　B．规避　　　　　C．减轻　　　　　D．转移

- 某公司正在准备竞标一个系统集成项目，为了估算项目的收益，技术总监带领风险管理团队，对项目可选的两种集成实施方案进行了决策树分析，如图 10-9-1 所示。以下说法中，正确的是___(5)___。

图 10-9-1　习题用图

（5）A．以上进行的是风险定性分析，根据分析，该公司应采用方案 B
　　　B．以上进行的是风险定量分析，根据分析，该公司应采用方案 B
　　　C．以上进行的是风险定性分析，根据分析，该公司应采用方案 A
　　　D．以上进行的是风险定量分析，根据分析，该公司应采用方案 A

- ___(6)___不属于项目风险的特性。

  （6）A．可变性　　　B．必然性　　　C．相对性　　　D．不确定性

- 风险应对策略中，___(7)___可用于应对积极风险。

  （7）A．规避　　　　B．转移　　　　C．减轻　　　　D．分享

- 风险可以从不同角度、根据不同的标准来进行分类。百年不遇的暴雨属于___(8)___。

  （8）A．不可预测风险　　　　　　　B．可预测风险
  　　　C．已知风险　　　　　　　　　D．技术风险

- ___(9)___用于检查并记录风险应对措施在处理已识别风险及其根源方面的有效性，以及风险管理过程的有效性。

  （9）A．风险再评估　　　　　　　　B．技术绩效测量
  　　　C．偏差和趋势分析　　　　　　D．风险审计

- 在实施项目风险定性分析时，可能会涉及___(10)___。

  （10）A．建立概率及影响矩阵　　　　B．决策树分析
  　　　C．敏感性分析　　　　　　　　D．建模和模拟

第11章 项目采购管理

知识点图谱与考点分析

采购管理的知识点所占的分值占整个考试的比例并不多，常考的知识点有采购管理计划及相关工具与技术等。

此外，"项目采购管理"章节中另一个比较重要的内容是合同管理，涉及合同签订、合同履行、合同变更、合同档案管理、违约管理以及合同索赔等知识点。

如图 11-0-1 所示为采购管理知识点图谱。

项目采购管理
- 规划采购管理：输入、输出、工具与技术
  - 采购文档：招标文件、采购工作说明书、独立成本估算和供方选择标准
  - 招标文件：
    - 征求供应商意见书（RFI）
    - 建议邀请书（RFP）
    - 报价邀请书（RFQ）
- 实施采购：输入、输出、工具与技术
  - 实施采购的描述
- 控制采购：输入、输出、工具与技术
- 合同类型
  - 按付款方式
    - 总价合同
      - 固定总价合同（FFP）
      - 总价加激励费用合同（FPIF）
      - 总价加经济价格调整合同（FP-EPA）
      - 订购单
    - 成本补偿合同
      - 成本加固定费用合同（CPFF）
      - 成本加激励费用合同（CPIF）
      - 成本加奖励费用合同（CPAF）
      - 成本加百分比合同（成本加酬金合同，CPF）
    - 工料合同
  - 按承包方式
    - 总承包
    - 单项承包
    - 分包
- 合同收尾：采购审计
- 合同管理
  - 索赔管理：合同索赔的程序以及索赔程序中相关的时间要求
  - 合同管理的内容：签订管理、履行管理、变更管理、档案管理以及违约管理

图 11-0-1　采购管理知识点图谱

知识点：规划采购管理

知识点综述

规划采购管理主要考查采购管理的输入输出，重点考查采购文件的分类。

参考题型

【考核方式】 考核规划过程中的输入、输出及具体工具与技术。

- 自制或外购的决定需要考虑___(1)___。
  （1）A．战术成本和战略成本　　　　　B．管理成本和项目成本
  　　　C．拖延成本和滞留成本　　　　　D．直接成本和间接成本

  ■ **试题分析**　项目执行组织对需要采购的产品和服务拥有选择权和决策权，在采购计划的编制过程中，项目管理者一般会采用自制和外购分析。

  自制和外购分析用来分析和决定某种产品或服务由项目执行组织自我完成或者外购，这是一种通用的管理技术。自制或外购分析都应考虑间接成本和直接成本。例如，在外购分析时应包括采购产品的成本和管理购买过程的间接费用。自制和外购分析必须反映执行组织的观点和项目的直接需求。

  ■ **参考答案**　D

- 在采购中，潜在卖方的报价建议书是根据买方的___(2)___制订的。
  （2）A．采购文件　　　B．评估标准　　　C．工作说明书　　　D．招标通知

  ■ **试题分析**　采购文件用来得到潜在卖方的报价建议书，属于编制采购计划过程的输出。

  ■ **参考答案**　A

- 某公司准备采购一批设备，附加技术服务，在供方选择时应优先选择___(3)___。
  ①相同预算技术得分最高的　　　　②设备成本和服务成本最低的
  ③能够在预算范围内完成相关工作的　　④服务人员资质最强的
  （3）A．①②　　　B．③④　　　C．①③　　　D．②④

  ■ **试题分析**　供方选择分析属于规划采购过程的工具与技术。选择供方的方法有最低成本、仅凭资质、基于质量或技术方案得分、基于质量和成本、唯一来源、固定预算等。
  显然①属于基于质量或技术方案得分的方法；而③属于能够在预算范围内完成相关工作的方法。

  ■ **参考答案**　C

- ___(4)___不属于规划采购管理过程的输入。
  （4）A．立项管理文件　　　　　　　B．项目章程
  　　　C．项目管理计划　　　　　　　D．采购管理计划

  ■ **试题分析**　规划采购管理过程的输入包括立项管理文件、项目章程、项目管理计划、项目文件、事业环境因素、组织过程资产。采购管理计划属于规划采购管理过程的输出。

  ■ **参考答案**　D

- 采购部门寻找潜在供应商并且此项目的需求已经足够明确和清晰，则应该向潜在供应商发送____(5)____。

    (5) A. 征求供应商意见书（RFI）   B. 投标邀请书（IFB）

          C. 建议邀请书（RFP）   D. 报价邀请书（RFQ）

    ■ **试题分析** 征求供应商意见书（RFI）用于征求供应商意见，以使需求明确化。如果需求很明确，或者项目中出现问题且解决办法难以确定，则用建议邀请书（RFP）征求供应商的建议书。

    ■ **参考答案** C

- 规划采购管理是记录项目采购决策，____(6)____，识别潜在卖方的过程。

    (6) A. 明确预算成本   B. 明确采购方法

          C. 明确采购目标   D. 明确采购质量

    ■ **试题分析** 规划采购管理是记录项目采购决策，明确采购方法，识别潜在卖方的过程。

    ■ **参考答案** B

- 供方选择标准是____(7)____的一个组成部分。

    (7) A. 采购工作说明书   B. 采购文档

          C. 项目章程   D. 卖方建议书

    ■ **试题分析** 采购文档是用于达成法律协议的各种书面文件，其中可能包括当前项目启动之前的较旧文件。采购文档包括：招标文件、采购工作说明书、独立成本估算和供方选择标准等。

    ■ **参考答案** B

知识点：实施采购

知识点综述

实施采购中主要考核其工具与技术、输入与输出。

主要的工具与技术有：投标人会议；数据分析；独立估算；专家判断；广告。

参考题型

【考核方式】考核实施过程中的输入、输出、工具与技术。

- 小王作为某项目的项目经理，决定采用投标人会议的方式选择卖方。以下做法中，正确的是____(1)____。

    (1) A. 限制参会者提问的次数，防止少数人问太多的问题

          B. 防止参会者私下提问

          C. 小王不需要参加投标人会议，只需采购管理员参与即可

          D. 设法获得每个参会者的机密信息

    ■ **试题分析** 本题考核"实施采购"过程的工具——投标人会议。投标人会议是指在准备建议书之前与潜在供应商举行的会议。投标人会议用来确保所有潜在供应商对采购目的（如技术要求和合同要求等）有一个清晰的、共同的理解。对供应商问题的答复可能作为修订条款包含到采

购文件中。在投标人会议上，所有潜在供应商都应得到同等对待，以保证一个好的招标结果。

■ **参考答案** B

- ___(2)___ 不属于实施采购过程的输入。
  (2) A．项目管理计划 B．采购文档
  C．卖方建议书 D．选定的卖方

■ **试题分析** 实施采购过程的输入包括项目管理计划、采购文档、卖方建议书、项目文件、事业环境因素、组织过程资产。选定的卖方属于实施采购过程的输出。

■ **参考答案** D

- 下列四个选项中，___(3)___ 是错误的。
  (3) A．投标人会议是在卖方提交建议书之前，在买方和潜在卖方之间召开的会议
  B．适用于实施采购过程的人际关系与团队技能是谈判
  C．适用于实施采购过程的数据分析技术主要包括建议书评估
  D．广告属于实施采购过程的输出

■ **试题分析** 广告属于实施采购过程的工具与技术。

■ **参考答案** D

- 关于实施采购的描述，正确的是___(4)___。
  (4) A．复杂且高风险的采购在授予卖方合同前要由组织授权管理者审批
  B．采购管理计划中应包含清晰且详细的采购目标、需求及成果
  C．实施采购过程的主要作用是确保买卖双方履行法律协议，满足项目
  D．实施采购过程的输出包括卖方履行的工作绩效达成情况

■ **试题分析** 因项目不同，采购管理计划可以是正式的或非正式的，也可以是非常详细的或高度概括的，因此选项 B 不正确。实施采购是获取卖方应答、选择卖方并授予合同的过程，因此选项 C 不正确。工作绩效信息属于控制采购过程的输出，因此选项 D 不正确。

■ **参考答案** A

- 关于实施采购工作的描述，不正确的是___(5)___。
  (5) A．供方选择标准在编制采购管理计划过程中制订
  B．包含对潜在卖方资质进行评估
  C．企业以往的供应商名单可能影响实施采购的过程
  D．采购合同由买方进行编制并组织谈判

■ **试题分析** 最终的采购合同应该是买卖双方共同编制形成。

■ **参考答案** D

知识点：控制采购

知识点综述

控制采购是管理采购关系、监督合同执行情况，并根据需要实施变更和采取纠正措施的过程。

参考题型

【考核方式1】 考核对控制采购过程的概念的理解。

- 关于控制采购的描述，不正确的是___(1)___。
  - (1) A．控制采购是管理采购关系、监督合同执行情况，并依据需要实施变更和采取纠正措施的过程
  - B．采购是买方行为，卖方不需要控制采购过程
  - C．控制采购过程中，还需要财务管理工作
  - D．控制采购可以保证对采购产品质量的控制

  ■ **试题分析** 控制采购过程是买卖双方都需要的。该过程确保卖方的执行过程符合合同需求，确保买方可以按合同条款去执行。对于使用来自多个供应商提供的产品、服务或成果的大型项目来说，合同管理的关键是管理买方卖方间的接口，以及多个卖方间的接口。

  ■ **参考答案** B

- 项目组监督合同绩效，检查项目的进度和范围是否在计划中。当前项目处于___(2)___过程。
  - (2) A．控制采购　　　B．实施采购　　　C．结束采购　　　D．质量控制

  ■ **试题分析** 控制采购是管理采购关系、监督合同绩效、实施必要的变更和纠偏，以及关闭合同的过程。

  ■ **参考答案** A

- 控制采购是管理采购关系、___(3)___、实施必要的变更和纠偏，以及关闭合同的过程。
  - (3) A．合同询价　　　B．签订合同　　　C．供应商摸底　　　D．监督合同绩效

  ■ **试题分析** 控制采购是管理采购关系、监督合同绩效、实施必要的变更和纠偏，以及关闭合同的过程。

  ■ **参考答案** D

【考核方式2】 考核输入、输出、工具与技术。

- ___(1)___不属于控制采购过程的输入。
  - (1) A．采购文档　　　　　　　　　　　B．协议
  - C．工作绩效数据　　　　　　　　　D．采购关闭

  ■ **试题分析** 控制采购过程的输入包括项目管理计划、项目文件、采购文档、协议、工作绩效数据、批准的变更请求、事业环境因素、组织过程资产。采购关闭属于控制采购过程的输出。

  ■ **参考答案** D

- 下列四个选项中，___(2)___是错误的。
  - (2) A．有争议的变更称为索赔，如果不能妥善解决，它们会成为争议并最终引发申诉
  - B．用于监督和控制采购的数据分析技术主要包括绩效审查、挣值分析、趋势分析
  - C．审计是对采购过程的结构化审查
  - D．检查是指对项目经理正在执行的工作进行结构化审查

  ■ **试题分析** 检查是指对承包商正在执行的工作进行结构化审查。

  ■ **参考答案** D

知识点：合同类型

知识点综述

采购合同的知识点主要涉及合同类型的选择，一般的考核方式是根据给定的条件来选择合适的合同类型。一般来说，按照承包方式划分（按信息系统范围划分），可分为总承包合同、单项承包合同以及分包合同；按照合同价款支付方式划分，可分为固定总价合同、成本补偿合同和工时材料合同（又称单价合同）。固定总价合同最简单的形式是采购单。

此外，需关注合同签订时应注意的事项。

参考题型

【考核方式1】 考核项目合同类型。

● 关于项目合同的分类，正确的是___(1)___。

(1) A. 信息系统工程项目合同通常按照信息系统范围和项目总价划分
　　B. 需要立即开展工作的项目不适宜采用成本补偿合同
　　C. 工程量大、工期较长、技术复杂的项目宜采用总价合同
　　D. 工料合同兼有成本补偿合同和总价合同的特点，适用范围较宽

■ 试题分析　本题考核对各种合同类型的理解，主要涉及总价合同、成本补偿合同、工料合同。

选项A，信息系统工程项目合同通常有两种分类方式，一种是按信息系统范围划分，一种是按项目付款方式划分。

选项B，对于成本补偿合同，发包人须承担项目实际发生的一切费用，因此也承担了项目的全部风险。由于无风险，承包人报酬往往也较低。这类合同的缺点是发包人对工程造价不易控制，承包人也往往不注意降低项目成本。

选项C，总价合同又称固定价格合同，适用于工程量不太大且能精确计算、工期较短、技术不太复杂、风险不大的项目。

选项D，工料合同是兼具成本补偿合同和总价合同的某些特点的混合型合同。这类合同主要适用于以下项目：需立即开展工作的项目；对项目内容及技术经济指标未确定的项目；风险大的项目。

■ 参考答案　D

[辅导专家提示]　总价合同分为固定总价合同、变动总价合同（总价加激励费用合同FPIF）和总价加经济价格调整合同（FP-EPA）。其中，总价加经济价格调整合同已经考过。

● 成本补偿合同不包括___(2)___。

(2) A. 成本加奖励费用合同　　　　　B. 总价加经济价格调整合同
　　C. 成本加激励费用合同　　　　　D. 成本加固定费用合同

■ 试题分析　成本补偿合同包括成本加固定费用合同、成本加激励费用合同、成本加奖励费用合同、成本加成本百分比。总价加经济价格调整合同属于总价合同。

■ 参考答案　B

- 关于合同管理的描述，不正确的是___(3)___。
  - （3）A．总价合同允许对合同价格进行调整
    - B．成本补偿合同中发包人和承包人共同承担风险
    - C．签订分包合同时，分包工程必须经过发包人同意
    - D．如果不能很快写出工作说明书，推荐使用工料合同
  - ■ 试题分析　对于成本补偿合同，发包人须承担项目实际发生的一切费用，因此也承担了项目的全部风险。
  - ■ 参考答案　B

【考核方式2】　考核不同类型合同的适用环境，根据具体的合同类型来选择其匹配的环境条件。
- 对承建方来说，总价合同适用于___(1)___的项目。
  - （1）A．工期长、工程量变化幅度很大　　　B．工期长、工程量变化幅度不太大
    - C．工期短、工程量变化幅度不太大　　　D．工期短、工程量变化幅度很大
  - ■ 试题分析　总价合同是指根据单位工程量的固定价格和实际完成的工程量计算合同的实际总价的工程承包合同。如果采用固定总价合同，在整个施工过程中，合同总价是固定不变的，实际支付时以投标时的价格和实际完成的工程量为准进行计算。因此，采用固定总价合同不利于业主控制工程造价。业主的工作量增加，主要表现在核实已完成工程量的工作量加大；而对于承建方而言，不存在工程量风险。但是，如果工期长、工程量变化幅度大的话，则由于物价上涨等原因，可能造成承建方在单价上受损。因此，不管是对于业主还是承建方，固定总价合同只适用于工期短、工程量变化幅度不太大的项目。
  - ■ 参考答案　C

- 下列四个选项中，___(2)___是错误的。
  - （2）A．适用于规划采购管理过程的数据收集技术是市场调研
    - B．适用于规划采购管理过程的数据分析技术是自制或外购分析
    - C．一旦完成自制或外购分析，并决定从项目外部渠道采购，就应制订一套采购策略
    - D．成本补偿合同适用于工作类型可预知、需求能清晰定义且不太可能变更的情况
  - ■ 试题分析　总价合同适用于工作类型可预知、需求能清晰定义且不太可能变更的情况。成本补偿合同适用于工作不断演进、很可能变更或未明确定义的情况。
  - ■ 参考答案　D

【考核方式3】　根据环境条件选择适合的合同类型，此种考核方式恰好与考核方式1相反，要求考生能够理解适用的环境并进行分辨。
- 对于工作规模或产品界定不明确的外包项目，一般应采用___(1)___的形式。
  - （1）A．固定总价合同　　　　　　　　　　B．成本补偿合同
    - C．工时材料合同　　　　　　　　　　D．采购单
  - ■ 试题分析　工时材料合同（也称单价合同）综合了固定总价合同和成本补偿合同两者的优点，类似于成本补偿合同，它具有可扩展性，在签订合同时并没有确定项目的总价。这样，当项目成本上升时，它能和成本补偿合同一样增加合同总价。同样地，工时材料合同也类似于固定总价合同。

例如，工时或材料的单价是由买卖双方事先确定的。双方可以商定各级别工程师的费用，或者在合同中包含一个最高不超过成本限额的条款。因此，当工作规模或产品界定不明确时，一般应采用工时材料合同。

■ **参考答案** C

知识点：合同收尾

知识点综述

合同收尾涉及的内容较少，主要考点有采购审计的特点、合同档案管理系统的概念。

参考题型

【考核方式】 考核采购审计的概念。

- 某项采购已经到了合同收尾阶段，为了总结这次采购过程中的经验教训，以供公司内的其他项目参考借鉴，公司应组织___(1)___。
  (1) A．业绩报告　　　B．采购评估　　　C．项目审查　　　D．采购审计

  ■ **试题分析** 合同收尾的工具有采购审计和合同档案管理系统。采购审计是对采购的完整过程进行系统审查，其目标是找出本次采购的成功和失败之处，可以用于项目执行组织内的其他项目借鉴。

  ■ **参考答案** D

知识点：合同管理

知识点综述

合同管理涉及的内容比较多，包括签订管理、履行管理、变更管理、档案管理以及违约管理。注意合同变更管理、合同索赔以及合同签订过程中的若干注意事项。

参考题型

【考核方式1】 考核合同管理的内容。

- 加强合同管理对于提高合同执行水平、减少合同纠纷，进而加强和改善建设单位和承建单位的经营管理、提高经济效益，都具有十分重要的意义。该过程主要包括___(1)___内容。
  (1) A．合同签订管理、合同履行管理、合同变更管理以及合同档案管理
  　　B．合同签订管理、合同索赔管理、合同变更管理以及合同绩效管理
  　　C．合同谈判管理、合同履行管理、合同纠纷管理以及合同档案管理
  　　D．合同谈判管理、合同风险管理、合同变更管理以及合同档案管理

  ■ **试题分析** 合同管理的内容包括签订管理、履行管理、变更管理、档案管理以及违约管理。

■ **参考答案** A

● 项目合同的主要内容包括当事人各自权利、义务、责任等。___(2)___ 不属于承建单位的义务。

 (2) A．按合同约定提供原材料   B．交付项目产品

   C．对工作成果质量负责   D．接收项目产品或工作成果

■ **试题分析** 接收项目产品或工作成果不属于承建单位的义务，属于建设单位（甲方）的义务。

■ **参考答案** D

【考核方式2】 考核合同变更管理，包括合同变更的原则、内容、步骤等。

● 合同变更处理的首要原则是___(1)___。

 (1) A．公平合理   B．经济利益优先

   C．安全环保   D．甲方优先

■ **试题分析** 本题考核的内容为合同管理，包括合同签订管理、合同履行管理、合同变更管理、合同档案管理。其中，公平合理是合同变更的处理原则。

■ **参考答案** A

[辅导专家提示] 公平合理的原则在案例分析中以填空题方式出现多次。

● 合同变更的处理由___(2)___来完成。

 (2) A．配置管理系统   B．变更控制系统

   C．发布管理系统   D．知识管理系统

■ **试题分析** 合同变更的处理由合同变更控制系统来完成。合同变更控制系统包括文书记录工作、跟踪系统、争议解决程序以及各种变更所需的审批层次。合同变更控制系统是项目整体变更控制系统的一部分。

■ **参考答案** B

● 某项目开发进行中，由于生产条件发生了变化而需要为此增加新功能，于是项目经理向采购部门提出了新的需求，并希望可以以补充合同的形式和开发商达成一致。该过程属于项目合同管理中的___(3)___。

 (3) A．合同档案管理   B．合同变更管理

   C．合同纠纷管理   D．合同履行管理

■ **试题分析** 项目开发中增加新功能，属于变更，因此应纳入项目合同管理中的变更管理。

■ **参考答案** B

【考核方式3】 考核合同索赔的程序以及索赔程序中相关的时间要求。

● 按照索赔程序，索赔方要在索赔通知书发出后___(1)___内，向监理方提出延长工期和（或）补偿经济损失的索赔报告及有关资料。

 (1) A．2周   B．28天

   C．30天   D．3周

■ **试题分析** 本题考核对合同索赔程序的理解。当项目发生索赔事件之后，应遵循的流程如图11-6-1所示。

```
         提出索赔要求
              ↓
         提出索赔资料
              ↓
          索赔答复
          ↙      ↘
      索赔认可    索赔分歧
         ↓          ↓
     提交索赔报告  提请仲裁或诉讼
```

图 11-6-1 索赔流程

1）提出索赔要求。当出现索赔事项时，索赔方以书面的索赔通知书的形式，在索赔事项发生后的 28 天以内，向监理工程师正式提出索赔意向通知。

2）报送索赔资料。在索赔通知书发出后的 28 天内，向监理工程师提出延长工期和（或）补偿经济损失的索赔报告及有关资料。

3）监理工程师答复。监理工程师在收到送交的索赔报告有关资料后，于 28 天内给予答复，或要求索赔方进一步补充索赔理由和证据。

4）监理工程师逾期答复的后果。监理工程师在收到承包人送交的索赔报告的有关资料后 28 天未予答复或未对承包人作进一步要求的，视为该项索赔已经认可。

5）持续索赔。

6）仲裁与诉讼。

■ **参考答案** B

延伸知识点：项目发生索赔事件后，一般先由监理工程师调解，若调解不成，由政府建设主管机构进行调解，若仍调解不成，由经济合同仲裁委员会进行调解或仲裁。在整个索赔过程中，遵循的原则包括索赔的有理性、索赔依据的有效性、索赔计算的正确性。

合同索赔的重要前提条件是合同一方或双方存在违约行为和事实，并且由此造成了损失，责任应由对方承担。对提出的合同索赔，凡属于客观原因造成的延期、属于买方也无法预见到的情况，如特殊反常天气达到合同中特殊反常天气的约定条件，卖方可能延长工期，但得不到费用补偿。对于属于买方的原因造成的拖延工期，不仅应给卖方延长工期，还应给予费用补偿。

[辅导专家提示] 合同索赔的考核多次出现在下午案例题中，要求考生了解合同索赔的流程图，并能够用文字来描述具体的索赔流程。

● 关于合同索赔的描述，不正确的是＿＿（2）＿＿。

（2）A. 对于属于业主自身方面的原因造成拖延工期的，不仅应给承包商延长工期，还应给予费用补偿

　　B. 合同索赔是单向的，只有建设单位可以提出

　　C. 按索赔目的可分为工期索赔和费用索赔

　　D. 合同索赔要以合同为依据

- ■ 试题分析　"索赔"是双向的，建设单位和承建单位都可以提出索赔要求。
- ■ 参考答案　B

● ____（3）____是解决所有索赔和争议的首选方法。
（3）A. 诉讼　　　　　B. 调解　　　　　C. 仲裁　　　　　D. 谈判
- ■ 试题分析　谈判是解决所有索赔和争议的首选方法。
- ■ 参考答案　D

采购管理过程补充知识点

输入、输出、工具与技术是常考知识点。表 11-6-1 对采购管理中过程的主要输入、输出和工具进行了整理。

表 11-6-1　采购管理过程的输入、输出和工具

过程名称	输入、输出、工具	
规划采购管理	主要输入	立项管理文件、项目章程、项目管理计划、项目文件、事业环境因素、组织过程资产
	主要输出	采购管理计划、采购策略、采购工作说明书、招标文件、自制或外购决策、独立成本估算、供方选择标准、变更请求、项目文件（更新）、组织过程资产（更新）
	主要工具	专家判断、数据收集、数据分析、供方选择分析、会议
实施采购	主要输入	项目管理计划、项目文件、采购文档、卖方建议书、事业环境因素、组织过程资产
	主要输出	选定的卖方、协议、变更请求、项目管理计划（更新）、项目文件（更新）、组织过程资产（更新）
	主要工具	专家判断、广告、投标人会议、数据分析、人际关系与团队技能
控制采购	主要输入	项目管理计划、项目文件、采购文档、协议、工作绩效数据、批准的变更请求、事业环境因素、组织过程资产
	主要输出	采购关闭、采购文档（更新）、工作绩效信息、变更请求、项目管理计划（更新）、项目文件（更新）、组织过程资产（更新）
	主要工具	专家判断、索赔管理、数据分析、检查、审计

课堂练习

● 下列____（1）____活动应在编制采购计划过程中进行。
（1）A. 自制或外购决策　　　　　　　　B. 回答卖方的问题
　　　C. 制订合同　　　　　　　　　　　D. 制订 RFP 文件

● 下列有关采购工作说明书的叙述，错误的是____（2）____。
（2）A. 采购工作说明书定义了与合同相关的部分项目范围
　　　B. 每个采购工作说明书都来自于项目的范围基准
　　　C. 采购工作说明书是编制采购计划的输出
　　　D. 采购工作说明书与项目工作说明书相同

- 当不能迅速确定准确的工作量时，___(3)___适用于动态增加人员、专家或其他外部支持人员等情况。

  (3) A．固定总价合同　　　　　　　　B．工时材料合同

  　　C．成本补偿合同　　　　　　　　D．分包合同

- 某承建单位准备把机房项目中的消防系统工程分包出去，并准备了详细的设计图纸和各项说明。该项目工程包括火灾自动报警、广播、火灾早期报警灭火等。为使总体成本可控，该分包合同宜采用___(4)___方式。

  (4) A．单价合同　　　　　　　　　　B．成本加酬金合同

  　　C．总价合同　　　　　　　　　　D．委托合同

- 签订信息系统工程项目合同时有需要注意的事项。下列选项中___(5)___在合同签订时不要考虑。

  (5) A．当事人的法律资格　　　　　　B．验收标准

  　　C．项目管理计划　　　　　　　　D．技术支持服务

- ___(6)___不属于控制采购过程的工具与技术。

  (6) A．工作绩效信息　　　　　　　　B．索赔管理

  　　C．绩效审查　　　　　　　　　　D．检查与审计

- ___(7)___的项目不适合使用总价合同。

  (7) A．工程量不大且能精确计算　　　B．技术不复杂

  　　C．项目内容未确定　　　　　　　D．风险较小

- 关于合同违约索赔的描述，不正确的是___(8)___。

  (8) A．项目索赔事件中，监理工程师和政府建设主管机构承担调解责任，经济合同仲裁委员会承担调解或仲裁责任

  　　B．合同索赔遵循的原则包括索赔的有理性、索赔依据的有效性、索赔计算的正确性

  　　C．对于属于买方的原因造成拖延工期，只需给卖方延长工期，不应给予费用补偿

  　　D．《中华人民共和国民法典》《中华人民共和国合同法》中与合同纠纷相关条款，可以作为工程索赔的法律依据

- 关于自制/外购分析的描述，不正确的是___(9)___。

  (9) A．有能力自行研制某种产品的情况下，也有可能需要外部采购

  　　B．决定外购后，需要进一步分析是购买还是租借

  　　C．总价合同对进行自制/外购分析过程没有影响

  　　D．任何预算限制都有可能影响自制/外购分析

第12章 配置管理

知识点图谱与考点分析

配置管理的知识点在综合知识卷选择题和案例分析卷案例题中多次出现,对于本章知识,注意阅读官方教程中的相关内容并识记关键知识点,如图12-0-1所示为配置管理知识点图谱。

```
配置管理
├── 配置管理基本概念 ── 配置、配置项、基线、配置项标识、配置状态报告、信息(文档)
│                   └── 配置控制委员会
├── 文档管理规范 ── 文档书写规范、图表编号规则、文档目录编写标准和文档管理制度
│               └── 文档分类 ── 开发文档、产品文档、管理文档
├── 配置管理计划 ── 配置管理软硬件资源、配置项计划、基线计划、交付计划、备份计划、配置审核和评审、变更管理
│               └── 制定步骤
├── 配置状态报告
├── 配置审计 ── 功能配置审计
│           └── 物理配置审计
├── 发布管理和交付 ── 主要任务
├── 变更管理 ── 变更管理的实质、变更的常见原因、变更的依据、变更管理首要完成的任务
│           └── 变更的流程
├── 配置库 ── 动态库(开发库)、主库(受控库)、静态库(备份库或产品库)
├── 配置识别 ── 配置识别的内容
└── 版本管理 ── 草稿状态、正式发布状态、修改状态、版本号命名规则
```

图12-0-1 配置管理知识点图谱

知识点：配置管理基本概念

知识点综述

配置管理知识点涉及的概念较多，而且比较重要。根据以往的培训经验，很多缺乏软件工程经验的考生在配置管理的基本概念上很容易模糊，不能理解配置管理活动的作用。

配置管理的六个主要活动包括：制订配置管理计划、配置标识、配置控制、配置状态报告、配置审计、发布管理与交付。

在基本概念中，最重要的是掌握配置、配置项、基线等概念。

CMMI 对配置管理的定义：配置管理是运用配置标识、配置控制、配置状态、配置状态统计和配置审计，建立和维护工作产品的完整性。

基线是一组拥有唯一标识号的需求、设计、源代码文卷以及相应的可执行代码、构造文卷和用户文档。基线建立之后，变更要通过评价和验证变更的正式程序来控制。

参考题型

【考核方式1】 考核配置管理中的基本概念，如基线、配置项等。

● 以下有关基线的叙述，错误的是＿＿(1)＿＿。

(1) A．基线由一组配置项组成

B．基线不能再被任何人任意修改

C．基线是一组经过正式审查并且达成一致的范围或工作产品

D．产品的测试版本不能被看作基线

■ **试题分析** 本题中考核了对基线概念的理解。官方教程中的基线定义如下：一组拥有唯一标识号的需求、设计、源代码文卷以及相应的可执行代码、构造文卷和用户文档构成一条基线。

基线按照项目阶段划分有：需求基线、设计基线、代码基线、测试基线、产品基线等。

选项 D 中，测试版本可以形成测试基线。

■ **参考答案** D

[辅导专家提示] 对于配置管理的基线，除了按照项目阶段划分外，还有以下三种基线：①功能基线——最初通过的功能配置；②分配基线——最初通过的分配配置；③产品基线——最初通过的或有条件地通过的产品配置。

● 关于配置基线的描述，不正确的是＿＿(2)＿＿。

(2) A．基线对应于开发过程中的里程碑，一个产品只能有一个基线

B．每个基线都要纳入配置控制，更新只能采用正式的变更控制程序

C．一组拥有唯一标识号的需求、设计、源代码文卷以及相应的可执行代码、构造文卷和用户文档构成一条基线

D．基线为开发工作提供了一个快照

■ **试题分析** 基线对应于开发过程中的里程碑，一个产品可以有一个或者多个基线。

163

■ 参考答案　A

● 关于配置基线的描述，不正确的是___（3）___。

（3）A．配置基线对应开发过程的里程碑　　B．一个产品可以有多个基线
　　　C．基线为开发工作提供了快照　　　　D．配置基线中的配置项不可以被修改

■ 试题分析　在信息系统项目过程中，各类配置项存在不断变化的情况，为了在不严重阻碍合理变化的情况下来控制变化，需要使用配置基线这一概念。基线中的配置项被"冻结"了，不能再被任何人随意修改。对基线的变更必须遵循正式的变更控制程序。

■ 参考答案　D

● 配置控制委员会（CCB）负责的配置管理工作不包括___（4）___。

（4）A．分配配置库操作权限　　　　　　　B．审批基线的设置
　　　C．确认变更是否按要求完成　　　　　D．审批产品的版本

■ 试题分析　配置控制委员会也称为变更控制委员会，它不只是控制变更，也负有更多的配置管理任务，具体工作包括：制订和修改项目配置管理策略；审批和发布配置管理计划；审批基线的设置、产品的版本等；审查、评价、批准、推迟或否决变更申请；监督已批准变更的实施；接收变更与验证结果，确认变更是否按要求完成；根据配置管理报告决定相应的对策。

配置管理员负责在整个项目生命周期中进行配置管理的主要实施活动，具体工作包括：建立和维护配置管理系统；建立和维护配置库或配置管理数据库，分配配置库操作权限；配置项识别；建立和管理基线；版本管理和配置控制；配置状态报告；配置审计；发布管理和交付。

■ 参考答案　A

【考核方式2】考核基本的定义。

● 下列有关信息（文档）与配置管理内容的叙述，错误的是___（1）___。

（1）A．配置管理的定义是应用技术和管理的指导及监督来标识和用文档来记录配置项的功能和物理特征，控制对这些特征的变更、记录和报告变更处理过程和实现状态、验证与规定需求的一致性

　　　B．基线可看作一个相对稳定的逻辑实体，其组成部分不能被任何人任意修改

　　　C．配置项的组成可能包括交付客户的产品、内部工作产品、采购产品、使用的工具等

　　　D．IEEE对配置库的定义为硬件、软件或两者兼有的集合，为配置管理指定的、在配置管理过程中作为一个单独的实体来对待

■ 试题分析　本题综合考核了四个概念：配置管理、基线、配置项、配置库。

IEEE对配置项的定义为硬件、软件或两兼有的集合，为配置管理指定的、在配置管理过程中作为一个单独的实体来对待。可作为配置项管理的有：外部交付的软件产品和数据、指定的内部软件工作产品和数据、指定的用于创建或支持软件产品的支持工具、供方/供应商提供的软件和客户提供的设备/软件。典型配置项包括项目计划书、需求文档、设计文档、源代码、可执行代码、测试用例、运行软件所需的各种数据，它们经评审和检查通过后进入软件配置管理。

■ 参考答案　D

● 配置管理为了系统地控制配置变更,在系统的整个生命周期中维持配置的完整性和___(2)___,而标识系统在不同时间点上的配置。

(2) A. 健壮性　　　　B. 安全性　　　　C. 可跟踪性　　　　D. 一致性

■ **试题分析**　配置管理是为了系统地控制配置变更,在信息系统项目的整个生命周期中维持配置的完整性和可跟踪性,而标识信息系统建设在不同时间点上配置的学科。

■ **参考答案**　C

知识点：文档管理规范

知识点综述

信息系统文档的规范化管理主要体现在文档书写规范、图表编号规则、文档目录编写标准和文档管理制度等方面。

参考题型

【考核方式1】考核文档管理规范。

● 在开发人员编写程序时,程序的开始要用统一的格式,包含程序名称、程序功能、调用和被调用的程序、程序设计人等信息,体现了信息系统文档管理的___(1)___。

(1) A. 文档书写规范　　　　　　B. 图表编号规则
　　C. 文档目录编写标准　　　　D. 文档管理制度

■ **试题分析**　信息系统文档的规范化管理主要体现在文档书写规范、图表编号规则、文档目录编写标准和文档管理制度等几个方面。

■ **参考答案**　A

● 文档的规范化管理主要体现在___(2)___方面。

①文档书写规范　　②文档质量级别　　③图表编号规则
④文档目录编写规范　⑤文档管理制度　⑥文档安全标准

(2) A. ①②③④　　B. ②③④⑤　　C. ③④⑤⑥　　D. ①③④⑤

■ **试题分析**　文档的规范化管理主要体现在文档书写规范、图表编号规则、文档目录编写标准和文档管理制度等方面。

■ **参考答案**　D

● 关于信息系统文档的规范化管理的描述,不正确的是___(3)___。

(3) A. 应该编写文档目录,文档名称要完整规范
　　B. 项目干系人签字确认后才可以对文档进行阅读和编辑
　　C. 文档的借阅应该进行详细的记录,涉密文档要保密处理
　　D. 所有的文档都应该遵循统一的编写规范

■ **试题分析**　文档中有密级要求的,应注意保密和权限管理。项目干系人签字确认后的文档要与相关联的电子文档一一对应,这些电子文档还应设置为只读。

■ **参考答案**　B

【考核方式2】 考核文档分类。

- 质量保证计划属于软件文档中的___(1)___。
  (1) A．开发文档　　　B．产品文档　　　C．管理文档　　　D．说明文档

■ **试题分析**　软件文档分为三类：开发文档、产品文档、管理文档。本题考核开发文档。开发文档描述开发过程本身，基本的开发文档包括：可行性研究报告和项目任务书；需求规格说明；功能规格说明；设计规格说明，包括程序和数据规格说明；开发计划；软件集成和测试计划；质量保证计划；安装和测试信息。

■ **参考答案**　A

知识点：配置管理计划

知识点综述

制订配置管理计划的目的是便于 CMO（配置管理员）按计划开展配置管理工作，并保持配置管理工作的一致性。配置管理计划的主要内容包括配置管理软硬件资源、配置项计划、基线计划、交付计划、备份计划、配置审核和评审、变更管理等，由 CCB 审批该计划。

参考题型

【考核方式】 间接考核配置管理计划。

- 进行配置管理的第一步是___(1)___。
  (1) A．制定识别配置项的准则　　　B．建立并维护配置管理的组织方针
  　　C．制定配置项管理表　　　　　D．建立 CCB

■ **试题分析**　配置管理活动的第一步是制订配置管理计划，而 A、B、C、D 四个选项均非配置管理计划，此时则需仔细分析，制订配置管理计划的第一步是建立并维护配置管理的组织方针。

本题属于间接考核配置管理计划，要求考生对制订配置管理计划比较熟悉。制订配置管理计划的步骤如下：①建立并维护配置管理的组织方针；②确定配置管理需使用的资源；③分配责任；④培训计划；⑤确定配置管理的项目干系人，并确定其介入时机；⑥制订识别配置项的准则；⑦制订配置项管理表；⑧确定配置管理软硬件资源；⑨制订基线计划；⑩制订配置库备份计划；⑪制订变更控制流程；⑫制订审批计划。

■ **参考答案**　B

知识点：配置状态报告

知识点综述

配置状态报告也称配置状态统计，其任务是有效地记录和报告管理配置所需要的信息，目的是及时、准确地给出配置项的当前状况，供相关人员了解，以加强配置管理工作。

参考题型

- 某软件企业为了及时、准确地获得某软件产品配置项的当前状态，了解软件开发活动的进展状况，要求项目组出具配置状态报告，该报告的内容应包括___(1)___。
  ①各变更请求概要：变更请求号、申请日期、申请人、状态、发布版本、变更结束日期
  ②基线库状态：库标识、至某日预计库内配置项数、实际配置项数、与前一版本差异描述
  ③发布信息：发布版本、计划发布时间、实际发布时间、说明
  ④备份信息：备份日期、介质、备份存放位置
  ⑤配置管理工具状态
  ⑥设备故障信息：故障编号、设备编号、申请日期、申请人、故障描述、状态
  (1) A. ①②③⑤　　　B. ②③④⑥　　　C. ①②③④　　　D. ②③④⑤

  ■ **试题分析**　本题考核配置状态报告的内容，解题方法：首先确定选项①是配置状态报告的内容，选项B、D排除；然后比较选项A、C的区别在于选项④、⑤；其中选项④应属于数据安全（备份）方面的内容，选项⑤属于配置项范畴，所以排除选项A。

  ■ **参考答案**　C

知识点：配置审计

知识点综述

（1）功能配置审计：功能配置审计是指审计配置项的一致性（配置项的实际功效是否与其需求一致），具体验证以下几个方面：配置项的开发已圆满完成；配置项已达到配置标识中规定的性能和功能特征；配置项的操作和支持文档已完成并且是符合要求的。

（2）物理配置审计：物理配置审计是指审计配置项的完整性（配置项的物理存在是否与预期一致），具体包括以下两个方面的验证：要交付的配置项是否存在；配置项中是否包含了所有必需的项目。

参考题型

【考核方式】　考核两种配置审计方式：功能审计、物理审计。

- 关于配置管理，不正确的是___(1)___。
  (1) A. 配置管理计划制订时需了解组织结构环境和组织单元之间的联系
  　　B. 配置标识包含识别配置项，并为其建立基线等内容
  　　C. 配置状态报告应着重反映当前基线配置项的状态
  　　D. 功能配置审计是审计配置项的完整性，验证所交付的配置项是否存在

  ■ **试题分析**　选项D描述的是物理配置审计，物理配置审计是审计配置项的完整性，而功能配置审计是审计配置项的一致性。

  ■ **参考答案**　D

● 在配置审计的工作中，___(2)___ 不属于功能配置审计验证的内容。

(2) A．要交付的配置项是否存在

　　B．配置项的开发已圆满完成

　　C．配置项已达到配置标识中规定的性能和功能特征

　　D．配置项的操作和支持文档已完成并且是符合要求的

■ **试题分析**　配置审计也称配置审核或配置评价，包括功能配置审计和物理配置审计。

功能配置审计的内容包括：

1）配置项的开发是否已圆满完成。

2）配置项是否已达到规定的性能和功能特定特性。

3）配置项的运行和支持文档是否已完成、是否符合要求。

物理配置审计的内容包括：

1）要交付的配置项是否存在。

2）配置项中是否包含了所有必需的项目等。

■ **参考答案**　A

知识点：发布管理和交付

知识点综述

发布管理和交付活动的主要任务：有效控制软件产品和文档的发行和交付，在软件产品的生存周期内妥善保存代码和文档的母拷贝。

具体包含五项主要任务：存储、复制、打包、交付、重建。

由于发布管理和交付相关知识点，在中高项考试中，至今都没有考查过，因此暂时不放题。

知识点：变更管理

知识点综述

本节涉及的知识点包括：变更的内容；变更的分类；变更管理的角色职责与流程。

参考题型

【考核方式1】 考核变更的概念、特点、原因。

● 项目变更管理的实质是___(1)___。

(1) A．不断调整项目的努力方向和资源配置，提升项目价值

　　B．前期项目管理者的粗心

　　C．项目推进过程中甲方提出越来越多的需求

　　D．最大限度地满足甲方的需求

■ **试题分析** 变更管理，即为使项目基准与项目实际执行情况相一致，应对项目变化的一套管理方法。变更管理的实质是根据项目推进过程中越来越丰富的项目认知，不断调整项目的努力方向和资源配置，最大限度地满足项目需求，提升项目价值。

■ **参考答案** A

● 项目变更的常见原因一般不包括___（2）___。

(2) A．项目范围（工作）定义的过失或者疏忽

B．应对风险的紧急计划，但不包括回避计划

C．项目执行过程与基准要求不一致带来的被动调整

D．外部灾害天气

■ **试题分析** 变更的常见原因包括：产品范围定义的过失或者疏忽；项目范围定义的过失或者疏忽；增值变更；应对风险的紧急计划或回避计划；项目执行过程与基准要求不一致带来的被动调整；外部事件等。

■ **参考答案** B

● 项目变更的依据是___（3）___。

(3) A．干系人的需求 B．甲方的要求

C．项目基准 D．项目成员的请求

■ **试题分析** 变更管理的主要内容包括：基准管理、变更控制流程化、明确组织分工、与干系人充分沟通、变更的及时性、评估变更的可能影响、妥善保存变更产生的相关文档等。基准是项目变更的依据。

■ **参考答案** C

● 在项目的实施阶段，当客户明确提出某项需求更改时，项目经理应该___（4）___。

(4) A．与客户方领导进行沟通，尽量劝说其不要更改需求

B．先评估变更会对项目带来怎样的影响，再与客户协商解决措施

C．接受客户的变更请求，启动变更控制流程，遵循变更流程进行更改

D．汇报给高层领导，由领导决定

■ **试题分析** 客户明确提出变更，项目经理首先应该评估变更，评估变更完成之前拒绝、接受、向上汇报变更都是不合适的。

■ **参考答案** B

● 变更管理首要的任务是___（5）___。

(5) A．分析变更的必要性和合理性，确认是否实施变更

B．记录变更信息、填写变更控制单

C．做出变更，并交上级审批

D．修改相应的软件配置项（基线），确立新的版本

■ **试题分析** 变更管理首要的任务是分析变更的合理性和必要性，判断是否进行变更。

■ **参考答案** A

【考核方式2】 识记题。考核变更的流程图。

- 图12-7-1是变更控制管理流程图，该流程图缺少___(1)___。
  - （1）A．评估影响记录　　　　　　　　B．配置审计
  　　　C．变更定义　　　　　　　　　　D．记录变更实施情况

图 12-7-1　变更控制管理流程图

■ **试题分析**　变更管理的一般工作程序如下：①提出变更申请；②变更影响分析；③CCB审查批准；④实施变更；⑤监控变更实施，记录变更实施情况；⑥结束变更。

本流程图中缺少"监控变更实施，记录变更实施情况"。

■ **参考答案**　D

知识点：配置库

知识点综述

"配置库"的知识点属于配置项标识。对于配置库来说，要掌握三种分类以及三种库的适用场景，同时要求掌握三种不同的配置库的命名方式，比如开发库又称动态库。一般在考核过程中，可能不直接考核标准名称，而采用其他的名称。此外，配置库的建库模式也是考核的要点之一。

参考题型

【考核方式1】 识记题。考核配置库的组成。

- 配置库通常由___(1)___组成。
  - （1）A．动态库、静态库和产品库　　　　B．开发库、备份库和产品库
  　　　C．动态库、主库和产品库　　　　　D．主库、受控库和产品库

　　■ **试题分析**　本题考核配置库的组成，关键在于区分库的命名方式。

动态库（开发库）：包含正在创建或修改的配置元素，它们是开发者的工作空间，受开发者控制。动态库中的配置项处于版本控制之下。

主库（受控库）：包含基线和对基线的更改。主库中的配置项被置于完全的配置管理之下。
静态库（备份库或产品库）：包含备用的各种基线的档案。静态库被置于完全的配置管理之下。
■ **参考答案** C

【**考核方式 2**】 考核对三种配置库的应用环境的理解。

- 信息系统项目完成后，最终产品或项目成果应置于___（1）___内，当需要在此基础上进行后续开发时，应将其转移到___（2）___后进行。
  （1）A．开发库　　　　　B．服务器　　　　　C．受控库　　　　　D．产品库
  （2）A．开发库　　　　　B．服务器　　　　　C．受控库　　　　　D．产品库
  ■ **试题分析** 配置库有三种：开发库、受控库、产品库。
  信息系统项目完成后，最终产品或项目成果应置于产品库内，当需要在此基础上进行后续开发时，应将其转移到受控库后进行。
  ■ **参考答案** （1）D　（2）C

- ___（3）___包含已发布使用的各种基线的存档，被置于完全的配置管理之下。
  （3）A．产品库　　　　　B．数据库　　　　　C．测试库　　　　　D．开发库
  ■ **试题分析** 产品库包含已发布使用的各种基线的存档，被置于完全的配置管理之下。
  ■ **参考答案** A

- 配置管理中，___（4）___中的信息通常有较为频繁的修改，可以不对其进行配置控制。
  （4）A．产品库　　　　　B．数据库　　　　　C．测试库　　　　　D．开发库
  ■ **试题分析** 开发库中的信息可以有较为频繁的修改，只要开发库的使用者认为有必要，无须对其进行配置控制，因为这通常不会影响到项目的其他部分。
  ■ **参考答案** D

【**考核方式 3**】 配置库建库的模式及建立配置库的工具。

- 配置库的建库模式有多种，在产品继承性较强、工具比较统一、采用并行开发的组织，一般会按___（1）___建立配置库。
  （1）A．开发任务　　　　B．客户群　　　　　C．配置项类型　　　D．时间
  ■ **试题分析** 本题考核配置库建库的模式，建库的模式有两种：按配置项类型建库和按任务建库。
  按配置项的类型分类建库适用于通用软件的开发组织。在这样的组织内，产品的继承性往往较强，工具比较统一，对并行开发有一定的需求。使用这样的库结构有利于统一管理和控制配置项，同时也能提高编译和发布的效率。但由于这样的库结构并不是面向各个开发团队的开发任务的，所以可能会造成开发人员的工作目录结构过于复杂，带来一些不必要的麻烦。
  按开发任务建立相应的配置库，适用于专业软件的开发组织。在这样的组织内，使用的开发工具种类繁多，开发模式以线性发展为主，所以就没有必要把配置项严格地分类存储，人为增加目录的复杂性。对于研发性的软件组织来说，采用这种设置策略比较灵活。
  ■ **参考答案** C

［辅导专家提示］ 配置库建库的模式曾作为案例题型进行考核。可以用 VSS、CVS、SVN 等工具建立配置库。

知识点：配置识别

知识点综述

配置识别是配置管理的一个要素，包括选择一个系统的配置项和在技术文档中记录配置项的功能和物理特性。

配置识别是配置管理活动的基础，也是制订配置管理计划的重要内容。

参考题型

【考核方式】 考核配置识别的内容。

- 配置识别是配置管理的一项活动，包括选择一个系统的配置项和在技术文档中记录配置项的功能和物理特性。其功能不包括___(1)___。

    (1) A. 识别需要受控的软件配置项　　　　B. 建立和控制基线
    　　 C. 识别组件、数据及产品获取点和准则　D. 识别源程序

    ■ 试题分析　配置识别是配置管理员的职能，包括如下内容：识别需要受控的软件配置项；给每个产品和它的组件及相关的文档分配唯一的标识；定义每个配置项的重要特征以及识别其所有者；识别组件、数据及产品获取点和准则；建立和控制基线；维护文档和组件的修订与产品版本之间的关系。

    ■ 参考答案　D

知识点：版本管理

知识点综述

配置项的版本控制作用于多个配置管理活动之中，如创建配置项、配置项的变更和配置项的评审等。在项目开发过程中，绝大部分的配置项都要经过多次的修改才能最终确定下来，对配置项的任何修改都将产生新的版本。

版本管理的考点主要集中在配置项状态（草稿、正式、修改）变迁的规则以及版本号的命名规则。

参考题型

【考核方式1】 考核版本号的命名规则，要求考生能够应用命名规则来判断版本的状态。

- 某个配置项的版本由1.11变为1.12，按照配置版本号规则，表明___(1)___。

    (1) A. 目前配置项处于正在修改状态，配置项版本升级幅度较大
    　　 B. 目前配置项处于正在修改状态，配置项版本升级幅度较小
    　　 C. 目前配置项处于正式发布状态，配置项版本升级幅度较大
    　　 D. 目前配置项处于正式发布状态，配置项版本升级幅度较小

■ **试题分析** 根据版本号的命名规则，版本号 X.YZ = 1.12。Z 值不为 0，则处于修改状态，同时升级幅度较小。

■ **参考答案** B

[辅导专家提示] 处于草稿状态的配置项的版本号格式为 0.YZ，其中 Y、Z 的取值范围为 01～99。随着草稿的不断完善，Y、Z 的取值应递增，Y、Z 的初值和增幅由开发者自己把握。

处于正式发布状态的配置项的版本号格式为 X.Y，其中 X 为主版本号，取值范围为 1～9，Y 为次版本号，取值范围为 1～9。配置项第一次正式发布时，版本号为 1.0。

如果配置项的版本升级幅度比较小，一般只增大 Y 值，X 值保持不变。只有当配置项版本升级幅度比较大时，才允许增大 X 值。

处于正在修改状态的配置项的版本号格式为 X.YZ。在修改配置项时，一般只增大 Z 值，X、Y 值保持不变。

【考核方式2】 考核配置项状态变迁规则。

● 配置项的状态可以分为"草稿""正式"和"修改"三种。以下关于三种状态变化的叙述中，___(1)___ 是正确的。

(1) A. "草稿"经过修改未通过评审时，状态为"修改"
　　 B. "草稿"经过修改未通过评审时，状态仍为"草稿"
　　 C. "草稿"经过修改通过评审时，状态为"修改"
　　 D. "正式"的配置项发生变更，状态变为"草稿"

■ **试题分析** 配置项的状态可以分为草稿、正式和修改三种。配置项刚刚建立时，其状态为"草稿"；配置项通过评审后，其状态变为"正式"；此后若更改配置项，则其状态变为"修改"；当配置项修改完毕并重新通过评审时，其状态又变为"正式"，如图 12-10-1 所示。

图 12-10-1 习题用图

■ **参考答案** B

课堂练习

● 在信息系统开发的某个阶段工作结束时，应将工作产品及有关信息存入配置库的___(1)___。
(1) A. 受控库　　　　　　　　　　B. 开发库
　　 C. 产品库　　　　　　　　　　D. 知识库

● ___(2)___ 不是创建基线或发行基线的主要步骤。
(2) A. 获得 CCB 的授权　　　　　　B. 确定基线配置项
　　 C. 形成文件　　　　　　　　　D. 建立配置管理系统

- 以下关于基线和配置项的叙述中，不正确的是＿＿（3）＿＿。
  - （3）A．所有配置项的操作权限应由变更管理委员会严格管理
  - B．基线配置项向软件开发人员开放读取的权限
  - C．非基线配置项可能包含项目的各类计划和报告等
  - D．每个配置项的基线都要纳入配置控制，对这些基线的更新只能采用正式的变更管理过程
- 配置项的状态可分为"草稿""正式"和"修改"三种。以下关于配置项状态的叙述中，不正确的是＿＿（4）＿＿。
  - （4）A．配置项处于"草稿"状态时，版本号格式为 0.YZ
  - B．配置项第一次成为"正式"文件时，版本号为 1.0
  - C．配置项处于"修改"状态时，版本号应改回 0.YZ
  - D．对于配置项的任何版本都应该保存，不能抛弃旧版本
- 配置识别是配置管理的一项活动，包括选择一个系统的配置项和在技术文档中记录配置项的功能和物理特性。其功能不包括＿＿（5）＿＿。
  - （5）A．识别需受控的软件配置项
  - B．建立和控制基线
  - C．识别组件、数据及产品获取点和准则
  - D．识别源程序
- 关于配置库的描述，不正确的是＿＿（6）＿＿。
  - （6）A．开发库用于保存开发人员当前正在开发的配置项
  - B．受控库包含当前的基线及对基线的变更
  - C．产品库包含已发布使用的各种基线
  - D．开发库是开发人员的个人工作区，由配置管理员控制
- 关于软件配置管理的描述，不正确的是＿＿（7）＿＿。
  - （7）A．配置控制委员会成员必须是专职人员
  - B．配置库包括动态库（开发库）、受控库（主库）、静态库（产品库）
  - C．常用的配置管理工具有 SVN、GIT 等
  - D．配置项的状态分为草稿、正式和修改三种
- 在项目变更管理中，变更影响分析一般由＿＿（8）＿＿负责。
  - （8）A．变更申请提出者　　　　　　B．变更管理员
  - C．变更控制委员会　　　　　　D．项目经理

第二篇 综合知识篇

【综述】

综合知识篇的内容主要是非项目管理方面的知识，这部分知识包含的内容较多较杂，包括法律法规和标准化、信息化基础、新技术、信息系统集成与服务管理、专业技术知识（软件、网络与信息安全）、专业英语等。

这部分内容对考生的知识储备提出了挑战。少有考生能够精通全部的知识领域，尤其是部分非专业出身的考生，一直从事管理工作，没有一线经验，这部分内容往往成为其考试的"夺命锏"。

由于此部分内容的考核主要集中在综合知识卷选择题部分，而且其考核的知识点往往有规律可循，因此建议采用以典型题目带动对知识点的了解来应付考试。

第13章 法律法规和标准化

知识点图谱与考点分析

法律法规和标准化所涉及的知识点较多，包括标准、法律法规、知识产权三大部分。

从涉及的法律法规角度来看，包括《中华人民共和国招标投标法》《中华人民共和国政府采购法》《中华人民共和国民法典》《中华人民共和国著作权法》《计算机软件保护条例》、标准化基础知识、软件工程标准等。

从试题考点分布的角度来看，考核点包括保护期限、知识产权人的确定、侵权判断及法规所适用的环境，如图13-0-1所示为法律法规和标准化知识点图谱。

图 13-0-1 法律法规和标准化知识点图谱

对于标准化部分的知识点，除了标准化的基础知识外，主要以软件工程国家标准的考核为主，几乎每年都有题目。软件工程所涉及的国家标准较多，且目前在考核上倾向于考核标准中的具体条文。

知识点：标准

标准分类知识点综述

标准是对重复性事务和概念所作的统一规定，它以科学、技术和实践经验的综合成果为基础，经有关方面协商一致，由主管机构批准，以特定形式发布，作为共同遵守的准则和依据，一般以文件形式发布和存在。

在本知识点中，要求考生了解标准的分类层次以及标准代号的含义。实际考核中，本知识点的考核更多侧重于软件工程、信息安全相关的标准。

《中华人民共和国标准化法》将标准分为四个层次，包括国家标准、行业标准、地方标准和企业标准。

参考题型

【考核方式】 考核标准的代号和标准化组织。

- ___(1)___ 为推荐性地方标准的代号。
  (1) A．SJ/T B．Q/T11
  　　C．GB/T D．DB11/T

  ■ 试题分析 我国国家标准代号：强制性标准代号为 GB、推荐性标准代号为 GB/T、指导性标准代号为 GB/Z、实物标准代号为 GSB。
  行业标准代号：由汉语拼音大写字母组成（如电力行业为 DL）。
  地方标准代号：由 DB 加上省级行政区划分代码的前两位组成。
  企业标准代号：由 Q 加上企业代号组成。
  本题中，选项 A 是电子行业标准代号，选项 B 是企业标准代号，选项 C 是国家推荐性标准代号。

  ■ 参考答案 D

  [辅导专家提示] 国内的标准大部分以拼音首字母开头命名，所以在判断过程中可以根据拼音进行判断，如 DB 是"地标"的拼音。

- ___(2)___ 不是国际标准化组织。
  (2) A．ISO B．ANSI
  　　C．ITU D．IEC

  ■ 试题分析 国际标准化组织（International Organization for Standardization，ISO）是世界上最大的国际标准化专门机构，负责制定国际标准，协调世界范围内的标准化工作。除了 ISO 还有其他重要的国际标准化组织，如国际电工委员会（International Electro Technical Commission，IEC）、国际电信联盟（International Telecommunication Union，ITU）等。美国国家标准学会（American National Standards Institute，ANSI）是一个准国家式的标准机构，不属于国际标准化组织。

  ■ 参考答案 B

软件工程标准知识点综述

软件工程系列标准属于近年来考核的热点，基本上属于必考知识点，从考核趋势来看，从考核分类和概念性的内容深入到考核对标准条文的识记和理解。

近几年考核较多的标准有《软件文档管理指南》（GB/T 16680—1996）；《软件工程 产品质量第1部分：质量模型》（GB/T 16260.1—2006）；《信息技术 软件生存周期过程》（GB/T 8566—2007）；《计算机软件文档编制规范》（GB/T 8567—2006）。

参考题型

【考核方式1】 识记题。考核常见的文档标准的分类。

● 根据《软件文档管理指南》（GB/T 16680—1996），软件文档包括___（1）___等。

（1）A．启动文档、计划文档、实施文档和收尾文档
　　B．开发文档、支持文档和管理文档
　　C．开发文档、产品文档和管理文档
　　D．开发文档、技术文档和管理文档

■ 试题分析　本题考核软件工程标准分类中的文档标准，是简单的识记性的考题。《软件文档管理指南》（GB/T 16680—1996）是文档标准中经常考核的标准之一。根据该标准，软件文档包括开发文档、产品文档（用户文档）和管理文档三大类。

■ 参考答案　C

[辅导专家提示]　开发文档：为开发工作提供支持的各种文档，其读者群主要针对开发人员。其中主要包括软件需求规格说明书、数据需求规格说明书、概要设计说明书、详细设计说明书、项目开发计划等。

产品文档：向用户传达各种与开发相关、与产品相关的信息，其读者群主要针对最终用户。其中主要包括用户手册、操作手册、维护修改建议书等。

管理文档：为项目的开发管理提供支持的各种文档，其读者群主要针对管理人员。其中主要包括可行性研究报告、项目开发计划、测试计划、技术报告、开发进度记录、项目开发总结报告等。

【考核方式2】 考核常见的文档标准中的具体内容。

● 根据《软件文档管理指南》（GB/T 16680—1996），___（1）___不属于基本的开发文档。

（1）A．可行性研究和项目任务书　　　B．培训手册
　　C．需求规格说明书　　　　　　　　D．开发计划

■ 试题分析　基本的开发文档有可行性研究和项目任务书、需求规格说明书、功能规格说明书、设计规格说明书（包括程序和数据规格说明书）、开发计划、软件集成和测试计划、质量保证计划（标准和进度）、安全和测试信息；基本的产品文档有培训手册、参考手册和用户指南、软件支持手册、产品手册和信息广告；基本的管理文档按照《计算机软件文档编制规范》（GB/T 8567—2006）进行处理。

■ 参考答案　B

[辅导专家提示] 本题在上一题的基础上做了更进一步的考核。

《计算机软件文档编制规范》（GB/T 8567—2006）规定，管理人员使用的文档有可行性研究报告、项目开发计划、模块开发卷宗、开发进度月报、项目开发总结报告；开发人员使用的文档有可行性研究报告、项目开发计划、软件需求说明书、数据要求说明书、概要设计说明书、详细设计说明书、数据库设计说明书、测试计划、测试分析报告；维护人员使用的文档有设计说明书、测试分析报告、模块开发卷宗；用户使用的文档有用户手册、操作手册。

【考核方式3】 考核具体的条文，识记性强。一般考生很难仔细去研究文档的内容。

● 在信息系统集成项目管理常用的技术标准中，___(1)___标准定义软件工程领域中通用的术语。

（1）A.《信息处理系统 计算机系统配置图符号及约定》（GB/T 14085—1993）

　　B.《信息技术 软件生存周期过程》（GB/T 8566—2001）

　　C.《信息技术 软件工程术语》（GB/T 11457—2006）

　　D.《信息处理 数据流程图、程序流程图、系统流程图、程序网络图和系统资源图的文件编制符号及规定》（GB/T 1526—1989）

■ **试题分析** 顾名思义，《信息技术 软件工程术语》（GB/T 11457—2006）定义了软件工程领域中通用的术语。

■ **参考答案** C

【考核方式4】 考核CMMI的内容，包括CMMI的表示法和关键过程域。

● CMMI的连续式表示法与阶段式表示法分别表示___(1)___。

（1）A. 项目的成熟度和组织的过程能力

　　B. 组织的过程能力和组织的成熟度

　　C. 项目的成熟度和项目的过程能力

　　D. 项目的过程能力和组织的成熟度

■ **试题分析** 本题考核CMMI的两种表示法。

CMMI支持两种级别的改进路径，一条路径使组织能够逐步改进其选定的单个过程域（或一组过程域）所对应的过程，另一条路径使组织能够以增量方式应对层次相继的过程域集合来改进相关的过程集。这两种改进路径与两种级别相关联——能力等级与成熟度级别。这些级别对应两种过程改进方法，称作"表示法"，这两种表示法称为"连续式"与"阶段式"。

使用连续式表示法能够达成"能力等级"，使用阶段式表示法能够达成"成熟度级别"。

■ **参考答案** B

知识点：法律法规

法律法规部分涉及《中华人民共和国招标投标法》《中华人民共和国政府采购法》《中华人民共和国民法典》《中华人民共和国著作权法》《计算机软件保护条例》等，其中，招标投标法考核频率最高。除此之外，还需要关注知识产权的相关知识。

招标投标法知识点综述

招标投标法属于考核频率最高的知识点之一。

招标投标法全称为《中华人民共和国招标投标法》，该法涉及的考核知识点主要如下。

招标方法：招标方式的区分（公开招标和邀请招标）。

（1）招投标过程：招投标的过程（招标、投标、开标、评标、中标）。

（2）评标依据：评标的依据。

（3）禁止事项：招投标过程中的一些主要禁止事项（低于成本价投标、串通报价等）。

（4）相关原则：联合投标的问题（"资质从低认证"的原则）。

（5）相关数字：招投标过程中所涉及的一些关键数字（30、20、15、5、2/3、2%等）。

（6）要求考生对以上内容非常熟悉。

参考题型

【考核方式1】 考核招投标过程中所涉及的关键数字。

● 根据有关法律，招标人与中标人应当自中标通知发出之日起＿＿(1)＿＿天内，按招标文件和中标人的投标文件订立书面合同。

（1）A. 15　　　　　　B. 20　　　　　　C. 30　　　　　　D. 45

■ 试题分析　考核相关数字。按照招投标法规定，招标人与中标人应当自中标通知书发出之日起 30 天内，按招标文件和中标人的投标文件订立书面合同。

■ 参考答案　C

[辅导专家提示]　招投标过程中所涉及的一些关键数字如下。

30 天：中标通知书发出 30 天内，订立合同。

20 天：招标文件要提前 20 天发布。

15 天：如果要修改招标文件的内容，需要提前 15 天。

5 天：资格预审文件或者招标文件发售期不得少于 5 天。

2/3：评委中要有 2/3 的技术和经济方面的专家。

2%：投标保证金不得超过招标项目估算价的 2%。

【考核方式2】 考核招投标过程中评标的原则。

● 某单位要对一个网络集成项目进行招标，由于现场答辩环节没有一个定量的标准，相关负责人在制订该项评分细则时规定本项满分为 10 分，但是评委的打分不得低于 5 分。这一规定反映了制订招标评分标准时＿＿(1)＿＿。

（1）A. 以客观事实为依据　　　　　　B. 得分应能明显分出高低

　　　C. 严格控制自由裁量权　　　　　　D. 评分标准应便于评审

■ 试题分析　严格控制自由裁量权是指在评分细则中应尽可能少地出现"由评委根据某情况酌情打分"的字样，对那些确实不好用客观依据量化、细化的评分因素，也应将评委的自由裁量权控制在最小范围内，如技术方案、现场答辩、现场测试效果等确实无法描述的评分因素，评分细则应设定该因素的最低得分值,且最低得分不得少于该因素满分值的50%。

■ **参考答案** C

【考核方式3】 考核对具体条款的理解。

● 下列关于投标与签订合同的有关叙述,表达最准确的是___(1)___。
（1）A. 两个以上法人或其他组织可以组成联合体,以多个投标人的身份参加投标
  B. 投标方可对招标文件"招标设备一览表"中所列的一项或几项设备投标,特殊情况下可将其一项中的内容拆开投标
  C. 中标人的投标应能满足招标文件的实质性要求,并且经评审价格最低
  D. 合同谈判的方法一般是先谈技术条款,后谈商务条款

■ **试题分析** 选项A只能以一个投标人身份投标;选项B和选项C都违背了招投标的原则,选项B需要经过招标方同意,选项C中,招标时根据评标原则来确定中标人,而不仅仅是价格。

■ **参考答案** D

[辅导专家提示] 招投标法的知识点属于必考题,从系统集成项目管理工程师考试开考以来,每次考试都没落下,基本分值为1~2分。因此,对于此类知识点,考生可以阅读历年题目。

政府采购法知识点综述

政府采购法全称为《中华人民共和国政府采购法》,以立法的方式强制规定了有关政府采购的相关活动,该法明确了政府采购当事人、政府采购方式、政府采购程序、政府采购合同、质疑与投诉、监督检查以及法律责任。

在本知识点中,考生需重点掌握几种主要的政府采购方式的适用环境。

参考题型

【考核方式1】 考核概念,要求考生熟悉政府采购法中的采购方式。

● 下列有关《中华人民共和国政府采购法》的叙述中,错误的是___(1)___。
（1）A. 政府采购可以采用公开招标方式
  B. 政府采购可以采用邀请招标方式
  C. 政府采购可以采用竞争性谈判方式
  D. 公开招标应作为政府采购的主要采购方式,政府采购不可从单一来源采购

■ **试题分析** 本题考查《中华人民共和国政府采购法》。根据政府采购法的条款第二十六条,政府采购可采用的方式有:公开招标;邀请招标;竞争性谈判;单一来源采购;询价;国务院政府采用监督管理部门认定的其他采购方式。

公开招标应作为政府采购的主要采购方式。

■ **参考答案** D

[辅导专家提示] 《中华人民共和国政府采购法》中常见条款:

第二十七条:采购人采购货物或服务应当采用公开招标的方式,其具体数额标准,属于中央预算的政府采购项目,由国务院规定;属于地方预算的政府采购项目,由省、自治区、直辖市人民政

府规定；因特殊情况需要采用公开招标以外的采购方式的，应当在采购活动开始前获得设区的市、自治州以上人民政府采购监督管理部门的批准。

第二十八条：采购人不得将应当以公开招标方式采购的货物或者服务化整为零或者以其他任何方式规避公开招标采购。

【考核方式2】 考核应用，要求考生掌握《中华人民共和国政府采购法》中主要采购方式的适用环境。

● 根据《中华人民共和国政府采购法》的规定，当＿＿（1）＿＿时不采用竞争性谈判方式采购。
   (1) A. 技术复杂或者性质特殊，不能确定详细规格或者具体要求
       B. 采用招标所需时间不能满足用户紧急需要
       C. 发生了不可预见的紧急情况，不能从其他供应商处采购
       D. 不能事先计算出价格总额

■ **试题分析** 根据政府采购法第三十条规定，符合下列情形之一的货物或者服务，可以依照本法采用竞争性谈判方式采购：招标后没有供应商投标或者没有合格标的或者重新招标未能成立的；技术复杂或者性质特殊，不能确定详细规格或者具体要求的；采用招标所需时间不能满足用户紧急需要的；不能事先计算出价格总额的。

■ **参考答案** C

[辅导专家提示] 对于政府采购法，要弄清楚每种采购方式所适用的场景，具体见表13-2-1。

表13-2-1 政府采购方式及适用场景

政府采购方式	适用场景
邀请招标	具有特殊性，只能从有限范围的供应商处采购的； 采用公开招标方式的费用占政府采购项目总价值的比例过大的
竞争性谈判	招标后没有供应商投标或者没有合格标的或者重新招标未能成立的； 技术复杂或者性质特殊，不能确定详细规格或者具体要求的； 采用招标所需时间不能满足用户紧急需要的； 不能事先计算出价格总额的
单一来源采购	只能从唯一供应商处采购的； 发生了不可预见的紧急情况，不能从其他供应商处采购的； 必须保证原有采购项目一致性或者服务配套的要求，需要继续从原供应商处添购，且添购资金总额不超过原合同采购金额百分之十（10%）的
询价	采购的货物规格、标准统一，现货货源充足且价格变化幅度小的政府采购项目

此外，还需要重点注意的是，本知识点在案例分析卷中出现，根据其考核趋势来看，大部分情形都集中于考核竞争性谈判和单一来源采购，尤其要注意单一来源采购中"总额不超过原合同采购金额10%"的条款。

民法典知识点综述

《中华人民共和国民法典》于2020年5月28日正式通过，并于2021年1月1日正式施行。婚姻法、继承法、民法通则、收养法、担保法、合同法、物权法、侵权责任法、民法总则同时废止。

合同是平等主体的自然人、法人、其他组织之间设立、变更、终止民事权利义务关系的协议。合同法规范了合同的订立、效力、履行、变更和转让、权利义务终止、违约责任的法律。合同管理包括合同签订管理、合同履行管理、合同变更管理以及合同档案管理。

参考题型

【考核方式1】 考核民法典中合同相关的基本概念和内容。

● 在建设工程合同的订立过程中，投标人根据招标内容在约定期限内向招标人提交的投标文件为___(1)___。

(1) A．要约邀请　　　B．要约　　　　C．承诺　　　　D．承诺生效

■ **试题分析**　根据《中华人民共和国民法典》，要约是希望和他人订立合同的意思表示；要约邀请是希望他人向自己发出要约的意思表示。寄送的价目表、拍卖公告、招标公告、招股说明书、商业广告等为要约邀请。商业广告的内容符合要约规定的，视为要约；承诺是受要约人同意要约的意思表示；承诺生效时合同成立。

根据以上定义，在合同的订立过程中，招标人所发布的招标公告是一种要约邀请；投标人根据招标内容在约定期限内向招标人提交的投标文件可以看作一种要约。

■ **参考答案**　B

● 合同法是我国___(2)___的重要组成部分。

(2) A．刑法　　　　B．宪法　　　　C．经济法　　　D．民法典

■ **试题分析**　《中华人民共和国民法典》于2020年5月28日正式通过，并于2021年1月1日正式施行。婚姻法、继承法、民法通则、收养法、担保法、合同法、物权法、侵权责任法、民法总则同时废止。合同法是我国民法典的重要组成部分。

■ **参考答案**　D

【考核方式2】 考核合同管理的内容和合同的主要内容（具体条款）。

● 合同内容是当事人订立合同时的各项合同条款。合同的主要内容包括___(1)___。

①当事人各自的权利、义务　　②项目费用及工程款的支付方式
③项目变更约定　　　　　　　④违约责任　　　　　　　⑤保密约定

(1) A．①②④　　B．①②③④⑤　　C．①②③⑤　　D．②③④

■ **试题分析**　合同的主要内容包括当事人各自的权利、义务；项目费用及工程款的支付方式；项目变更约定；违约责任；保密约定。

■ **参考答案**　B

【考核方式3】 无效合同的判断。

● 当___(1)___时，合同可能认定为无效。

(1) A．合同甲乙双方损害了社会共同利益　　B．合同标的规格约定不清
　　C．合同中缺少违约条款　　　　　　　　D．合同中包括对人身伤害的免责条款

■ **试题分析**　根据《中华人民共和国合同法》第五十二条，有下列情形之一的，合同无效：一方以欺诈、胁迫的手段订立合同，损害国家利益；恶意串通，损害国家、集体或第三人利益；以

合法形式掩盖非法目的；损害社会公共利益；违反法律、行政法规的强制性规定。

■ **参考答案** A

著作权法知识点综述

著作权法属于知识产权体系。根据我国民法通则，知识产权是指公民、法人、非法人单位对自己的创造性智力成果和其他科技成果依法享有的民事权。

本知识点需主要掌握对基本概念的理解以及侵权的判定。

参考题型

【考核方式1】 识记题。考核著作权法中的基本概念。

● 在我国著作权法中，___(1)___ 是指同一概念。
  (1) A. 出版权与版权　　　　　　　　B. 著作权与版权
  　　C. 作者权与专有权　　　　　　　D. 发行权与版权
  ■ **试题分析** 根据《中华人民共和国著作权法》第六十二条规定：本法所称的著作权即版权。
  ■ **参考答案** B

[辅导专家提示] 著作权法包括署名权、修改权、保护作品完整权、发表权、使用权和获得报酬权等。

● 艺术表演者、录音录像制品制作者、广播电视节目制作者依法享有的权利属于___(2)___。
  (2) A. 发表权　　　　B. 作品完整权　　　　C. 邻接权　　　　D. 版权
  ■ **试题分析** 狭义的著作权是指各类作品的作者依法所享有的权利；广义的著作权除狭义著作权的含义外，还包括艺术表演者、录音录像制品的制作者和广播电视节目制作者依法所享有的权利，在法律上称"邻接权"。
  ■ **参考答案** C

【考核方式2】 识记题。考核保护期限。

● 根据知识产权法的有关规定，下列选项中正确的说法是___(1)___。
  (1) A. 专利权、商业秘密权和商标权均有法定保护期限
  　　B. 专利权、商标权有法定保护期限，商业秘密权无法定保护期限
  　　C. 专利权、商业秘密权和商标权均无法定保护期限
  　　D. 专利权、商业秘密权无法定保护期限，商标权有法定保护期限
  ■ **试题分析** 选项B，专利权保护期限为20年，商标权保护期限为10年，商业秘密权不确定，公开后公众可用。
  ■ **参考答案** B

● 根据著作权法规定，当著作权属于公民时，著作权人署名权的保护期为___(2)___。
  (2) A. 永久　　　　B. 100年　　　　C. 50年　　　　D. 20年
  ■ **试题分析** 本题考核《著作权法》中的保护期限。
  著作权属于公民时，署名权、修改权、保护作品完整权的保护期没有任何限制，永远受法律保护；发表权、使用权和获得报酬权的保护期为作者终生及其死亡后的50年（第50年的12月31

日）。作者死亡后，著作权依照继承法进行转移。

■ 参考答案 A

[辅导专家提示] 主要知识产权保护期限总结见表13-2-2。

表 13-2-2 主要知识产权保护期限总结

客体类型	权利类型	保护期限
公民作品	署名权、修改权、保护作品完整权	没有限制
	发表权、使用权和获得报酬权	作者终生及其死亡后的 50 年（第 50 年的 12 月 31 日）
单位作品	发表权、使用权和获得报酬权	50 年（首次发表后的第 50 年的 12 月 31 日），若其间未发表则不保护
公民软件产品	署名权、修改权	没有限制
	发表权、复制权、发行权、出租权、信息网络传播权、翻译权、使用许可权、获得报酬权、转让权	作者终生及其死亡后的 50 年（第 50 年的 12 月 31 日），合作开发以最后死亡作者为准
单位软件产品	发表权、复制权、发行权、出租权、信息网络传播权、翻译权、使用许可权、获得报酬权、转让权	50 年（首次发表后的第 50 年的 12 月 31 日），若其间未发表则不保护
注册商标		有效期为 10 年（若注册人死亡或倒闭 1 年后，未转移则可注销，期满前 6 个月内必须续注）
发明专利权		保护期为 20 年（从申请日开始）
实用新型专利权		保护期 10 年（从申请日开始）
外观设计专利权		保护期为 15 年（从申请日开始）
商业秘密		不确定，公开后公众可用

《计算机软件保护条例》知识点综述

《计算机软件保护条例》知识点主要考核知识产权的归属、保护期限以及侵权的判定。

参考题型

【考核方式1】 考核保护期限。

● 自然人的计算机软件著作权的保护期为___（1）___。

（1）A．25 年   B．50 年

　　　C．作者终生及死后 50 年   D．不受限制

■ 试题分析 自然人的计算机软件著作权的保护期自软件著作权产生之日起，截止于著作权人死亡后的第 50 年的 12 月 31 日（即著作权人终生及其死亡之后 50 年）。

■ 参考答案 C

【考核方式2】 应用题。考核知识产权归属的判断。

● 《计算机软件保护条例》规定：对于在委托开发软件活动中，委托者与受委托者没有签订书面协议，或者在协议中未对软件著作权归属作出明确的约定，其软件著作权归___（1）___所有。

(1) A．委托者 B．受委托者
C．国家 D．软件开发者

■ **试题分析** 《计算机软件保护条例》第十一条：接受他人委托开发的软件，其著作权的归属由委托人与受托人签订书面合同约定；无书面合同或者合同未作明确约定的，其著作权由受托人享有。

■ **参考答案** B

【考核方式3】应用题。考核侵权的判定。

● 某软件设计师自行将他人使用 C 语言开发的控制程序转换为机器语言形式的控制程序，并固化在芯片中，该软件设计师的行为___(1)___。

(1) A．不构成侵权，因为新的控制程序与原控制程序使用的程序设计语言不同
B．不构成侵权，因为对原控制程序进行了转换与固化，其使用和表现形式不同
C．不构成侵权，将一种程序语言编写的源程序转换为另一种程序语言形式，属于一种"翻译"行为
D．构成侵权，因为他不享有原软件作品的著作权

■ **试题分析** 《计算机软件保护条例》第二条规定：本条例所称的计算机软件（以下简称软件），是指计算机程序**及其有关文档**。

■ **参考答案** D

知识点：知识产权

知识点综述

广义的知识产权从权利类型来说，包括**著作权、专利权、商标权和其他知识产权**；从保护对象来说，则是作品、发明创造、商标等商业标识，未公开信息、植物新品种、集成电路等各类知识产品、信息产品。**狭义的知识产权是指由著作权（含邻接权）、专利权和商标权**三个部分组成的传统知识产权，**涉及的对象有作品、发明创造和商标**。

本知识点主要考核知识产权的特点：无体性、专有性、时间性、地域性。

大部分知识产权的获得需要法定的程序，比如商标权的获得需要经过登记注册。

参考题型

【考核方式】考核知识产权的特点。

● 知识产权作为法律所确认的知识产品所有人依法享有的民事权利,其管理的要项中不包括___(1)___。

(1) A．权利客体是一种无形财产 B．权利具有地域性
C．权利具有优先性 D．权利具有时间性

■ **试题分析** 选项 C 不属于知识产权的特点（无体性、专有性、时间性、地域性）。

■ **参考答案** C

- ___(2)___ 不属于知识产权。
    (2) A. 某明星发布在微博的个人艺术照　　B. 某工程师编写的自创游戏小程序
        C. 某百年老店沿用至今的招牌图案　　D. 某开源组织发布的一段开源代码
    ■ 试题分析　某明星发布在微博的个人艺术照属于隐私权，不属于知识产权范畴。
    ■ 参考答案　A

- 关于知识产权的描述，不正确的是___(3)___。
    (3) A. 知识产权都有对应的有效期　　B. 地理标记权也是一种知识产权
        C. 知识产权的对象很难被严格定义　　D. 各国知识产权在国际保持通用
    ■ 试题分析　知识产权的地域性指一项知识产权只在授予或确认其权利的特定国家或地区内有效。如果某项知识产权是在一个国家获得的，那么它只在该国内受到保护，在其他国家则可能不发生法律效力，除非权利人依照其他国家的法律申请专利权或进行登记注册。
    ■ 参考答案　D

课堂练习

- ___(1)___ 不需要登记或标注版权标记就能得到保护。
    (1) A. 专利权　　　　B. 商标权　　　　C. 著作权　　　　D. 财产权
- 政府采购的主要方式是___(2)___。
    (2) A. 公开招标　　　B. 邀请招标　　　C. 竞争性谈判　　　D. 单一来源采购
- 关于知识产权，以下说法不正确的是___(3)___。
    (3) A. 知识产权具有一定的有效期限，超过法定期限后，就成为社会共同财富
        B. 著作权、专利权、商标权都属于知识产权范畴
        C. 知识产权具有跨地域性，一旦在某国取得承认，那么在域外将具有同等效力
        D. 发明、文学和艺术作品等智力创造都可以被认为是知识产权
- 当___(4)___时，依照政府采购法，不能采用单一来源方式采购。
    (4) A. 只有唯一供应商提供货物
        B. 发生了不可预见的紧急情况不能从其他供应商处采购
        C. 必须保证原有采购项目一致性或者服务配套的要求，需要继续从原供应商处添购，且添购金总额不超过原合同采购金额的百分之十
        D. 公开招标方式的费用占政府采购项目总价值的比例过大
- 软件质量模型描述了软件产品的质量特性和质量子特性。其中___(5)___包括适宜性、准确性、互用性、依从性和安全性等子特性。
    (5) A. 功能性　　　　B. 可靠性　　　　C. 可用性　　　　D. 可维护性
- 根据我国政府采购法，采购人与中标供应商应当在中标通知书发出之日起___(6)___日内按照采购文件确定的事项签订政府采购合同。
    (6) A. 7　　　　　　B. 10　　　　　　C. 20　　　　　　D. 30

第 14 章 信息化基础

知识点图谱与考点分析

信息化基础知识点所占分值为 2~4 分，所涉及的知识面比较广，包括信息系统及规划、国家信息化体系、企业资源计划（Enterprise Resource Planning，ERP）、客户关系管理（Customer Relationship Management，CRM）、电子政务、电子商务、商业智能、企业信息化与两化融合、新技术等，如图 14-0-1 所示为信息化基础知识点图谱。

```
信息化基础
├── 基本概念 —— 信息与信息化的概念、信息的传输模型、新型基础设施
├── 信息系统及规划
│   ├── 信息系统概念、信息系统战略三角
│   ├── 信息系统的生命周期 —— 立项（系统规划）、开发（系统分析、系统设计、系统实施）、运维与消亡
│   └── 信息系统开发方法 —— 结构化方法、原型法、面向对象方法
├── 国家信息化体系
│   ├── 国家信息化体系六要素：信息资源、国家信息网络、信息技术和产业、信息技术应用、信息化人才、信息化政策法规和标准
│   └── 国家层面信息化相关的规划、标准
├── ERP与CRM、电子政务和电子商务
│   ├── ERP与CRM
│   ├── 电子政务的相关法规、电子政务的模式（G2G、G2B、G2C、G2E）
│   └── 电子商务的交易模式（B2B、B2C、C2C）
├── 商业智能 —— 数据仓库、OLAP、OLTP
├── 企业信息化与两化融合
└── 新技术
    ├── 云计算 —— IaaS 基础设施即服务、PaaS 平台即服务、SaaS 软件即服务
    ├── 大数据、智慧城市、物联网、互联网+、区块链、移动互联网
    ├── 数字化转型 —— DCMM
    └── 人工智能
```

图 14-0-1　信息化基础知识点图谱

知识点：基本概念

知识点综述

本知识点包括信息的定量描述、信息的传输模型、信息的质量属性、信息与信息化的基本概念、其他基本概念（本体论信息概念、认识论信息概念）。

参考题型

【**考核方式1**】 对信息基本概念的考核。

- 以下关于信息的表述，不正确的是＿＿（1）＿＿。
  - (1) A．信息是对客观世界中各种事物的运动状态和变化的反映
    - B．信息是事物的运动状态和状态变化方式的自我表述
    - C．信息是事物普遍的联系方式，具有不确定性、不可量化等特点
    - D．信息是主体对于事物的运动状态以及状态变化方式的具体描述
  - ■ **试题分析** 本题考核的是对"信息概念"的理解。选项D是"认识论"信息概念，选项B是"本体论"信息概念。在"信息的定量描述"中，香农用概率来定量描述信息，并给出了公式，"信息"可以理解为消除不确定性的一种度量，所以，选项C错误。
  - ■ **参考答案** C

- 关于信息的描述，不正确的是＿＿（2）＿＿。
  - (2) A．信息只有流动起来，才能体现其价值
    - B．信息是有价值的一种客观存在
    - C．信息的价值大小取决于信息中所包含的信息量
    - D．信息是客观事物状态和运动特征的一种普遍形式
  - ■ **试题分析** 信息的价值大小取决于信息中所包含的质量。
  - ■ **参考答案** C

- 关于信息的描述，不正确的是＿＿（3）＿＿。
  - (3) A．信息只有流动起来才能体现其价值，信息传输技术是信息技术的核心
    - B．香农认为信息可以理解为增加不确定性的度量
    - C．信息反映的是事物或事件确定的状态
    - D．信息是有价值的一种客观存在
  - ■ **试题分析** 香农认为信息就是能够用来消除不确定性的东西。
  - ■ **参考答案** B

- 关于信息与信息化相关概念的描述，不正确的是＿＿（4）＿＿。
  - (4) A．信息技术是研究如何获取信息、处理信息、传输信息和使用信息的技术
    - B．信息技术是信息系统的前提和基础，信息系统是信息技术的应用和体现
    - C．信息、信息化以及信息系统都是信息技术发展不可或缺的部分

D．信息技术是在信息科学的基本原理和方法下的关于一切信息的产生、信息的传输、信息的转化等应用技术的总称

■ **试题分析** 信息技术是在信息科学的基本原理和方法下，获取信息、处理信息、传输信息和使用信息的应用技术总称。信息技术是实现信息化的手段，是信息系统建设的基础。

■ **参考答案** D

- ＿＿(5)＿＿是信息的基础。
  (5) A．数据　　　　　B．知识　　　　　C．事实　　　　　D．概念

■ **试题分析** 数据是信息的基础。

■ **参考答案** A

【考核方式2】 考核信息的传输模型。

- 基于TCP/IP协议的网络属于信息传输模型中的＿＿(1)＿＿。
  (1) A．信源　　　　　B．信道　　　　　C．信宿　　　　　D．编解码

■ **试题分析** "信道"指传送信息的通道，如TCP/IP网络。

此题为送分题，凭经验即可判断。考核信息传输模型，要求考生了解信息传输模型的几个要素，如图14-1-1所示。

图14-1-1 信息传输模型

■ **参考答案** B

- 我们日常使用的即时聊天软件在信息传输模型中＿＿(2)＿＿。
  (2) A．既是信源也是信宿　　　　　B．既不是信源也不是信宿
  C．是信源不是信宿　　　　　　D．是信宿不是信源

■ **试题分析** 信源是信息的来源；信宿是信息的接收者。聊天软件既发送信息，又接收信息，所以既是信源也是信宿。

■ **参考答案** A

【考核方式3】 考核新型基础设施。

- "新型基础设施"主要包括信息技术设施、融合基础设施和创新基础设施三个方面，其中信息基础设施包括＿＿(1)＿＿。
  ①通信基础设施　　②智能交通基础设施　　③新技术基础设施
  ④科教基础设施　　⑤算力基础设施
  (1) A．①③⑤　　　　B．①④⑤　　　　C．②③④　　　　D．②③⑤

■ **试题分析** 新型基础设施主要包括以下三个方面的内容。

(1) 信息基础设施。指利用新一代信息技术衍生的基础设施，包括通信基础设施（包含物联

网、工业互联网、卫星互联网、5G 等）、新技术基础设施（包含云计算、人工智能、区块链等）、算力基础设施（包含数据中心、智能计算中心等）。

（2）融合基础设施。深度应用大数据、人工智能、网络等技术，将传统基础设施升级为融合型基础设施。如智慧城市基础设施、智能交通基础设施、智慧电网基础设施等。

（3）创新基础设施。支持科学研究、技术和产品研发的公益性基础设施。如科技和教育基础设施、产业创新平台等。

■ 参考答案 A

知识点：信息系统及规划

知识点综述

本知识点包括信息系统基本概念；信息系统开发方法（结构化方法、原型法、面向对象方法）。

（1）结构化方法：是应用最为广泛的一种开发方法。应用结构化系统开发方法，把整个系统的开发过程分为若干阶段，然后依次进行，前一阶段是后一阶段的工作依据，按顺序完成。每个阶段和主要步骤都有明确详尽的文档编制要求，并对其进行有效控制。

（2）原型法：认为在无法全面准确地提出用户需求的情况下，并不要求对系统做全面、详细的分析，而是基于对用户需求的初步理解，先快速开发一个原型系统，然后通过反复修改来实现用户的最终系统需求。原型法的特点在于对用户的需求是动态响应、逐步纳入的；系统分析、设计与实现都是随着对原型的不断修改而同时完成，相互之间并无明显界限，也没有明确分工。原型又可以分为抛弃型原型和进化型原型两种。

（3）面向对象方法：用对象表示客观事物，对象是一个严格模块化的实体，在系统开发中可被共享和重复引用，以达到复用的目的。其关键是能否建立一个全面、合理、统一的模型，既能反映需求对应的问题域，也能被计算机系统对应的求解域所接受。面向对象方法主要涉及**分析、设计和实现**三个阶段，整个开发过程实际上都是对面向对象三种模型的建立、补充和验证。因此，其分析、设计和实现三个阶段的界限并非十分明确。

参考题型

【考核方式1】 考核信息系统基本概念，考核对知识点的理解与识记。

● 信息系统是一种以处理信息为目的的专门系统类型，组成部件包括软件、硬件、数据库、网络、存储设备、规程等。其中＿＿（1）＿＿是经过结构化、规范化组织后的事实和信息的集合。

（1）A．软件　　　　　　　　　　B．规程
　　C．网络　　　　　　　　　　D．数据库

■ 试题分析 数据库是经过结构化、规范化组织后的事实和信息的集合，是信息系统中最有价值和最重要的部分之一。

■ 参考答案 D

- 信息系统的___(2)___是对信息系统的运行效果做出评价，并为信息系统持续运营和发展的可能性提供判断依据。
  (2) A. 效益评价　　　　B. 过程评价　　　　C. 目标评价　　　　D. 可持续性评价

  ■ **试题分析**　信息系统的效益评价是信息系统后评价的主要内容，它对信息系统的运行效果做出评价，并为信息系统的可持续性评价提供判断依据。

  ■ **参考答案**　A

- 信息系统的生命周期可以分为四个阶段，更正性维护属于系统的___(3)___阶段。
  (3) A. 运维　　　　　　B. 消亡　　　　　　C. 立项　　　　　　D. 开发

  ■ **试题分析**　信息系统的生命周期可以分为系统规划（可行性分析与项目开发计划）、系统分析（需求分析）、系统设计（概要设计、详细设计）、系统实施（编码、测试）、系统运行和维护等阶段。信息系统的生命周期还可以简化为立项（系统规划）、开发（系统分析、系统设计、系统实施）、运维及消亡四个阶段。

  顾名思义，更正性维护属于系统运维阶段。

  ■ **参考答案**　A

- 信息系统生命周期，___(4)___阶段要对企业信息系统需求进行调研和分析。
  (4) A. 运维　　　　　　B. 消亡　　　　　　C. 立项　　　　　　D. 开发

  ■ **试题分析**　立项阶段即概念阶段或需求阶段，这一阶段根据用户业务发展和经营管理的需要，提出建设信息系统的初步构想，然后对企业信息系统的需求进行深入调研和分析，形成《需求规格说明书》并确定立项。

  ■ **参考答案**　C

【考核方式2】 考核信息系统开发方法，高频考点。

- 某企业信息化系统建设初期，无法全面准确获取需求，此时可以基于对已有需求的初步理解，快速开发一个初步系统模型，然后通过反复修改实现用户的最终需求。这种开发方法称为___(1)___。
  (1) A. 结构化方法　　　　　　　　　　B. 原型法
  　　C. 瀑布模型法　　　　　　　　　　D. 面向对象方法

  ■ **试题分析**　常用的开发方法包括结构化方法、原型法、面向对象方法等。

  "原型法"在无法全面准确地提出用户需求的情况下，并不要求对系统做全面、详细的分析，而是基于对用户需求的初步理解，先快速开发一个原型系统，然后通过反复修改来实现用户的最终系统需求。

  ■ **参考答案**　B

- 信息系统战略三角不包括___(2)___。
  (2) A. 安全技术　　　　　　　　　　　B. 业务战略
  　　C. 组织机制战略　　　　　　　　　D. 信息系统战略

  ■ **试题分析**　信息系统的规划和组织针对信息系统的整体组织、战略和支持活动，其目标是通过实施一致性的管理方法，满足业务对系统的管理需求。战略是实现目标的一组行动，信息系统战略三角包含业务战略、信息系统战略和组织机制战略，如图14-2-1所示。

信息化基础 第 14 章

```
                    业务战略
                       △
                      ╱ ╲
                     ╱   ╲      组织寻求的业务目标以及期望
                    ╱     ╲     达成的路径
                   ╱       ╲
                  ╱         ╲
                 ╱           ╲
                ╱             ╲
     组织机制战略 ─────────────── 信息系统战略
  组织设计；为定义、协调、控制           组织用来提供信息服务的计划
  组织工作流程而做出的选择
```

图 14-2-1　信息系统战略三角

信息系统战略三角不包括安全技术。

■ 参考答案　A

知识点：国家信息化体系

知识点综述

我国国家信息化管理部门列出了国家信息化体系的六个要素，分别是：①信息资源——信息、材料和能源共同构成经济和社会发展的三大战略资源，开发和利用信息资源是我国信息化的关键和决定性的一环；②国家信息网络；③信息技术应用；④信息技术和产业；⑤信息化人才；⑥信息化政策法规和标准。

信息化政策法规和标准是国家信息化快速、有序、健康、持续发展的保障。

参考题型

【考核方式1】　考核基本概念，考核知识点的识记，考核形式填空。

● 在国家信息化体系六要素中，＿＿(1)＿＿是国家信息化的核心任务，是国家信息化建设取得实效的关键。

（1）A．信息技术和产业　　　　　　　　B．信息资源的开发和利用
　　　C．信息化人才　　　　　　　　　　D．信息化政策法规和标准

■ 试题分析　本题考查国家信息化体系六要素：信息资源、国家信息网络、信息技术应用、信息技术和产业、信息化人才、信息化政策法规和标准。这六个要素构成一个有机的整体。其中，信息资源是国家信息化的核心任务，是国家信息化建设取得实效的关键。

■ 参考答案　B

【考核方式2】　考核基本概念，考核知识点的识记，考核形式填图。

● 国家信息化体系包括六个要素，这六个要素的关系如图 14-3-1 所示，其中①的位置应该是＿＿(1)＿＿。

（1）A．信息技术和产业　　　　　　　　B．信息技术应用
　　　C．信息化人才　　　　　　　　　　D．信息化政策法规和标准

图 14-3-1 国家信息化体系

■ **试题分析** 本题的关键知识点在于国家信息化体系六要素关系图,熟记该图即可得出此类题目的答案。国家信息化体系六要素关系图如图 14-3-2 所示。

图 14-3-2 国家信息化体系六要素关系图

■ **参考答案** B

【考核方式3】 将六要素进行组合考核。

- ___(1)___ 是国家信息化体系的六要素。
  (1) A. 数据库、国家信息网络、信息技术应用、信息技术教育和培训、信息化人才、信息化政策法规和标准
  B. 信息资源、国家信息网络、信息技术应用、信息技术和产业、信息化人才、信息化政策法规和标准
  C. 地理信息系统、国家信息网络、工业与信息化、软件技术与服务、信息化人才、信息化政策法规和标准
  D. 信息资源、国家信息网络、工业与信息化、信息产业与服务业、信息化人才、信息化政策法规和标准

■ **试题分析** 国家信息化体系六要素包括信息资源、国家信息网络、信息技术应用、信息技术和产业、信息化人才、信息化政策法规和标准。

■ **参考答案** B

【考核方式4】考核国家信息化体系中的具体要素，要求对六要素有一定程度的理解。

- 关于信息资源的描述，不正确的是___(1)___。
    - (1) A．信息资源的利用具有同质性，相同信息在不同用户中体现相同的价值
        - B．信息资源具有广泛性，对其检索和利用不受时间、空间、语言、地域和行业的制约
        - C．信息资源具有流动性，通过信息网可以快速传输
        - D．信息资源具有融合性，整合不同的信息资源并分析和挖掘，可以得到比分散信息资源更高的价值

    - ■ 试题分析　考核国家信息化体系六要素中的信息资源。

    信息资源、材料资源和能源共同构成了国民经济和社会发展的三大战略资源。信息资源的开发利用是国家信息化的核心任务，是国家信息化建设取得实效的关键，也是我国信息化的薄弱环节。信息资源开发和利用的程度是衡量国家信息化水平的一个重要标志。

    信息资源与自然资源、物质资源相比，具有以下七个特点：①能够重复使用；②信息资源的利用具有很强的目标导向，不同的信息在不同的用户中体现不同的价值；③具有广泛性；④是社会公共财富，也是商品，可以被交易或者交换；⑤具有流动性，通过信息网可以快速传输；⑥具有多态性，信息资源可以以数字、文字、图像、声音、视频等多种形态存在；⑦具有融合性，整合不同的信息资源并分析、挖掘，可以得到新的知识，取得比分散信息资源更高的价值。

    - ■ 参考答案　A

【考核方式5】考核国家层面信息化相关的规划、标准等。

- 《"十四五"国家信息化规划》中提出，深入推进"放管服"改革，加快政府职能转变，打造___(1)___、法治化、国际化营商环境。
    - (1) A．市场化　　　　B．智能化　　　　C．协同化　　　　D．数据化

    - ■ 试题分析　《"十四五"国家信息化规划》中提出，深入推进"放管服"改革，加快政府职能转变，打造市场化、法治化、国际化营商环境。

    - ■ 参考答案　A

- 国民经济和社会发展的三大战略资源是___(2)___。
    - (2) A．信息资源、土地资源和海洋资源　　　B．信息资源、土地资源和能源
        - C．材料资源、土地资源和海洋资源　　　D．信息资源、材料资源和能源

    - ■ 试题分析　国民经济和社会发展的三大战略资源指：能源、物资、信息资源，是实现国民经济持续快速、健康发展的重要保障。

    - ■ 参考答案　D

- 《"十四五"国家信息化规划》中提出了坚持把发展经济着力点放在___(3)___上，推动互联网、大数据、人工智能等各产业深度融合，大力推进产业数字化和绿色化协同转型，发展现代供应链，提高全要素生产率，促进节能减排，有力提升经济质量效益和核心竞争力。
    - (3) A．数字经济　　　　B．平台经济　　　　C．实体经济　　　　D．虚拟经济

    - ■ 试题分析　《"十四五"国家信息化规划》中提出了坚持把发展经济着力点放在实体经济上，推动互联网、大数据、人工智能等各产业深度融合，大力推进产业数字化和绿色化协同转型，发展

现代供应链，提高全要素生产率，促进节能减排，有力提升经济质量效益和核心竞争力。

■ **参考答案** C

● 关于国家数据局的描述，不正确的是___（4）___。

(4) A. 建立国家数据局，可以控制数据流通，减少数据安全风险
B. 国家数据局整合了之前分散在不同部门的数据资源管理职能；在国家层面组建数据局，让地方的数据局有了更为顶层的指导部门
C. 国家数据局是国家发展和改革委员会管理的机构
D. 国家数据局负责协调推进数据基础制度建设，统筹数据资源整合共享和开发利用，统筹推进数字中国、数字经济、数字社会规划和建设等

■ **试题分析** 国家数据局是国家发展和改革委员会管理的机构，于2023年10月25日正式揭牌，由国家发展和改革委员会管理。国家数据局的主要职责是负责协调推进数据基础制度建设，统筹数据资源整合共享和开发利用，统筹推进数字中国、数字经济、数字社会规划和建设等。

■ **参考答案** A

● 2023年，中共中央、国务院印发了《数字中国建设整体布局规划》，提出数字中国建设按照"2522"的整体框架进行布局，其中明确提出夯实数字基础设施和___（5）___"两大基础"。

(5) A. 数字安全屏障　　　　　　　　B. 生态文明建设
C. 数据资源体系　　　　　　　　D. 数字技术创新体系

■ **试题分析** 2023年，中共中央、国务院印发了《数字中国建设整体布局规划》，提出数字中国建设按照"2522"的整体框架进行布局，即夯实数字基础设施和数据资源体系"两大基础"。

■ **参考答案** C

知识点：ERP 与 CRM

知识点综述

企业资源计划（Enterprise Resource Planning，ERP）是指建立在信息技术的基础上，以传统化的管理思想为企业决策层及员工提供决策运行手段的管理平台。ERP 系统集技术与先进的管理思想于一身，成为现代企业的运行模式。ERP 的核心思想就是实现对整个供应链的有效管理。

ERP 的发展过程经历了物料需求计划（Material Requirement Planning，MRP）、闭环 MRP、制造资源计划（Manufacturing Resources Planning，MRP Ⅱ）和企业资源计划（ERP）四个阶段，本知识点的难点在于四个阶段的特征区分。

客户关系管理（Customer Relationship Management，CRM）知识点考核客户数据分类以及 CRM 功能。CRM 数据分类包括描述性数据、交易性数据、促销性数据三类。

参考题型

【考核方式1】考核 ERP 的各发展阶段，要求考生识记并理解知识点。

● 企业资源规划是由 MRP 逐步演变并结合计算机技术快速发展而来的，大致经历了 MRP、闭环

第14章

MRP、MRP Ⅱ 和 ERP 四个阶段，以下关于企业资源规划的论述不正确的是___(1)___。

(1) A．MRP 指的是物料需求计划，根据生产计划、物料清单、库存信息制订出相关的物资需求
　　B．MRP Ⅱ 指的是制造资源计划，侧重于对本企业内部的人、财、物等资源的管理
　　C．闭环 MRP 充分考虑现有生产能力的约束，要求根据物料需求计划扩充生产能力
　　D．ERP 系统在 MRP Ⅱ 的基础上扩展了管理范围，把客户需求与企业内部的制造活动以及供应商的制造资源整合在一起，形成一个完整的供应链管理

■ 试题分析　闭环 MRP 在物料需求计划（MRP）的基础上，增加对投入与产出的控制。

■ 参考答案　C

【考核方式 2】　理解题。考核对 CRM 的理解。

● ___(1)___ 不属于客户关系管理（CRM）系统的基本功能。
　　(1) A．自动化销售　　　　　　　　B．自动化项目管理
　　　　C．自动化市场营销　　　　　　D．自动化客户服务

■ 试题分析　CRM 的基本功能包括<u>自动化销售、自动化客户服务和自动化市场营销</u>。

■ 参考答案　B

● CRM 系统是基于方法学、软件和因特网的，以有组织的方式帮助企业管理客户关系的信息系统。___(2)___ 准确地说明了 CRM 的定位。
　　(2) A．CRM 在注重提高客户满意度的同时，一定要把帮助企业提高获取利润的能力作为重要指标
　　　　B．CRM 有一个统一的以客户为中心的数据库，以方便对客户信息进行全方位的统一管理
　　　　C．CRM 能够提供销售、客户服务和营销三个业务的自动化工具，具有整合各种客户联系渠道的能力
　　　　D．CRM 系统应该具有良好的可扩展性和可复用性，并把客户数据分为描述性、促销性和交易性数据三大类

■ 试题分析　本题考查 CRM 的概念。

CRM 以客户为中心，以信息技术为手段。CRM 在注重提高客户满意度的同时，把帮助企业提高获取利润的能力作为重要指标。

■ 参考答案　A

知识点：电子政务

知识点综述

　　电子政务是指政府机构在其管理和服务职能中运用现代信息技术，实现政府组织结构和工作流程的重组优化，超越时间、空间和部门分隔的制约，建成一个精简、高效、廉洁、公平的政府运作模式。

　　本知识点在考核过程中侧重于电子政务的模式以及相关法规的考核，如《国家电子政务"十二五"规划》《国家信息化领导小组关于我国电子政务建设指导意见》等。

参考题型

【考核方式1】 电子政务的相关法规。

- 《"十四五"推进国家政务信息化规划》提出,到2025年,政务信息化建设总体迈入以数据赋能、___(1)___、优质服务为主要特征的"融想治理"新阶段。
  - (1) A. 数据共享、智慧决策　　　　　　B. 协同治理、应用共享
  　　　C. 协同治理、智慧决策　　　　　　D. 数据共享、应用共享

  ■ **试题分析**　《"十四五"推进国家政务信息化规划》提出,到2025年,政务信息化建设总体迈入以数据赋能、协同治理、智慧决策、优质服务为主要特征的"融想治理"新阶段。

  ■ **参考答案**　C

【考核方式2】 考核电子政务的模式。

电子政务主要包括四种模式:①政府间的电子政务(G2G);②政府对企业的电子政务(G2B);③政府对公众的电子政务(G2C);④政府对公务员的电子政务(G2E)。

- 电子政务根据其服务的对象不同,可以分为四种模式。其中,___(1)___是政府向企业提供的各种公共服务,包括政府向企事业单位发布的各种方针、政策、法规和行政规定等。
  - (1) A. G2C　　　　B. G2B　　　　C. G2G　　　　D. G2E

  ■ **试题分析**　政府对企业(G2B)是政府向企业提供的各种公共服务,包括政府向企事业单位发布的各种方针、政策、法规和行政规定等。

  ■ **参考答案**　B

【考核方式3】 考核电子政务的内容。

- 建设完善电子政务公共平台包括建设以___(1)___为基础的电子政务公共平台顶层设计、制定相关标准规范等内容。
  - (1) A. 云计算　　　B. 人工智能　　　C. 物联网　　　D. 区块链信管网

  ■ **试题分析**　建设完善电子政务公众平台包括:①建设以云计算为基础的电子政务公共平台顶层设计;②全面提升电子政务技术服务能力;③制定电子政务云计算标准规范;④鼓励向云计算模式迁移。

  ■ **参考答案**　A

- 关于建设完善电子政务公共平台的描述,不正确的是___(2)___。
  - (2) A. 建设以云计算为基础的电子政务公共平台顶层设计
  　　　B. 全面提升电子政务技术服务能力
  　　　C. 制定电子政务云计算标准规范
  　　　D. 政策导向,全面推行政务系统向云计算模式迁移

  ■ **试题分析**　建设完善电子政务公共平台的内容包括:①建设以云计算为基础的电子政务公共平台顶层设计;②全面提升电子政务技术服务能力;③制定电子政务云计算标准规范;④鼓励向云计算模式迁移。

  ■ **参考答案**　D

知识点：电子商务

知识点综述

电子商务知识点属于必考知识点，电子商务按照对象来划分，可分为企业与企业之间的电子商务（B2B）、企业与消费者之间的电子商务（B2C）、消费者与消费者之间的电子商务（C2C）、政府部门与企业之间的电子商务（G2B）以及O2O（线上线下），其中O2O属于考核重点。

参考题型

【考核方式1】 判断电子商务的交易模式。

● 加快发展电子商务，是企业降低成本、提高效率、拓展市场和创新经营模式的有效手段，电子商务与线下实体店有机结合向消费者提供商品和服务，称为___(1)___模式。

（1）A. B2B　　　　　B. B2C　　　　　C. O2O　　　　　D. C2C

■ 试题分析　本题考核对O2O模式的理解。电子商务与线下实体店有机结合向消费者提供商品和服务，称为O2O模式。

■ 参考答案　C

[辅导专家提示]　延伸知识点：电子商务的分类。

按照依托网络类型来划分，电子商务分为EDI（电子数据交换）商务、Internet（互联网）商务、Intranet（企业内部网）商务和Extranet（企业外部网）商务。

按照交易对象，电子商务模式包括：企业与企业之间的电子商务（B2B）、企业与消费者之间的电子商务（B2C）、消费者与消费者之间的电子商务（C2C）。

按照交易的内容，电子商务可以分为直接电子商务和间接电子商务。

【考核方式2】 综合性考核。考核对电子商务的理解。

● 电子商务是网络经济的重要组成部分。以下关于电子商务的叙述中，___(1)___是不正确的。

（1）A. 电子商务涉及信息技术、金融、法律和市场等众多领域
　　　B. 电子商务可以提供实体化产品、数字化产品和服务
　　　C. 电子商务活动参与方不仅包括买卖方、金融机构、认证机构，还包括政府机构和配送中心
　　　D. 电子商务使用基于因特网的现代信息技术工具和在线支付方式进行商务活动，因此不包括网上做广告和网上调查活动

■ 试题分析　现代电子商务使用基于因特网的现代信息技术工具和在线支付方式进行商务活动。商务活动的内容包括货物贸易、服务贸易和知识产权贸易等，活动的形态包括网上营销、网上客户服务以及网上做广告、网上调查等。电子商务活动参与方不仅包括买卖方、金融机构、认证机构，还包括政府机构和配送中心。

■ 参考答案　D

【考核方式3】 考核电子商务安全。

- 在电子商务的发展过程中，安全电子交易协议（Secure Electronic Transaction，SET）标准作为北美民间组织推行的电子支付安全协议，其针对的主要交易类型是基于__(1)__的网络交易。

   (1) A．专用电子货币　　B．不记名账号　　C．虚拟货币　　D．信用卡

   ■ 试题分析　安全电子交易协议（Secure Electronic Transaction，SET）由 VISA、MasterCard 等国际组织创建，结合 IBM、Microsoft、Netscape、GTE 等公司制定的电子商务中安全电子交易的一个国际标准。SET 是一种应用于因特网（Internet）环境下，以信用卡为基础的安全电子交付协议，它给出了一套电子交易的过程规范。通过 SET 协议可以实现电子商务交易中的加密、认证、密钥管理机制等，保证了在因特网上使用信用卡进行在线购物的安全。

   ■ 参考答案　D

【考核方式4】 电子商务基础设施。

- 电子商务不仅包括信息技术，还包括交易原则、法律法规和各种技术规范等内容，其中电子商务的信用管理、收费及隐私保护等问题属于__(1)__方面的内容。

   (1) A．信息技术　　B．交易规则　　C．法律法规　　D．技术规范

   ■ 试题分析　电子商务的基础设施包括四个，即网络基础设施、多媒体内容和网络出版的基础设施、报文和信息传播的基础设施、商业服务的基础设施。此外，技术标准、政策、法律等是电子商务系统的重要保障和应用环境。

   政策包括围绕电子商务的税收制度、信用管理及收费、隐私问题等由政府制定的规章或制度。相关法律包括消费者权益保护、隐私保护、电子商务交易真实性认定、知识产权保护等方面的立法或法规。

   ■ 参考答案　C

知识点：商业智能

知识点综述

商业智能通常被理解为将组织中现有的数据转化为知识，帮助组织做出业务经营决策。所涉及的内容包括：①商业智能基本概念；②商业智能系统主要功能；③商业智能三个层次；④商业智能实施步骤；⑤数据库与数据仓库；⑥其他知识点：OLAP、OLTP、数据仓库。

参考题型

【考核方式1】 侧重概念的理解。

- __①__代表的技术用于决策分析；__②__代表的技术用于从数据库中发现知识，对决策进行支持；__①__和__②__的结合为决策支持系统开辟了新方向，它们也是__③__代表的技术的主要组成。以下选项正确的是__(1)__。

   (1) A．①数据挖掘　②数据仓库　③商业智能
       B．①数据仓库　②数据挖掘　③商业智能

C. ①商业智能　②数据挖掘　③数据仓库
D. ①数据仓库　②商业智能　③数据挖掘

■ **试题分析**　数据仓库用于支持管理决策。传统的数据库系统主要是面向事务的处理,数据仓库则是面向分析的处理。数据挖掘用于从数据库中发现知识,对决策进行支持。数据仓库、数据挖掘、OLAP 是商业智能的三个主要组成部分。

■ **参考答案**　B

● ___(2)___ 不是数据仓库必须具备的特点。
(2) A. 面向主题　　B. 反映实时变化　　C. 集成性　　D. 相对稳定性

■ **试题分析**　数据仓库是一个面向主题的、集成的、相对稳定的、反映历史变化的数据集合,用于支持管理决策。

■ **参考答案**　B

【考核方式2】　识记题。考核商业智能的核心技术。
● 商业智能的核心技术是逐渐成熟的数据仓库和___(1)___。
(1) A. 联机呼叫技术　　　　　　B. 数据整理技术
　　C. 联机事务处理技术　　　　D. 数据挖掘技术

■ **试题分析**　商业智能的核心内容是从许多来自企业不同的业务处理系统的数据中提取出有用的数据,进行清理以保证数据的正确性,然后经过抽取(Extraction)、转换(Transformation)和装载(Load),即 ETL 过程,整合到一个企业级的数据仓库里,从而得到一个企业信息的全局视图,在此基础上利用合适的查询和分析工具、数据挖掘工具等对数据仓库里的数据进行分析和处理,形成信息,甚至进一步从信息中提炼出辅助决策的知识,最后把知识呈现给管理者,为管理者的决策过程提供支持。

■ **参考答案**　D

● ___(2)___ 是一种信息分析工具,能自动地找出数据仓库中的模式及关系。
(2) A. 数据集市　　B. 数据挖掘　　C. 预测分析　　D. 数据统计

■ **试题分析**　数据挖掘是一种信息分析工具,又称为数据库的知识发现,就是从大量数据中获取有效的、新颖的、潜在有用的、最终可理解的、模式的过程。简单地说,数据挖掘就是从大量数据中提取或挖掘知识。

数据集市是数据仓库的一种,每个数据集市包括来自中央数据仓库的历史数据的子集,用以满足特定部门、团队、客户或应用程序分析和报告需求。

■ **参考答案**　B

【考核方式3】　考核商业智能系统的层次与主要功能。
● 商业智能系统的主要功能包括数据仓库、数据 ETL、数据统计输出、分析,___(1)___ 不属于数据 ETL 的服务内容。
(1) A. 数据迁移　　B. 数据同步　　C. 数据挖掘　　D. 数据交换

■ **试题分析**　本题考核数据 ETL。
数据 ETL 支持多平台、多数据存储格式(多数据源、多格式数据文件、多维数据库等)的数据组织，要求能自动地根据描述或者规则进行数据查找和理解；减少海量、复杂数据与全局决策数据之间的差距；帮助形成支撑决策要求的参考内容。

■ **参考答案** C

● 商业智能系统应具有的主要功能不包括__(2)__。

(2) A. 数据仓库　　　　B. 数据 ETL　　　　C. 分析功能　　　　D. 联机事务处理 OLTP

■ **试题分析** 商业智能系统应具有的主要功能包括：①数据仓库；②数据 ETL；③数据统计输出（报表）——能快速地完成数据统计的设计和展示；④分析功能——支持多维度的 OLAP，实现维度变化、旋转、数据切片和数据钻取等，以帮助做出正确的判断和决策。

■ **参考答案** D

【考核方式 4】 考核 OLAP 技术。包括两种方式的考核：OLAP、OLTP 的区别；OLAP 的三种形式 ROLAP、MOLAP、HOLAP 及其特点。

● __(1)__ 是数据仓库系统的一个主要应用，支持复杂的分析操作，侧重决策支持，并且提供直观查询结果。

(1) A. ETL　　　　B. OLAP　　　　C. OLTP　　　　D. 数据集市

■ **试题分析** OLAP 是数据仓库系统的一个主要应用，支持复杂的分析操作，侧重决策支持，并且提供直观易懂的查询结果。

■ **参考答案** B

【考核方式 5】 考核数据库与数据仓库的区别，要求考生了解各自的特点。

● 关于数据库和数据仓库技术的描述，不正确的是__(1)__。

(1) A. 数据仓库是一个面向主题的、集成的、相对稳定的、反映历史变化的数据集合，用于支持管理决策

B. 企业数据仓库的建设是以现有企业业务系统和大量业务数据的积累为基础的，数据仓库一般不支持异构数据的集成

C. 大数据分析相比传统的数据仓库应用，其数据量更大，查询分析复杂，且在技术上须依托于分布式、云存储、虚拟化等技术

D. 数据仓库的结构通常包含数据源、数据集市、数据分析服务器和前端工具四个层次

■ **试题分析** 数据仓库是一个面向主题的、集成的、相对稳定的、反映历史变化的数据集合，用于支持管理决策。数据仓库<u>是对多个异构数据源</u>（包括历史数据）的有效集成，集成后按主题重组，且存放在数据仓库中的数据一般不再修改。

■ **参考答案** B

知识点：企业信息化与两化融合

知识点综述

本知识点涉及的内容包括企业信息化、两化融合（信息化与工业化融合）的基本概念。

参考题型

【考核方式】 考核对两化融合概念的理解。

- 关于两化融合的描述，不正确的是___(1)___。

  (1) A．虚拟经济与工业实体经济的融合　　B．信息资源与材料、能源等工业资源的融合
  　　C．工业化与自动化发展战略的融合　　D．IT设备与工业装备的融合

■ **试题分析** 本题考核对"两化融合"基本概念的理解。

本题在2017年考核的基础上进行了扩展。难点在于题目基于"两化融合"基本概念进行了内涵上的扩展。工业化与信息化"两化融合"的含义有三层：

一是指信息化与工业化发展战略的融合，即信息化发展战略与工业化发展战略要协调一致，信息化发展模式与工业化发展模式要高度匹配，信息化规划与工业化发展规划、计划要密切配合。

二是指信息资源与材料、能源等工业资源的融合，能极大地节约材料、能源等不可再生资源。

三是指虚拟经济与工业实体经济融合，孕育新一代经济的产生，极大地促进信息经济、知识经济的形成与发展。

■ **参考答案** C

知识点：新技术

新技术主要集中在云计算、大数据、智慧城市、物联网、数字化转型、互联网+、移动互联网等知识点，此类知识点的考核集中在当前相对比较热门的技术。

本知识点所涉及的主要内容如图14-9-1所示。

图14-9-1　新技术涉及的主要知识点

云计算知识点综述

云计算的概念：一种基于互联网的计算方式，通过这种方式，在网络上共享的软件资源、计算资源、存储资源和信息资源可以按需求提供给网上终端设备和终端用户。

云计算服务的类型：基础设施即服务（IaaS）；平台即服务（PaaS）；软件即服务（SaaS）。

基础设施即服务（IaaS）向用户提供计算机能力、存储空间等基础设施方面的服务；平台即服务（PaaS）向用户提供虚拟的操作系统、数据库管理系统、Web 应用等平台化的服务，PaaS 服务的重点不在于直接的经济效益，而更注重构建和形成紧密的产业生态；软件即服务（SaaS）向用户提供应用软件（如 CRM、办公软件等）、组件、工作流等虚拟化软件的服务，SaaS 一般采用 Web 技术和 SOA 架构，通过 Internet 向用户提供多租户、可定制的应用能力，极大地缩短了软件产业的渠道链条，减少了软件升级、定制和运行维护的复杂程度，并使软件提供商从软件产品的生产者转变为应用服务的运营者。

参考题型

- A 公司是一家云服务提供商，向用户提供多租户、可定制的办公软件和客户关系管理软件，A 公司所提供的此项云服务属于＿＿（1）＿＿服务类型。

    （1）A. IaaS　　　　B. PaaS　　　　C. SaaS　　　　D. DaaS

    ■ **试题分析**　本知识点属于近几年频繁考核的知识点。题干中"向用户提供多租户、可定制的办公软件和客户关系管理软件"，说明其类型是 SaaS。

    ■ **参考答案**　C

- ＿＿（2）＿＿向用户提供多租户、可定制的应用能力服务。

    （2）A. SaaS　　　　B. IaaS　　　　C. DaaS　　　　D. PaaS

    ■ **试题分析**　软件即服务（SaaS）向用户提供应用软件（如 CRM、办公软件等）、组件、工作流等虚拟化软件的服务，SaaS 一般采用 Web 技术和 SOA 架构，通过 Internet 向用户提供多租户、可定制的应用能力，极大地缩短了软件产业的渠道链条，减少了软件升级、定制和运行维护的复杂程度，并使软件提供商从软件产品的生产者转变为应用服务的运营者。

    ■ **参考答案**　A

- ＿＿（3）＿＿不是软件即服务（SaaS）的特点。

    （3）A. 基于 Web 的租用方式　　　　B. 由提供商管理软件更新和安全
    　　　C. 需要自行安装和维护软件　　D. 无须购买软件

    ■ **试题分析**　SaaS 不需要用户自行安装和维护软件。

    ■ **参考答案**　C

- 关于云计算的描述，不正确的是＿＿（4）＿＿。

    （4）A. 从应用范围来看，云计算分为公有云和私有云两种
    　　　B. 从对外提供的服务能力来看，云计算的架构可以分为三个层次：基础设施即服务（IaaS）、平台即服务（PaaS）和软件即服务（SaaS）
    　　　C. 云使用了数据多副本容错、计算节点同构可互换等措施来保障服务的高可靠性
    　　　D. 云计算通过互联网来提供大型计算能力和动态易扩展的虚拟化资源

    ■ **试题分析**　从应用范围来看，云计算可分为公有云、私有云和混合云。

    ■ **参考答案**　A

- _____(5)_____ 属于 IaaS 服务。
  （5）A．提供计算能力、存储空间等基础设施方面的服务
  　　 B．由用户使用操作系统将软件开发平台通过网络交付给用户
  　　 C．用户自行购买服务器、网络、存储构建的数据中心
  　　 D．将应用程序通过网络交付给用户，用户通过浏览器访问应用

  ■ **试题分析**　基础设施即服务（IaaS）向用户提供计算机能力、存储空间等基础设施方面的服务。

  ■ **参考答案**　A

大数据知识点综述

本部分需要掌握：大数据概念；大数据特点（5V 特点）；大数据技术框架；大数据关键技术；大数据存储管理技术；大数据并行分析技术；大数据分析技术。

参考题型

- 大数据所涉及的关键技术很多，主要包括采集、存储、管理、分析与挖掘相关的技术。其中 HBase 属于_____(1)_____技术。
  （1）A．数据采集　　　　　　　　　B．数据存储
  　　 C．数据管理　　　　　　　　　D．数据分析与挖掘

  ■ **试题分析**　HBase 属于大数据存储技术。大数据所涉及的技术很多，主要包括数据采集、数据存储、数据管理、数据分析与挖掘四个环节。在数据采集阶段主要使用的技术是数据抽取工具 ETL；在数据存储环节主要有结构化数据、非结构化数据和半结构化数据的存储与访问，结构化数据一般存放在关系数据库中，通过数据查询语言（SQL）来访问，非结构化（如图片、视频、doc 文件等）和半结构化数据一般通过分布式文件系统的 NoSQL 进行存储，比较典型的 NoSQL 有 Google 的 Bigtable、Amazon 的 Dynamo 和 Apache 的 HBase。

  ■ **参考答案**　B

- _____(2)_____ 是大数据的实际应用。
  （2）A．智能电表实现电量上报
  　　 B．手机在地震时收到的预警信息
  　　 C．某知名专家 1 对 1 在线诊疗
  　　 D．导航软件中智能躲避拥堵

  ■ **试题分析**　智能导航是指通过大数据技术和相关算法，根据道路交通状况、实时车辆信息以及用户需求等数据，为用户提供最佳的导航路线。

  ■ **参考答案**　D

智慧城市知识点综述

智慧城市建设参考模型包括：有依赖关系的五层结构；对建设有约束关系的三个支撑体系，如图 14-9-2 所示。

图 14-9-2 智慧城市参考模型

参考题型

● 智慧城市建设参考模型主要包括物联感知层、网络通信层、计算与存储层、数据及服务支撑层、智慧应用层。___(1)___ 不属于物联感知层。

（1）A. RFID标签　　　B. SOA　　　C. 摄像头　　　D. 传感器片

■ **试题分析** 智慧城市建设参考模型包括有依赖关系的五层结构和对建设有约束关系的三个支撑体系。

五层结构：①物联感知层：提供对城市环境的智能感知能力。通过各种信息采集设备、各类传感器、监控摄像机、GPS终端等实现对城市范围内的基础设施、大气环境、交通、公共安全等方面的信息采集、识别和检测。②网络通信层：实现广泛互联。以互联网、电信网、广播电视网以及传输介质为光纤的城市专用网作为骨干传输网络，以覆盖全城的无线网络（如Wi-Fi）、移动4G为主要接入网，组成网络通信基础设施。③计算与存储层：包括软件资源、计算资源和存储资源，为智慧城市提供数据存储和计算。④数据及服务支撑层：利用SOA（面向服务的体系架构）、云计算、大数据等技术，通过数据和服务的融合，支撑承载智慧应用层中的相关应用，提供应用所需的各种服务和共享资源。⑤智慧应用层：各种基于行业或领域的智慧应用及应用整合，如智慧交通、智慧家政、智慧政务、智慧旅游、智慧环保等，为社会公众、企业、城市管理者等提供整体的信息化应用和服务。

三个支撑体系：①安全保障体系：为智慧城市建设构建统一的安全平台，实现统一入口、统一认证、统一授权、日志记录服务。②建设和运营管理体系：为智慧城市建设提供整体的运维管理机制，确保智慧城市的整体建设管理和可持续运行。③标准规范体系：用于指导和支撑各地城市信息化用户、各行业智慧应用信息系统的总体规划和工程建设，同时规范和引导我国智慧城市相关产业的发展，为智慧城市建设、管理和运维提供便于互联、共享、互操作和扩展的统一规范。

选项 B 属于数据及服务支撑层。

■ **参考答案** B

物联网知识点综述

物联网（Internet of Things，IoT）是指通过信息传感设备，按约定的协议，将任何物品与互联网相连接，进行信息交换和通信，以实现智能化识别、定位、跟踪、监控和管理的一种网络。物联网主要解决物与物（Thing to Thing，T2T）、人与物（Human to Thing，H2T）、人与人（Human to Human，H2H）之间的互联。

物联网中考核的知识点包括物联网架构、物联网技术等。在物联网应用中有两项关键技术，分别是传感器技术和嵌入式技术。

参考题型

- 物联网应用中的两项关键技术是___(1)___。

  （1）A．传感器技术与遥感技术

  B．传感器技术与嵌入式技术

  C．虚拟计算技术与智能化技术

  D．虚拟计算技术与嵌入式技术

  ■ **试题分析** 在物联网应用中有两项关键技术，分别是传感器技术和嵌入式技术。

  ■ **参考答案** B

  [辅导专家提示] 延伸知识点：

  物联网架构可分为三层，分别是**感知层、网络层和应用层**。感知层由各种传感器构成，包括温湿度传感器、二维码标签、RFID 标签和读写器、摄像头、GPS 等感知终端。感知层是物联网识别物体、采集信息的来源；网络层由各种网络，包括互联网、广电网、网络管理系统和云计算平台等组成，是整个物联网的中枢，负责传递和处理感知层获取的信息；应用层是物联网和用户的接口，它与行业需求结合，实现物联网的智能应用。

- 车联网系统是一个"端、管、云"三层体系。其中___(2)___解决互联互通问题，___(2)___是多源海量信息的汇聚。

  （2）A．云系统 端系统　　　　　　　　B．端系统 云系统

  C．端系统 管系统　　　　　　　　D．管系统 云系统

  ■ **试题分析** 车联网是一个"端、管、云"三层结构体系。

  ➢ 端：车内网络平台，该层面以制造业产业角色为主，负责采集车辆信息、感知车辆状态。

  ➢ 管：车际网络平台，该层面制造业和服务业产业角色比较均衡，解决车与路、车与人、车与车、车与网等的互联互通。

  ➢ 云：车载移动互联网，该层面以服务业产业为主，是一个基于云的车辆运行信息平台。

  ■ **参考答案** D

- 关于"物联网"的描述，不正确的是___(3)___。

  (3) A. 物联网不是一种物理上独立存在的完整网络，而是具有整合感知识别、传输互联和计算处理等能力的智能型应用

  B. 网络层主要完成信息采集并将采集到的数据上传

  C. 物联网的产业链包括传感器和芯片、设备、网络运营及服务、软件与应用开发和系统集成

  D. 物联网可以分为感知层、网络层和应用层

  ■ 试题分析　感知层是物联网识别物体、采集信息的来源。

  ■ 参考答案　B

数字化转型相关知识点综述

本知识点契合当前"数字化转型"的大主题，涉及的内容包括数字经济、数字化转型、元宇宙、数据管理成熟度等内容。这些知识点相对"较热""较新"，是综合知识中考核的热点。

数据管理成熟度能力评估模型（Data management Capability Maturity Model，DCMM），该标准中定义了数据战略、数据治理、数据架构、数据应用、数据安全、数据质量、数据标准和数据生存周期八个核心能力域。

参考题型

- 数据价值化是以___(1)___为起点，经历数据资产化、数据资本化的阶段，实现数据价值的经济过程。

  (1) A. 数据智能化　　　　　　　　B. 数据资源化
  　　C. 数据安全性　　　　　　　　D. 数据产业化

  ■ 试题分析　数据价值化是以数据资源化为起点，经历数据资产化、数据资本化阶段，实现数据价值化的经济过程。
  - 数据资源化使无序、混乱的原始数据成为有序、有使用价值的数据资源。
  - 数据资产化使得数据通过流通交易给使用者或者所有者带来经济利益。
  - 数据资本化是拓展数据价值的途径，本质是实现数据要素社会化配置，数据资本化有数据信贷融资与数据证券化两种形式。

  ■ 参考答案　B

- 数据管理能力成熟度模型（DCMM）将组织的管理成熟度划分为五个等级，每个级别中数据的重要程度会有所不同，从___(2)___开始强调数据管理的规范化，数据被当作实现组织绩效目标的重要资产。

  (2) A. 量化管理级　　　　　　　　B. 稳健级
  　　C. 优化级　　　　　　　　　　D. 受管理级

  ■ 试题分析　DCMM将组织的管理成熟度划分为五个等级，具体如下。
  - 初始级：项目级体现，缺乏统一管理流程，被动式管理。
  - 受管理级：意识到数据是资产，制订管理流程，指定人员进行初步管理。

> 稳健级：数据反映组织绩效目标，制订标准化管理流程，数据管理规范化。
> 量化管理级：数据是获取竞争优势的来源，数据管理的效率可以量化分析和监控。
> 优化级：数据是生存和发展的基础，持续性改进，可进行最佳实践分享。

■ **参考答案** B

其他知识点综述

其他知识点包括区块链、互联网+、相关法规等。区块链是一种按照时间顺序将数据区块以顺序相连的方式组合成的一种链式数据结构，并以密码学方式保证的不可篡改和不可伪造的分布式账本，主要解决交易的信任和安全问题，最初是作为比特币的底层技术而出现的。

考试所涉及的政策法规包括《关于积极推进"互联网+"行动的指导意见》《新一代人工智能发展规划》、中国制造 2025 等。

参考题型

● 以下关于"互联网+"的理解，正确的是＿＿（1）＿＿。
　（1）A．"互联网+"行动可以助推传统产业的转型升级
　　　B．"互联网+"是指互联网与物联网的融合
　　　C．"互联网+"是电子商务在移动互联网上的创新发展
　　　D．IPv6 的应用推广，催生互联网转型升级到"互联网+"

■ **试题分析** "互联网+"就是"互联网+各个传统行业"，但这并不是简单的两者相加，而是利用信息通信技术以及互联网平台，让互联网与传统行业进行深度融合，创造新的发展生态，从而助推传统产业的转型升级。

■ **参考答案** A

● 根据人工智能当前的发展现状，＿＿（2）＿＿不是人工智能的基本特征。
　（2）A．情感和意识　　　　　　　　B．推理、判断和决策
　　　C．数据分析和计算　　　　　　D．自适应学习

■ **试题分析** 人工智能的特征包含自主性、自适应性、智能交互、大数据处理能力、学习能力、实时响应、高度集成、模式识别、错误容忍性、并行处理能力等。人工智能是否能够拥有意识，还在探讨和探索中。

■ **参考答案** A

● 移动互联网的关键技术包括＿＿（3）＿＿。
　①架构技术 SOA　　　　②页面展示技术 Web 2.0　　　③虚拟现实
　④Android 开发平台　　⑤传感技术　　　　　　　　　⑥HTML5
　（3）A．①③⑤　　　　　　　　　　B．①②③④
　　　C．①②④⑥　　　　　　　　　D．②④⑤⑥

■ **试题分析** 移动互联网的关键技术包括架构技术 SOA、页面展示技术 Web 2.0、HTML5 以及主流开发平台（Android、iOS）等。

■ **参考答案** C

课堂练习

- 国家信息化建设的信息化政策法规体系包括信息技术发展政策、___(1)___、电子政务发展政策、信息化法规建设四个方面。
  - (1) A. 信息产品制造业政策　　　　B. 通信产业政策
  　　　C. 信息产业发展政策　　　　　D. 移动通信业发展政策
- 以下叙述正确的是___(2)___。
  - (2) A. ERP 软件强调事后核算，而财务软件强调及时调整
  　　　B. 财务软件强调事后核算，而 ERP 软件强调事前计划和及时调整
  　　　C. ERP 软件强调事后核算，而进销存软件比较关心每种产品的成本构成
  　　　D. 进销存软件强调事后核算，而财务软件强调及时调整
- 数据仓库的系统结构通常包括四个层次，分别是数据源、___(3)___、前端工具。
  - (3) A. 数据集市、联机分析处理服务器　　B. 数据建模、数据挖掘
  　　　C. 数据净化、数据挖掘　　　　　　D. 数据的存储与管理、联机分析处理服务器
- 供应链管理是把正确数量的商品在正确的时间配送到正确的地点的一套管理方法，它控制和管理的各种"流"不包括___(4)___。
  - (4) A. 物流　　　　　　　　　　B. 资金流
  　　　C. 信息流　　　　　　　　　D. 控制流
- 我国 O2O 的常见应用不包括___(5)___。
  - (5) A. 电子政务政府集采　　　　B. 餐饮服务网上团购
  　　　C. 手机 App 约车服务　　　　D. 旅游服务网上团购
- 在信息系统的生命周期中，"对企业信息系统的需求进行深入调研和分析，形成《需求规格说明书》"是在___(6)___阶段进行的。
  - (6) A. 立项　　　　　　　　　　B. 可行性分析
  　　　C. 运维阶段　　　　　　　　D. 消亡
- 到 2020 年，新一代信息技术与节能环保、生物、高端装备制造产业等将成为国民经济的支柱产业，新一代信息技术中的___(7)___可以广泛应用于机器视觉、视网膜识别、自动规划、专家系统。
  - (7) A. 人工智能　　B. 自动控制　　C. 地理信息　　D. 移动计算
- 某电商平台根据用户消费记录分析用户消费偏好，预测未来消费倾向，这是___(8)___技术的典型应用。
  - (8) A. 物联网　　B. 区块链　　C. 云计算　　D. 大数据
- 信息技术发展的总趋势是从典型的技术驱动发展模式向应用驱动与技术驱动相结合的模式转变，___(9)___不属于信息技术发展趋势和新技术的应用。
  - (9) A. 集成化、平台化与智能化　　　　B. 遥感与传感技术
  　　　C. 数据仓库与软交换通信技术　　　D. 虚拟计算与信息安全

第 15 章 信息系统管理与服务

知识点图谱与考点分析

如图 15-0-1 所示为信息系统管理与服务知识点图谱。该考点包含 ITSS（信息技术服务标准）、信息系统审计（IT 审计）、IT 服务管理等知识点。该知识点是近年来考核的热点，且在案例分析中已经出现过多次，值得考生关注。

图 15-0-1　信息系统管理与服务知识点图谱

知识点：ITSS

知识点综述

信息技术服务标准（Information Technology Service Standards，ITSS），是在中华人民共和国工业和信息化部、中国国家标准化管理委员会的领导和支持下，由 ITSS 工作组研制的一套 IT 服务领域的标准库和一套提供 IT 服务的方法论。

本知识点核心考点有 ITSS 生命周期、ITSS 的核心要素。

参考题型

【考核方式 1】 考核 ITSS 生命周期的阶段。

- IT 服务生命周期包括___(1)___。
  - (1) A. 策划、交付、验收、回顾   B. 策划、实施、检查、改进
  - C. 规划设计、部署实施、服务运营   D. 战略规划、设计实现、运营提升、退役终止

  ■ **试题分析** IT 服务生命周期由四个阶段组成，分别是战略规划、设计实现、运营提升、退役终止。

  1) 战略规划：从组织战略出发，以需求为中心，参照 ITSS 对 IT 服务进行战略规划，为 IT 服务的设计实现做好准备，以确保提供满足供需双方需求的 IT 服务。

  2) 设计实现：依据战略规划，定义 IT 服务的体系结构、组成要素、要素特征以及要素之间的关联关系，建立管理体系、部署专用工具以及服务解决方案。

  3) 运营提升：根据服务实现情况，采用过程方法实现业务运营与 IT 服务运营相融合，评审 IT 服务满足业务运营的情况以及自身缺陷，提出优化提升策略和方案。

  4) 退役终止：对趋近于退役期的 IT 服务进行残余价值分析，规划新的 IT 服务部分或全部替换原有的 IT 服务，对没有可利用价值的 IT 服务停止使用。

  ■ **参考答案** D

- ___(2)___ 是一套成体系和综合配套的标准库，全面规范了 IT 服务产品及其组成要素，用于指导实施标准化和可信赖的 IT 服务。
  - (2) A. 信息技术-软件文档管理指南   B. 企业信息化技术规范
  - C. 信息技术服务标准   D. 信息安全治理系统标准

  ■ **试题分析** 信息技术服务标准是一套成体系和综合配套的信息技术服务标准库，全面规范了 IT 服务产品及其组成要素，用于指导实施标准化和可信赖的 IT 服务。

  ■ **参考答案** C

【考核方式 2】 考核 ITSS 核心要素。

- 信息技术服务标准（ITSS）所定义的 IT 服务四个核心要素是人员、流程、资源和___(1)___。
  - (1) A. 技术   B. 工具   C. 合作伙伴   D. 持续改进

  ■ **试题分析** 本题考核 ITSS 组成要素。IT 服务由人员（People）、流程（Process）、技术（Technology）和资源（Resource）组成，简称 PPTR。

  ➢ 人员：指提供 IT 服务所需的人员及其知识、经验和技能要求。
  ➢ 流程：指提供 IT 服务时，合理利用必要的资源，将输入转化为输出的一组相互关联和结构化的活动。
  ➢ 技术：指交付满足质量要求的 IT 服务应使用的技术或应具备的技术能力。
  ➢ 资源：指提供 IT 服务所依存和产生的有形及无形资产。

  ■ **参考答案** A

- 不属于 IT 服务标准建设目标的是___(2)___。

(2) A. 支撑国家战略 　　　　　　　　B. 引导产业高质量发展
　　　C. 开拓国际服务市场 　　　　　D. 促进新技术应用创新

■ **试题分析**　ITSS 建设目标主要聚焦在支撑国家战略、引导产业高质量发展、促进新技术应用创新、指导 IT 服务业务升级、确保标准化工作有序开展等方面。

■ **参考答案**　C

知识点：IT 审计与 IT 治理

知识点综述

IT 审计的目的是通过 IT 审计活动，了解组织总体的 IT 系统与活动情况，审查组织 IT 目标的完成情况，评估识别 IT 风险并提出改进意见和建议，促成组织实现 IT 目标。信息系统审计是全部审计过程的一个部分，信息系统审计的目的是评估并提供反馈、保证及建议。

IT 治理就是要明确 IT 决策权归属和 IT 责任承担的机制，促使得到 IT 应用期望的行为，连接战略目标、业务目标和 IT 目标，从而使单位、企业从 IT 中获得最大的价值。

参考题型

【考核方式 1】考核信息系统审计的具体内容，包括审核的依据、原则等。

● ＿＿（1）＿＿不属于信息系统审计的主要内容。
(1) A. 信息化战略 　　　　　　　　B. 资产的保护
　　　C. 灾难恢复与业务持续计划　　D. 信息系统的管理、规划与组织

■ **试题分析**　信息系统审计的主要组成部分包括以下六个方面。①信息系统的管理、规划与组织：评价信息系统的管理、计划与组织方面的策略、政策、标准、程序和相关实务。②信息系统技术基础设施与操作实务：评价组织在技术与操作基础设施的管理和实施方面的有效性及效率，以确保其充分支持组织的商业目标。③资产的保护：对逻辑、环境与信息技术基础设施的安全性进行评价，确保其能支持组织保护信息资产的需要，防止信息资产在未经授权的情况下被使用、披露、修改、损坏或丢失。④灾难恢复与业务持续计划：这些计划是在灾难发生时，能够使组织持续进行业务，对这种计划的建立和维护流程需要进行评价。⑤应用系统开发、获得、实施与维护：对应用系统的开发、获得、实施与维护方面所采用的方法和流程进行评价，以确保其满足组织的业务目标。⑥业务流程评价与风险管理：评估业务系统与处理流程，确保根据组织的业务目标对相应风险实施管理。

■ **参考答案**　A

【考核方式 2】考核 IT 审计的目标、原则、范围、风险、方法与技术等。

● ＿＿（1）＿＿不属于 IT 审计的目标。
(1) A. 对 IT 目标的实现进行审查和评价　　B. 识别和评估 IT 风险
　　　C. 保护信息资产的安全　　　　　　　D. 提出评价意见及改进

■ **试题分析**　IT 审计的目标是通过 IT 审计活动，了解组织总体的 IT 系统与活动情况，审查

组织 IT 目标的完成情况，评估、识别 IT 风险并提出改进意见和建议，促成组织实现 IT 目标。

要注意的是 IT 审计目标和组织的 IT 审计目标是不同的。组织的 IT 审计目标主要包括：保护信息资产安全及数据完整、有效；提高信息系统的安全性、可靠性及有效性；组织的 IT 战略应与业务战略保持一致；保证信息系统及其运用符合有关法律、法规及标准等的要求。

■ **参考答案** C

【考核方式 3】 考核 IT 治理的基本概念等。

- GB/T 34960.1 中定义了 IT 治理框架，_____(1)_____ 不属于 IT 治理框架的三大治理域。
    (1) A．管理体系　　　　　　　　B．技术体系
        C．顶层设计　　　　　　　　D．资源

■ **试题分析** 《信息技术服务 治理 第 1 部分：通用要求》（GB/T 34960.1—2017）规定了 IT 治理的模型和框架、实施 IT 治理的原则，以及开展信息技术顶层设计、管理体系和资源的治理要求。该标准可用于：①建立组织的 IT 治理体系，并实施自我评价；②开展信息技术审计；③研发、选择和评价 IT 治理相关的软件或解决方案；④第三方对组织的 IT 治理能力进行评价。

■ **参考答案** B

知识点：IT 服务管理

知识点综述

IT 服务管理（ITSM）的核心思想是：不管 IT 组织是企业内部的还是外部的，都是 IT 服务提供者，其主要工作就是提供低成本、高质量的 IT 服务。不同于传统的 IT 管理，IT 服务是一种以服务为中心的 IT 管理。

本知识点在综合知识选择题中占的分值最多，可达 4 分（2016 年 5 月），此外，2011 年、2014 年、2015 年的案例题中均有考核。

参考题型

【考核方式 1】 考核 IT 服务管理的流程。

- 小张在流程梳理的前期调研时，发现某员工不能发送邮件。该问题的处置过程往往要经过：问题提出→服务台记录问题→工程师调查问题→解决问题→如果该现象经常出现则要调查原因→批准和更新设施或软件。
按照 IT 服务管理规范，请选择恰当选项按照顺序填入空白处，构成 IT 服务管理流程。
①服务台；②_____；③_____；④变更管理；⑤_____。
    (1) A．事件管理　　　　B．能力管理　　　　C．问题管理
        D．服务报告　　　　E．发布管理

■ **试题分析** 根据题目中所描述的, IT 服务管理流程应该是服务台→事件管理→问题管理→变更管理→发布管理。

■ **参考答案** A C E

信息系统管理与服务 第 15 章

【考核方式2】 考核对 IT 服务管理具体内容的理解。

● 某企业的邮件服务器经常宕机，按照 IT 服务管理要求，为彻底解决该问题，应启动___(1)___流程。

(1) A. 事件管理   B. 问题管理   C. 发布管理   D. 变更管理

■ **试题分析** 本题的关键点在于掌握问题管理和事件管理的区别。问题管理是找到问题产生的根本原因，而事件管理是尽可能地恢复系统。

■ **参考答案** B

● 软件产品为主营业务的企业开始服务化转型时，首先开展的工作是___(2)___。

(2) A. 服务产品化   B. 服务标准化
    C. 产品定制化   D. 产品服务化

■ **试题分析** IT 服务的产业化进程分为产品服务化、服务标准化和服务产品化三个阶段。产品服务化是前提，服务标准化是保障，服务产品化是趋势。

■ **参考答案** D

【考核方式3】 考核 IT 运维的具体内容。

● 《信息技术服务 运行维护 第 1 部分：通用要求》（GB/T 28827.1—2022）定义的 IT 运维能力模型包含治理要求、运行维护服务能力体系和价值实现，其中___(1)___为价值实现赋能。

(1) A. 用户需求   B. 治理要求   C. 战略要求   D. 运维服务能力体系

■ **试题分析** 《信息技术服务 运行维护 第 1 部分：通用要求》（GB/T 28827.1—2022）中规定运行维护服务能力体系为价值实现赋能。运行维护服务能力体系是组织依据运行维护服务方针和目标，策划并制定运行维护服务能力方案，确保组织交付的运行维护服务内容符合相关规定，并满足质量要求，对运行维护服务交付过程、结果以及运行维护服务能力体系进行监督、测量、分析和评审，以实现运行维护服务能力的持续提升。

■ **参考答案** D

课堂练习

● 下列关于监理资质的描述中，不正确的是___(1)___。

(1) A. 凡是国家投资的工程必须实行监理制度
    B. 监理单位的资质级别要根据公司的监理业绩、有资质的监理工程师人数等条件来确定
    C. 监理单位符合系统集成资质软硬件条件的，可以申报相应级别的系统集成资质
    D. 监理单位必须从工程一开始就要介入

● 信息技术服务标准（ITSS）定义了 IT 服务的核心要素由人员、过程、技术和资源组成。其中___(2)___要素关注"正确做事"。

(2) A. 人员   B. 过程   C. 技术   D. 资源

● 一般公认信息系统审计原则不包括___(3)___。

(3) A. ISACA 公告   B. ISACA 公告职业准则
    C. ISACA 职业道德规范   D. COBIT 框架

215

- 某银行与某信息系统运维公司签订了机房的运维服务合同，其中规定一年中服务器的宕机时间不能超过5小时。该条款属于___（4）___中的内容。

  （4）A. 付款条件 　　　　　　　　　　B. 服务级别协议

  　　　C. 合同备忘录 　　　　　　　　　D. 服务管理规范

- 事件管理是信息系统运维中的一项重要内容，其主要职能是___（5）___。

  （5）A. 类似于系统日志，用于发现系统问题

  　　　B. 发现并处理系统中存在的各种问题

  　　　C. 管理信息系统中的事件反映

  　　　D. 迅速恢复系统的正常功能

- 以下技术服务工作中，___（6）___不属于IT系统运行维护。

  （6）A. 某大型国企对于用户终端的软件及硬件管理和日常维护

  　　　B. 对提供互联网服务的机房内各类服务器、网络设备、网络安全、网络性能等进行监控和故障恢复

  　　　C. 对某省税务局的税务稽查系统的使用情况进行监测，对其数据库定期检查、优化、备份

  　　　D. 某工业企业由于业务流程变化，对其使用的生产管理系统进行升级改造

第16章 软件专业技术知识

知识点图谱与考点分析

软件专业技术知识所涉及的内容最广泛，由于涉及面比较广，因此，出题的灵活度以及随机性非常高，从概念的记忆和理解到具体技术应用的考核，均有大量的题目。

软件专业技术部分所占分值为 8 分左右，占比非常大，所涉及的知识点较多，主要涉及软件工程、系统集成技术等方面的知识点，如图 16-0-1 所示。

```
软件专业技术知识
├── 软件工程
│   ├── 软件需求
│   │   ├── 需求层次：业务需求、用户需求、系统需求
│   │   ├── 需求获取的方法：用户访谈、问卷调查、采样、情节串联板、联合需求计划等
│   │   └── 需求分析方法：SA（结构化分析）方法、OOA（面向对象分析）方法等
│   ├── 软件测试：单元测试、集成测试、确认测试、系统测试、配置项测试和回归测试
│   ├── 软件设计
│   │   ├── 设计模式：创建型模式、结构型模式和行为型模式
│   │   └── 软件架构
│   │       ├── 管道/过滤器；面向对象；事件驱动；分层；客户机/服务器
│   │       └── 组件技术、Web Service
│   ├── 软件生命周期模型
│   │   ├── 瀑布模型、螺旋模型、原型化模型、迭代模型
│   │   ├── RUP（初始阶段、细化阶段、构建阶段、交付阶段）
│   │   └── V模型、敏捷开发
│   ├── 面向对象与UML
│   │   ├── 基本概念：对象、类、继承与泛化、封装、多态、消息
│   │   ├── OOD：开放封闭原则、依赖倒转原则、里氏替换原则、单一职责原则、接口分离原则、迪米特法则（又称为最少知识原则）、共同重用原则
│   │   └── UML图：类图、对象图、构件图、组合结构图、用例图、顺序图、通信图、定时图、状态图、活动图、部署图、制品图、包图、交互概览图
│   └── 软件质量
└── 系统集成技术
    ├── 系统集成概念
    ├── 中间件
    └── 软件部署：蓝绿部署、金丝雀部署
```

图 16-0-1　软件专业技术知识图谱

知识点：软件需求

知识点综述

软件需求是指系统必须完成的事以及必须具备的品质。本知识点的考核内容如下。

（1）需求层次：业务需求、用户需求、系统需求。

（2）需求获取的方法：用户访谈、问卷调查、采样、情节串联板、联合需求计划等。

（3）需求分析方法：结构化分析（Structured Analysis，SA）方法、面向对象分析（Object-Oriented Analysis，OOA）方法等。

参考题型

● 软件需求是多层次的，包括业务需求、用户需求、系统需求，其中业务需求___（1）___。

（1）A. 反映了企业或客户对系统层次的目标需求

B. 描述了用户具体目标或者用户要求系统必须完成的任务

C. 从系统角度来说明软件的需求，包括功能需求、非功能需求和设计约束

D. 描述了用户任务系统应该具备的功能和性能

■ 试题分析　本题考核对于软件需求中的业务需求的理解，要求考生能够区分软件需求的分类。

业务需求：是指反映企业或客户对系统高层次的目标要求，通常来自项目投资人、购买产品的客户、客户单位的管理人员、市场营销部门或产品策划部门等。通过业务需求可以确定项目视图和范围，项目视图和范围文档把业务需求集中在一个简单、紧凑的文档中，该文档为以后的开发工作奠定了基础。

■ 参考答案　A

延伸知识点：

用户需求：描述的是用户的具体目标或用户要求系统必须能完成的任务。也就是说，用户需求描述了用户能使用系统来做些什么。通常采取用户访谈和问卷调查等方式，对用户使用的场景进行整理，从而建立用户需求。

系统需求：从系统的角度来说明软件的需求，包括功能需求、非功能需求和设计约束等。功能需求也称为行为需求，规定了开发人员必须在系统中实现的软件功能。功能需求通常通过对系统特性的描述表现出来；非功能需求是指系统必须具备的属性或品质，又可细分为软件质量属性（如可维护性、可靠性、效率等）和其他非功能需求。设计约束也称为限制条件或补充规约，通常是对系统的一些约束进行说明，如必须采用国有自主知识产权的数据库系统、必须运行在UNIX操作系统之下等。

● ___（2）___不是软件需求的常用层次。

（2）A. 业务需求　　　B. 数据需求　　　C. 用户需求　　　D. 系统需求

■ 试题分析　软件需求就是系统必须完成的事和必须具备的品质。需求是多层次的，包括业务需求、用户需求和系统需求（包括功能需求、非功能需求和约束）。

■ 参考答案　B

知识点：软件测试

知识点综述

软件测试可分为单元测试、集成测试、确认测试、系统测试、配置项测试和回归测试等类别。

参考题型

- 软件测试可分为单元测试、集成测试、确认测试、系统测试、配置项测试、回归测试等类别。其中___(1)___主要用于检测软件的功能、性能和其他特性是否与用户需求一致。

  (1) A. 单元测试　　　　B. 集成测试　　　　C. 确认测试　　　　D. 系统测试

  ■ **试题分析**　本题考核对于测试类型的理解，要求考生理解不同测试的定义及特点。

  > 单元测试。单元测试也称为模块测试。测试对象是可独立编译或汇编的程序模块、软件构件或类（也称为模块），目的是检查每个模块能否正确地实现设计说明书中的功能、性能、接口和其他设计约束等条件，发现模块内可能存在的各种差错。单元测试的**依据是软件详细设计说明书**，着重从模块接口、局部数据结构、重要的执行通路、出错处理通路和边界条件等方面对模块进行测试。

  > 集成测试。集成测试的目的是检查模块之间以及模块和已集成的软件之间的接口关系，并验证已集成的软件是否符合设计要求。集成测试的**依据是软件概要设计文档**。除应满足一般的测试准入条件外，集成测试前还应确认待测试的模块是否均已通过单元测试。

  > 确认测试。确认测试主要用于验证软件的功能、性能和其他特性是否与用户需求一致。根据用户的参与程度，通常包括以下类型：①**内部确认测试**。②**Alpha测试和Beta测试**（对于通用产品型的软件开发而言，Alpha测试是指由用户在开发环境下进行测试，通过Alpha测试以后的产品通常称为Alpha版；Beta测试是指由用户在实际使用环境下进行测试，通过Beta测试的产品通常称为Beta版。一般在通过Beta测试后，才能把产品发布或交付给用户）。③**验收测试**（在交付前以用户为主进行的测试，其对象为完整的、集成的计算机系统，其目的是在真实的用户工作环境下，检验软件系统是否满足开发技术合同或SRS，验收测试的结论是用户确定是否接收该软件的主要依据。除应满足一般测试的准入条件外，在进行验收测试之前，应确认被测软件系统是否已通过系统测试）。

  > 系统测试。系统测试的对象是完整的、集成的计算机系统，系统测试的目的是在真实系统工作环境下，验证完整的软件配置项能否和系统正确连接，并满足系统设计文档和软件开发合同规定的要求。系统测试的**依据是用户需求或开发合同**。除应满足一般测试的准入条件外，在进行系统测试前，还应确认被测系统的所有配置项是否已通过测试，对需要固化运行的软件还应提供固件。一般来说，系统测试的主要内容包括**功能测试、健壮性测试、性能测试、用户界面测试、安全性测试、安装与反安装测试**等。

  > 配置项测试。配置项测试的对象是软件配置项，配置项测试的目的是检验软件配置项与SRS的一致性。配置项测试的技术依据是SRS（含接口需求规格说明）。除应满足一般测

试的准入条件外，在进行配置项测试之前，还应确认被测软件配置项是否已通过单元测试和集成测试。

➢ 回归测试。回归测试的目的是测试软件变更之后变更部分的正确性和对变更需求的符合性，以及软件原有的、正确的功能、性能和其他规定的要求的不损害性。

■ 参考答案 C

● 在项目开发过程中，软件测试通常可以划分为___(2)___三个阶段。
(2) A．单元测试、系统测试和用户可接受测试
    B．集成测试、系统测试和用户可接受测试
    C．单元测试、集成测试和系统测试
    D．单元测试、集成测试和用户可接受测试

■ 试题分析 在项目开发过程中，软件测试通常可以简单划分为单元测试、集成测试和系统测试三个阶段。

■ 参考答案 C

知识点：软件设计

知识点综述

本知识点主要包括设计模式和软件架构。

设计模式是经验的总结，它使人们可以方便地复用成功的软件设计。当人们在特定的环境下遇到特定类型的问题时，采用他人已使用过的一些成功的解决方案，一方面可以降低分析、设计和实现的难度，另一方面可以使系统具有更好的可复用性和灵活性。

设计模式包含模式名称、问题、目的、解决方案、效果、实例代码等基本要素。根据处理范围不同，设计模式可分为类模式和对象模式。类模式处理类和子类之间的关系，这些关系通过继承建立，在编译时刻就被确定下来，属于静态关系；对象模式处理对象之间的关系，这些关系在运行时刻变化，更具动态性。

软件架构也称为软件体系结构，是一系列相关的抽象模式，用于指导软件系统各个方面的设计。软件架构是一个系统的草图。软件架构描述的对象是直接构成系统的抽象组件。各个组件之间的连接则明确和相对细致地描述组件之间的通信。在实现阶段，这些抽象组件被细化为实际的组件，如某个具体类或者对象。

参考题型

● 关于设计模式的描述，不正确的是___(1)___。
(1) A．设计模式包括模式名称、问题、目的、解决方案、效果、实例代码和相关设计模式等基本要素
    B．根据处理范围不同，设计模式分为类模式和对象模式
    C．根据目的和用途不同，设计模式分为创建型模式、结构型模式和行为型模式

D. 对象模式处理对象之间的关系，这些关系通过继承建立，在编译的时刻就被确定下来，属于静态关系

■ **试题分析**　概念性考核。要求考生理解"设计模式"的概念。

根据目的和用途不同，设计模式可分为创建型模式、结构型模式和行为型模式三种。创建型模式主要用于创建对象，包括工厂方法模式、抽象工厂模式、原型模式、单例模式和建造者模式等；结构型模式主要用于处理类或对象的组合，包括适配器模式、桥接模式、组合模式、装饰模式、外观模式、享元模式和代理模式等；行为型模式主要用于描述类或对象的交互以及职责的分配，包括职责链模式、命令模式、解释器模式、迭代器模式、中介者模式、备忘录模式、观察者模式、状态模式、策略模式、模板方法模式、访问者模式等。

选项 D 中所述应为"类模式"，而非"对象模式"。

■ **参考答案**　D

● 在典型的软件架构模式中，___(2)___ 模式是基于资源不对等，为实现共享而提出的。

(2) A. 管道/过滤器　　　　　　　　B. 事件驱动
　　C. 分层　　　　　　　　　　　　D. 客户/服务器

■ **试题分析**　客户/服务器模式（Client/Server，C/S）是基于资源不对等，为实现共享而提出的模式。C/S 模式将应用一分为二，服务器（后台）负责数据操作和事务处理，客户端（前台）完成与用户的交互任务。近几年多次考核本考点，建议考生了解其余架构模式。

■ **参考答案**　D

[辅导专家提示]　常见的几种软件架构模式有：管道/过滤器模式；面向对象模式；事件驱动模式；分层模式；知识库模式；客户机/服务器模式。

● 基于组件的软件开发是___(3)___ 模式的典型应用。

(3) A. 分层　　　　　　　　　　　　B. C/S
　　C. 管道/过滤器　　　　　　　　D. 面向对象

■ **试题分析**　典型的架构模式有管道/过滤器模式（如批处理系统）、面向对象模式（如基于组件的软件开发）、事件驱动模式（如图形界面应用）、分层模式（如分层通信协议）、客户/服务器模式。

■ **参考答案**　D

● 关于软件架构设计的描述，不正确的是___(4)___。

(4) A. 软件架构设计的核心是实现架构级的软件重用
　　B. 软件架构设计的重点是数据结构、算法和开发语言的选择
　　C. 软件架构模式描述了某一特定应用领域中系统的组织方式
　　D. 软件架构模式反映了应用领域中众多系统所共有的结构和特性

■ **试题分析**　在软件工程发展的初期，通常将软件设计的重点放在数据结构和算法的选择上。随着软件系统规模越来越大、越来越复杂，整个系统的结构设计和规范说明越来越重要，软件架构的重要性日益凸显。

■ **参考答案**　B

- 在软件架构设计中，___（5）___是软件架构设计的核心问题。
    （5）A．能否降低软件开发成本　　　　　　B．能否提高软件的可维护性及安全性
         C．能否验证软件具备可靠性　　　　　　D．能否达到架构级别的软件重用
    ■ 试题分析　架构设计的核心问题是能否达到架构级别的软件重用。
    ■ 参考答案　D

- 组件技术实现软件的___（6）___。
    （6）A．安全　　　　B．复用　　　　C．迭代　　　　D．封装
    ■ 试题分析　组件技术是一种软件重用方法，也是分布式计算和 Web 服务的基础。在网络应用中，软件组件通常被称为中间件。组件技术的最大特点是其组件可以被重复使用，而无须修改源代码，这可以最大限度地降低冗余开发工作。
    ■ 参考答案　B

- 关于组件的描述，不正确的是___（7）___。
    （7）A．使用组件需了解其内部操作细节　　　B．组件可跨平台，可使用在多个不同场景
         C．组件封装了特定功能　　　　　　　　D．组件与实现语言本身无关
    ■ 试题分析　组件技术就是利用编程将人们所关心的，但又不便于让最终用户去直接操作的细节进行封装，同时实现各种业务逻辑规则，用于处理用户的内部操作细节。
    ■ 参考答案　A

- ___（8）___是将系统整体分解为更小的子系统和组件，从而形成不同的逻辑层或服务。
    （8）A．系统架构　　　　　　　　　　　　B．系统功能
         C．系统函数　　　　　　　　　　　　D．系统模块
    ■ 试题分析　信息系统架构是一种体系结构，它反映了一个组织信息系统的各个组成部分之间的关系，以及信息系统与相关业务、信息系统与相关技术之间的关系。系统架构将系统整体分解为更小的子系统和组件，从而形成不同的逻辑层或服务。
    ■ 参考答案　A

- Web Service 的主要目标是___（9）___。
    （9）A．实现跨平台的互操作性　　　　　　B．提供高性能应用程序
         C．增加防火墙的安全性　　　　　　　D．增强每台工作站的计算能力
    ■ 试题分析　Web Service 是面向服务架构的一个最典型、最流行的应用模式。Service 的主要目标是实现跨平台的互操作性。
    ■ 参考答案　A

- ___（10）___不是软件架构的总体设计目标。
    （10）A．复杂问题简单化　　　　　　　　　B．模式的互斥性
          C．灵活的扩展性　　　　　　　　　　D．最大化复用
    ■ 试题分析　软件架构模式为粗粒度的软件复用提供了可能。各种架构模式并不是互斥的，应用系统中可以综合使用多种架构模式。
    ■ 参考答案　B

知识点：软件生命周期模型

知识点综述

典型的生命周期模型包括瀑布模型、V模型、原型化模型、螺旋模型、喷泉模型、迭代模型、RUP、敏捷开发等。

瀑布模型是一个经典的软件生命周期模型，一般将软件开发分为可行性分析（计划）、需求分析、软件设计（概要设计、详细设计）、编码（含单元测试）、测试、运行维护等阶段。

V模型非常明确地标明了测试过程中存在的不同阶段，并且清楚地描述了这些测试阶段和开发各阶段的对应关系。

原型化模型的第一步是建造一个快速原型，实现客户或未来的用户与系统的交互，通过和用户针对原型的讨论和交流，弄清需求以便真正把握用户需要的软件产品是什么样子，再在原型基础上开发出用户满意的产品。

螺旋模型是一个演化软件过程模型，将原型实现的迭代特征与瀑布（顺序）模型中的控制和系统化方面结合起来。在螺旋模型中，软件开发是一系列的增量发布。

喷泉模型体现认识事物的循环迭代性，强调开发活动之间的无间隙性，无明显的活动阶段划分，适用于面向对象的开发过程。

迭代模型中，每个阶段都执行一次传统的、完整的串行过程串，执行一次过程串就是一次迭代。

软件统一过程（Rational Unified Process，RUP）是一种"过程方法"，它是迭代模型的一种。RUP中的软件生命周期在时间上被分解为四个顺序的阶段，分别是初始阶段（Inception）、细化阶段（Elaboration）、构建阶段（Construction）和交付阶段（Transition）。这四个阶段的顺序执行就形成了一个周期。

敏捷方法，也称为适应型生命周期或者变更驱动方法。在软件项目的敏捷开发中，软件项目的构建被切分成多个子项目，各个子项目的成果都经过测试，具备集成和可运行的特征。简言之，就是把一个大项目分为多个相互联系，但也可独立运行的小项目，并分别完成，在此过程中软件一直处于可使用状态。敏捷方法的目的在于应对大量变更，并获取干系人的持续参与。敏捷方法里的迭代很快（通常2~4周迭代1次），而且所需时间和资源是固定的。虽然早期的迭代更多地聚焦于计划活动，但通常在每次迭代中都会执行多个过程。

[辅导专家提示] 生命周期模型属于高频考点，考核较多的为瀑布模型和V模型，此外，各种模型的图例要熟悉。

参考题型

- 在开发一个系统时，如果用户对系统的目标不是很清楚，难以定义需求，这时最好使用__(1)__。

  （1）A．原型法　　　　B．瀑布模型　　　　C．演化模型　　　　D．螺旋模型

  ■ 试题分析　本题考核生命周期模型，该考点的考核频率非常高。
  对于许多需求不够明确的项目，比较适合采用原型法，并且使用该方法的开发模型。它采用了

一种动态定义需求的方法，通过快速地建立一个能够反映用户主要需求的软件原型，让用户在计算机上使用并了解其概要，再根据反馈的结果进行修改，能够充分体现用户的参与和决策。

> 瀑布模型：严格遵循软件生命周期各阶段的固定顺序，完成一个阶段再进入另一个阶段。它的优点是可以使过程比较规范化，有利于评审；缺点是过于理想，缺乏灵活性，容易产生需求偏差。
> 演化模型：将初始的模型逐渐演化为最终软件产品，是一种"渐进式"原型法。
> 螺旋模型：结合了瀑布模型和演化模型的优点，最主要的特点在于加入了<u>风险分析</u>。它是由制订计划、风险分析、实施工程、客户评估这一循环组成的，从概念项目开始第一个螺旋。

■ 参考答案　A

● 公司计划开发一个新的信息系统，该系统需求不明确，事先不能定义需求，需要经过多期开发完成，该系统的生命周期模型宜采用＿＿＿（2）＿＿＿。

（2）A．瀑布模型　　　　　　　　　　B．V模型
　　C．测试驱动方法　　　　　　　　D．迭代模型

■ 试题分析　本题考核生命周期模型，根据题干中"该系统需求不明确，事先不能定义需求"第一判断是原型法，但选项中并没有原型法，第二个关键字为"需要经过多期开发完成"，符合迭代模型的特点。

■ 参考答案　D

● 常见的软件开发模型有瀑布模型、演化模型、螺旋模型、喷泉模型等。其中＿＿＿（3）＿＿＿模型适用于需求明确或很少变更的项目，＿＿＿（4）＿＿＿模型主要用来描述面向对象的软件开发过程。

（3）A．瀑布　　　　B．演化　　　　C．螺旋　　　　D．喷泉
（4）A．瀑布　　　　B．演化　　　　C．螺旋　　　　D．喷泉

■ 试题分析　"需求明确或很少变更"描述的是瀑布模型的特点。喷泉模型主要用于描述面向对象的开发过程，该模型中所有的开发活动没有明显的边界，允许各种开发活动交叉进行。

■ 参考答案　（3）A　（4）D

补充知识点：RUP模型

RUP中的软件生命周期在时间上被分解为四个顺序的阶段，分别是初始阶段、细化阶段、构建阶段和交付阶段。这四个阶段顺序执行就形成了一个周期。每个阶段结束于一个主要的里程碑，在每个阶段的结尾执行一次评估以确定这个阶段的目标是否已经满足。

知识点：面向对象与 UML

面向对象知识点综述

面向对象属于必考知识点，主要考核基本概念，涉及对象、类、抽象、继承、多态等。

参考题型

- 进行面向对象系统分析和设计时,将相关的概念组成一个单元模块,并通过一个名称来引用它,这种行为叫作___(1)___。

  (1) A. 继承　　　　　　B. 封装　　　　　　C. 抽象　　　　　　D. 复用

  ■ **试题分析**　本题考核基本概念"封装"。封装是将相关的概念组成一个单元模块,并通过一个名称来引用它的行为。面向对象封装是将数据和基于数据的操作封装成一个整体对象,对数据的访问或修改只能通过对象对外提供的接口进行。

  ■ **参考答案**　B

  [辅导专家提示]　面向对象知识点,其基本概念几乎每次都有相关题目,考核过程中涉及的主要基本概念如下。

  抽象:提取事物的本质特性,抛弃不相关的或次要特性。对象是现实世界中某个实体的抽象,类是一组对象的抽象。

  继承:表示类之间的层次关系(父类与子类),这种关系使得某类对象可以继承另外一类对象的特征,继承又可分为单继承和多继承。

  多态:使得在多个类中可以定义同一个操作或属性名称,并在每个类中可以有不同的实现。多态使得某个属性或操作在不同的时期可以表示不同类的对象特性。

  接口:描述对操作规范的说明,它规定了实现此接口的类的操作方法,把真正的实现细节交由实现该接口的类去完成。

  消息:体现对象间的交互,通过它向目标对象发送操作请求。

  组件:表示软件系统可替换的、物理的组成部分,封装了模块功能的实现。组件应当是内聚的,并具有相对稳定的公开接口。

  复用:指将已有的软件及其有效成分用于构造新的软件或系统,是软件复用实现的关键。

  模式:描述了一个不断重复发生的问题以及该问题的解决方案。模式包括特定环境、问题和解决方案三个组成部分。

- 在常用的OOD原则中,___(2)___原则是一个对象应当对其他对象有尽可能少的了解,该原则与结构优化方法的___(2)___原则是一致的。

  (2) A. 单职　高内聚　　　　　　B. 组合重用　低耦合
  　　C. 迪米特　低耦合　　　　　　D. 开闭　高内聚

  ■ **试题分析**　常用的OOD原则如下。
  - 开放封闭原则:软件实体(类、函数等)应当在不修改原有代码的基础上,新增功能。
  - 依赖倒转原则:高层模块不应该依赖于低层模块,二者都应该依赖于抽象;要针对接口编程,不要针对实现编程。抽象就是声明做什么(What),而不是告知怎么做(How)。
  - 里氏替换原则:子类可以替换父类,继承必须确保父类所拥有的性质在子类中仍然成立。
  - 单一职责原则:设计功能单一的类。一个类拥有过多功能,耦合度就会大大增加,导致更加脆弱。
  - 接口分离原则:一个类对另一个类的依赖应该建立在最少的接口原则之上。

➢ 迪米特法则（又称为最少知识原则）：一个对象应该对其他对象有最少的了解，该原则与结构化方法的低耦合原则是一致的。
➢ 共同重用原则：一个包中的所有类应该是共同重用的。

■ **参考答案**　C

UML 知识点综述

统一建模语言（Unified Modeling Language，UML）知识点考核涉及 UML 基本概念、UML 图（包括 UML 视图）、UML 关系。

参考题型

● UML2.0 中共包括 14 种图，其中＿＿（1）＿＿属于交互图。
（1）A．类图　　　　　　　　　　　　B．定时图
　　　C．状态图　　　　　　　　　　　　D．对象图

■ **试题分析**　定时图是一种交互图，它强调消息跨越不同对象或参与者的实际时间，而不仅仅只是关心消息的相对顺序。

■ **参考答案**　B

● UML 的＿＿（2）＿＿描述了一个特定对象的所有可能状态以及由于各种事件的发生而引起的状态之间的转移。
（2）A．控制图　　　　　　　　　　　　B．状态图
　　　C．协作图　　　　　　　　　　　　D．序列图

■ **试题分析**　本题考核 UML 图中的状态图。

状态图（State Diagram）：由状态、转移、事件和活动组成。它给出了对象的动态视图，对于接口、类或协作的行为建模很重要；它强调事件导致的对象行为，有助于对反应式系统的建模。

通信图（Communication Diagram）：通信图是一种交互图，它强调收发消息的对象或参与者的结构组织。顺序图和通信图表达了类似的概念，但顺序图强调的是时序，通信图强调的是对象之间的组织结构（关系）。

顺序图（Sequence Diagram）：也称序列图，顺序图是一种交互图（Interaction Diagram），由一组对象或参与者以及它们之间可能发送的消息构成。顺序图是强调消息的时间次序的交互图。

■ **参考答案**　B

● UML 的设计视图包含类、接口和协作。其中，设计视图的静态方面由＿＿（3）＿＿和＿＿（4）＿＿表现，动态方面由交互图和＿＿（5）＿＿表现。
（3）A．类图　　　　　　　　　　　　　B．状态图
　　　C．活动图　　　　　　　　　　　　D．用例图
（4）A．状态图　　　　　　　　　　　　B．顺序图
　　　C．对象图　　　　　　　　　　　　D．活动图
（5）A．状态图和类图　　　　　　　　　B．类图和活动图
　　　C．对象图和状态图　　　　　　　　D．状态图和活动图

■ **试题分析** UML 的图可以分为表示系统静态结构的静态模型（包括对象图、类图、构件图、部署图），以及表示系统动态结构的动态模型（包括顺序图、协作图、状态图、活动图），其中顺序图和协作图统称为交互图。

在第（3）空的选项中，类图是明显的静态图；第（4）空的选项中，对象图是明显的静态图；对于第（5）空，将静态图（类图和对象图）排除，可以得到选项 D。

■ **参考答案** （3）A （4）C （5）D

- 统一建模语言（UML）属于____（6）____。

（6）A．软件需求工具　　　　　　　　B．软件开发语言
　　C．软件编译工具　　　　　　　　D．软件测试工具

■ **试题分析** 统一建模语言（UML）是一种为面向对象系统的、可视化的标准建模语言，属于软件需求工具。

■ **参考答案** A

- UML 适用于____（7）____，是为支持____（7）____过程而设计的，强调在软件开发中对架构、框架、模式和组件的重用。

（7）A．分布式建模　面向对象　　　　B．分布式建模　结构化
　　C．可视化建模　面向对象　　　　D．可视化建模　结构化

■ **试题分析** UML 是一种易于表达、功能强大且普遍适用的建模语言。UML 融入了软件工程领域的新思想、新方法和新技术，它的作用域不仅支持面向对象分析法（OOA）和面向对象设计（Object-Oriented Design，OOD），还支持从需求分析开始的软件开发的全过程。

■ **参考答案** C

知识点：软件质量

知识点综述

本部分涉及软件质量特性的分类、软件质量管理过程以及质量与测试标准等知识点。此外，还涉及一些专业术语，如管理评审，技术评审等。

管理评审的目的是监控进展、决定计划和进度的状态、确认需求及其系统分配，或评价用于达到目标的管理方法的有效性。

技术评审的目的是评价软件产品，以确定其对使用意图的适合性，目标是识别规范说明和标准的差异，并为管理提供依据，以表明产品是否满足规范说明并遵从标准。

检查的目的是检测和识别软件产品异常。一次检查通常针对产品的一个相对较小的部分。

走查的目的是评价软件产品，也可以用于培训软件产品的开发者。其主要目标是：发现异常、改进软件产品、考虑其他实现、评价是否遵从标准和规范说明。走查类似于检查，但通常不那么正式。走查作为一种保障技术通常主要由同事评审其工作。

软件审计的目的是提供软件产品和过程对于规则、标准、指南、计划和流程的遵从性的独立评价。审计是正式组织的活动，识别违例情况，并产生一个报告，采取更正性行动。

知识点：系统集成技术

知识点综述

系统集成技术知识点属于软件专业技术知识体系中的重点部分，涉及的内容广。本知识点包括中间件、企业应用集成（Enterprise Application Integration，EAI）、数据与数据仓库等。

中间件是位于硬件、操作系统等平台和应用之间的通用服务，这些服务具有标准的程序接口和协议。不同的硬件及操作系统平台，可以有符合接口和协议规范的多种实现。中间件能够屏蔽操作系统和网络协议的差异，为应用程序提供多种通信机制以满足不同领域应用的需要。

企业应用集成（EAI）技术可以消除信息孤岛，它将多个企业信息系统连接起来，实现无缝集成。

参考题型

- 中间件有多种类型，其中 IBM 的 MQSeries 属于___(1)___中间件。
  (1) A．面向消息　　　　B．分布式对象　　　C．数据库访问　　　D．事务

  ■ 试题分析　面向消息中间件利用高效可靠的消息传递机制进行平台无关的数据交流，并可基于数据通信进行分布系统的集成。通过提供消息传递和消息排队模型，可在分布环境下扩展进程间的通信，并支持多种通信协议、语言、应用程序、硬件和软件平台。典型的产品如 IBM 的 MQSeries。

  中间件分为数据库访问中间件、远程过程调用中间件、面向消息中间件、事务中间件、分布式对象中间件等几类。

  ■ 参考答案　A

- 关于企业应用集成（EAI）技术，描述不正确的是___(2)___。
  (2) A．EAI 可以实现表示集成、数据集成、控制集成、应用集成等
  　　B．表示集成和数据集成是白盒集成，控制集成是黑盒集成
  　　C．EAI 技术适用于大多数实施电子商务的企业以及企业之间的应用集成
  　　D．在做数据集成之前必须首先对数据进行标识并编成目录

  ■ 试题分析　EAI 所连接的应用包括各种电子商务系统、ERP、CRM、SCM、OA。数据库系统和数据仓库等。从单个企业的角度来说，EAI 可以包括表示集成、数据集成、控制集成和业务流程集成等多个层次和方面。本题中，选项 B 错误，表示集成和控制集成是黑盒集成，数据集成是白盒集成。

  ■ 参考答案　B

- 从信息系统集成技术角度来看，___(3)___在最上层，主要解决___(3)___问题。
  (3) A．数据集成　互通　　　　　　B．网络集成　互连
  　　C．软件集成　互适应　　　　　D．应用集成　互操作性

  ■ 试题分析　集成关注个体和系统的所有硬件与软件之间各种人/机界面的一致性。从信息系统集成技术的角度看，应用集成在最上层，主要解决应用的互操作性问题。

  ■ 参考答案　D

- 关于蓝绿部署的描述，正确的是___(4)___。

    (4) A. 蓝绿部署是指在部署的时候准备新旧两个部署版本，通过域名解析切换的方式将用户使用环境切换到新版本中

      B. 蓝绿部署是先让少量的用户使用新版本，并且观察新版本是否存在问题

      C. 蓝绿部署当出现问题的时候，可以使用新版本，但业务逻辑和数据不受影响

      D. 蓝绿部署如果出现问题，就及时处理并重新发布

    ■ 试题分析　蓝绿部署指生产环境中有"蓝"和"绿"版本，即新旧两个版本。先通过修改域名解析配置等手段，将用户使用环境切换到新版本中，如果出现问题立刻切回。

    ■ 参考答案　A

- 以下关于系统集成的说法，不正确是___(5)___。

    (5) A. 系统集成是根据组织治理、管理、业务、服务等场景化需求，优选各种信息技术和产品等，并使之能彼此协调工作，达到整体优化的目的

      B. 系统集成一般可以分为软件集成、硬件集成、网络集成、数据集成和业务应用集成等

      C. 系统集成项目属于典型的多学科合作项目

      D. 系统集成是一项聚焦技术的融合活动，安全、产品、服务、人员等因素可不作为关键因素

    ■ 试题分析　通常情况下，系统集成就是将计算机软件、硬件、网络通信、信息安全、业务应用、数据管理等技术和产品集成为能够满足特定需求的信息系统。因此，系统集成不仅仅聚焦技术，还要考虑安全、产品、服务、人员等关键因素。

    ■ 参考答案　D

课堂练习

- RUP分为四个阶段，每个阶段结束时都有重要的里程碑，其中生命周期架构是在___(1)___结束时的里程碑。

    (1) A. 初启阶段　　　B. 精化阶段　　　C. 构建阶段　　　D. 移交阶段

- 以下关于原型化开发方法的叙述中，不正确的是___(2)___。

    (2) A. 原型化方法适用于需求不明确的软件开发

      B. 在开发过程中，可以废弃不用早期构造的软件原型

      C. 原型化方法可以直接开发出最终产品

      D. 原型化方法利于确认各项系统服务的可用性

- 内聚性和耦合性是度量软件模块独立性的重要准则，软件设计时应力求___(3)___。

    (3) A. 高内聚、高耦合　　　　　　　B. 高内聚、低耦合

      C. 低内聚、高耦合　　　　　　　D. 低内聚、低耦合

- 系统的可维护性可以用系统的可维护性评价指标来衡量。系统的可维护性评价指标不包括___(4)___。

    (4) A. 可理解性　　　　　　　　　B. 可修改性

      C. 准确性　　　　　　　　　　D. 可测试性

- 系统方案设计包括总体设计与各部分的详细设计，__(5)__属于总体设计。

  (5) A．数据库设计 　　　　　　　　　　B．代码设计
  　　C．网络系统的方案设计 　　　　　　D．处理过程设计

- 软件能力成熟度模型（CMM）将软件能力成熟度自低到高依次划分为初始级、可重复级、定义级、管理级和优化级。其中__(6)__对软件过程和产品都有定量的理解与控制。

  (6) A．可重复级和定义级 　　　　　　　B．定义级和管理级
  　　C．管理级和优化级 　　　　　　　　D．定义级、管理级和优化级

- Web服务（Web Service）定义了一种松散的、粗粒度的分布式计算模式。Web服务的提供者利用__①__描述Web服务，Web服务的使用者通过__②__来发现服务，两者之间的通信采用__③__协议。以上①②③处依次应是__(7)__。

  (7) A．①SOAP　②UDDI　③WSDL 　　B．①UML　②UDDI　③SMTP
  　　C．①WSDL　②UDDI　③SOAP 　　D．①UML　②UDDI　③WSDL

- 关于面向对象概念的描述，正确的是__(8)__。

  (8) A．对象包含两个基本要素，分别是对象状态和对象行为
  　　B．如果把对象比作房屋设计图纸，那么类就是实际的房子
  　　C．继承表示对象之间的层次关系
  　　D．多态在多个类中可以定义同一个操作或属性名，并在每个类中可以有不同的实现

- 微信创造了移动互联网用户的增速纪录，433天之内完成用户数从零到一亿的增长，千万数量级的用户同时在线使用各种功能，其技术架构具有尽量利用后端处理而减少依赖客户端升级的特点，该设计方法的好处不包括__(9)__。

  (9) A．极大地提高了系统响应速度 　　　　B．减少了升级给客户带来的麻烦
  　　C．实现了新旧版本兼容 　　　　　　　D．降低了后台系统开销

- __(10)__又称为设计视图，它表示设计模型中在架构方面具有重要意义的部分，即类、子系统、包和用例实现的子集。

  (10) A．逻辑视图　　B．进程视图　　C．实现视图　　D．用例视图

第17章 网络与信息安全

知识点图谱与考点分析

网络与信息安全知识点图谱如图 17-0-1 所示。

图 17-0-1　网络与信息安全知识点图谱

知识点：OSI 与 TCP/IP 模型

知识点综述

开放系统互连（Open System Interconnection，OSI）将整个通信功能划分为七个层次：物理层、数据链路层、网络层、传输层、会话层、表示层、应用层。

网络中各节点都有相同的层次；不同节点的同等层次具有相同的功能；同一节点内相邻层之间

通过接口通信；每一层使用下层提供的服务，并向其上层提供服务；不同节点的同等层次按照协议实现对等层间的通信。

本知识点属于高频率考核知识点，包括：OSI 模型，了解各层次的特点；TCP/IP 四层模型，了解层次特点，重点关注 TCP、UDP 协议；应用层的主要协议。

参考题型

【考核方式1】 考核 OSI 模型中具体各层次对应的协议。

● 在 OSI 七层协议中，UDP 是___(1)___的协议。

(1) A. 网络层　　　　　B. 传输层　　　　　C. 会话层　　　　　D. 应用层

■ 试题分析　OSI 采用了分层的结构化技术，从下到上共分七层，其中 TCP、UDP 属于传输层的协议。

■ 参考答案　B

[辅导专家提示]　OSI 各层次特点是考核重点，要求考生能够根据考题中的功能描述来判断所属层次。

物理层：该层包括物理连网媒介，如电缆连线连接器。该层的协议产生并检测电压以便发送和接收携带数据的信号。具体标准有 RS232、V.35、RJ-45、FDDI。

数据链路层：控制网络层与物理层之间的通信。该层的主要功能是将从网络层接收到的数据分割成特定的可被物理层传输的帧。常见的协议有 IEEE 802.3/.2、HDLC、PPP、ATM。

网络层：主要功能是将网络地址（如 IP 地址）翻译成对应的物理地址（如网卡地址），并决定如何将数据从发送方路由到接收方。

传输层：主要负责确保数据可靠、顺序、无错地从 A 点传输到 B 点。如提供建立、维护、拆除传送连接的功能；选择网络层提供最合适的服务；在系统之间提供可靠的透明的数据传送；提供端到端的错误恢复和流量控制。在 TCP/IP 协议中，具体协议有 TCP、UDP、SPX。

会话层：负责在网络中的两节点间建立和维持通信，以及提供交互会话的管理功能。如三种数据流方向的控制，即一路交互、两路交替和两路同时会话模式。常见的协议有 RPC、SQL、NFS。

表示层：如同应用程序和网络之间的翻译官，在表示层，数据将按照网络能理解的方案进行格式化；这种格式化也因所使用网络的类型不同而不同。表示层管理数据的解密加密、数据转换、格式化和文本压缩。

应用层：负责对软件提供接口以使程序能使用网络服务，如事务处理程序、文件传送协议和网络管理等。

● ___(2)___协议属于数据链路层。

(2) A. TCP　　　　　B. HTTP　　　　　C. HDLC　　　　　D. IP

■ 试题分析　数据链路层常见的协议有 IEEE 802.3/.2、HDLC、PPP、ATM。

■ 参考答案　C

【考核方式2】 考核 OSI 模型中具体各层次对应的功能。

● 在 OSI 七层协议中，___(1)___充当了翻译官的角色，确保一个数据对象能在网络中的计算机间以双方协商的格式进行准确的数据转换和加解密。

（1）A．应用层　　　　　B．网络层　　　　　C．表示层　　　　　D．会话层

■ **试题分析**　本题考核对 OSI 各层次的理解。可以采用排除法，通过关键字"翻译官的角色"来判断"表示层"最适宜。

■ **参考答案**　C

● 关于开放系统互连（OSI）参考模型的描述，不正确的是___（2）___。

（2）A．应用层负责对软件提供接口以使程序能提供网络服务
　　　B．OSI 的目的是为计算机互连提供一个共同基础和标准框架
　　　C．网络层负责将接收到的数据分割成可被物理层传输的帧
　　　D．OSI 采用分层的结构化技术，从上到下共分为七层

■ **试题分析**　数据链路层控制网络层与物理层之间的通信，传送以帧为单位的信息，它的主要功能是将从网络层接收到的数据分割成特定的可被物理层传输的帧。网络层的主要功能是将网络地址（如 IP 地址）翻译成对应的物理地址（如网卡地址），并决定如何将数据从发送方路由到接收方。

■ **参考答案**　C

【考核方式3】　考核 TCP/IP 模型中具体各层次对应的功能。

● TCP/IP 协议分为四层，分别为应用层、传输层、网际层和网络接口层。其中不属于应用层协议的是___（1）___，属于互联网络层协议的是___（2）___。

（1）A．SNMP　　　　　B．UDP　　　　　C．Telnet　　　　　D．FTP
（2）A．RPC　　　　　　B．UDP　　　　　C．TCP　　　　　　D．IP

■ **试题分析**　本题考核的是考生对 TCP/IP 协议的熟悉程度，应清楚地知道各种协议属于哪一层。

■ **参考答案**　（1）B　（2）D

[辅导专家提示]　对于计算机网络来说，可以考核的知识点挺多。其中，OSI 开放系统互连参考模型和 TCP/IP 模型是基础，必须掌握和熟悉。

图 17-1-1 给出了 OSI 模型和 TCP/IP 模型的对应关系及各层的主要协议。

图 17-1-1　OSI 模型和 TCP/IP 模型的对应关系及各层的主要协议

知识点：无线网络

知识点综述

本知识点考核的内容包括无线网络标准、设备、5G技术等。

参考题型

- 在无线局域网中，AP的作用是___(1)___。

  （1）A．无线接入　　　B．用户认证　　　C．路由选择　　　D．业务管理

  ■ **试题分析**　本题考核无线局域网中的接入设备AP。

  无线接入点（Access Point，AP）的作用是无线接入，AP可以简便地安装在天花板或墙壁上，在开放空间最大覆盖范围可达3000米。一台装有无线网卡的客户端与网络桥接器AP间在传递数据前必须建立关系，只有其状态为授权并关联时，才有可能信息交换。

  ■ **参考答案**　A

- 无线接入的优点不包括___(2)___。

  （2）A．传输速率高　　　　　　　　　B．可灵活变更、扩容

  　　　C．快速提供服务　　　　　　　　D．初期投入小

  ■ **试题分析**　相对于有线接入无线网，无线接入的缺点为数据传输速率一般比较低、误码率也比较高，而且站点之间相互干扰比较厉害。

  ■ **参考答案**　A

知识点：网络规划与设计

知识点综述

网络工程是一项复杂的系统工程，涉及技术问题、管理问题等，必须遵守一定的系统分析和设计方法。网络总体设计就是根据网络规划中提出的各种技术规范和系统性能要求，以及网络需求分析的要求，制订出一个总体计划和方案。

网络设计工作包括：网络拓扑结构设计；主干网络（核心层）设计；汇聚层和接入层设计；广域网连接与远程访问设计；无线网络设计；网络通信设备选型。

图17-3-1是常见的三层网络的设计，将整个网络划分为核心层、汇聚层、接入层。

图17-3-1　三层网络架构

参考题型

【考核方式】 考核各层次的主要功能。

- 在计算机网络设计中，主要采用分层（分级）设计模型。其中___(1)___的主要目的是完成网络访问策略控制、数据包处理、过滤、寻址，以及其他数据处理的任务。

  (1) A．接入层　　　　B．汇聚层　　　　C．主干层　　　　D．核心层

  ■ **试题分析**　汇聚层是核心层和接入层的分界，完成网络访问策略控制、数据包处理、过滤、寻址，以及其他数据处理的任务。网络主干部分为核心层，核心层的主要目的在于通过高速转发通信，提供优化、可靠的骨干传输结构。接入层的目的是允许终端用户连接到网络。

  ■ **参考答案**　B

知识点：网络存储

知识点综述

三种存储技术：即DAS（直接附加存储）、SAN（存储区域网络）、NAS（网络附加存储）。

DAS：将存储设备直接附加到主机或服务器上，被主机或服务器直接控制和管理存储。

NAS：用户通过TCP/IP协议访问数据，采用业界标准文件共享协议如NFS、HTTP、CIFS实现共享。

SAN：通过专用光纤通道交换机访问数据，采用SCSI、FC-AL接口。

NAS和SAN最大的区别在于，NAS结构中文件管理系统在每一个应用服务器上，SAN有自己的文件管理系统，应用服务器通过网络共享协议使用同一个文件管理系统。

参考题型

【考核方式】 考核对三种存储方式的了解。

- 存储磁盘阵列按其连接方式的不同，可分为三类，即DAS、NAS和___(1)___。

  (1) A．LAN　　　　B．WAN　　　　C．SAN　　　　D．RAID

  ■ **试题分析**　三种存储技术：即DAS（直接附加存储）、SAN（存储区域网络）、NAS（网络附加存储）。

  ■ **参考答案**　C

- 在网络存储结构中，___(2)___成本较高、技术较复杂，适用于数据量大、数据访问速度要求高的场合。

  (2) A．直接附加存储（DAS）　　　　B．网络附加存储（NAS）
  　　C．存储区域网络（SAN）　　　　D．移动存储设备（MSD）

  ■ **试题分析**　SAN实际是一种专门为存储建立的独立于TCP/IP网络之外的专用网络。SAN网络独立于数据网络存在，因此存取速度很快。

  SAN由于其基础是一个专用网络，因此扩展性很强，不管是在一个SAN系统中增加一定的存

储空间还是增加几台使用存储空间的服务器都非常方便。通过SAN接口的磁带机，SAN系统可以方便高效地实现数据的集中备份。SAN作为一种新兴的存储方式，是未来存储技术的发展方向，但是也存在一些缺点如价格昂贵——不论是SAN阵列柜还是SAN必需的光纤通道交换机价格都是十分昂贵的，就连服务器上使用的光通道卡的价格也是不容易被小型商业企业所接受的；需要单独建立光纤网络，异地扩展比较困难。

■ **参考答案** C

● 知名博主小张购买了一个带有联网功能的存储设备来搭建自己的私有云，这种方式属于___(3)___技术。

(3) A．SAS　　　　　B．SAN　　　　　C．DAS　　　　　D．NAS

■ **试题分析** NAS是一种专门用于存储数据的设备，可以连接到网络，适合搭建私有云。

■ **参考答案** D

知识点：综合布线

知识点综述

综合布线系统由建筑群子系统、设备间子系统、管理子系统、垂直干线子系统、水平子系统和工作区子系统等六个部分组成。

建筑群子系统：将一个建筑物中的电缆、光缆、无线延伸到建筑群的另外一些建筑物中的通信设备和装置上，建筑群之间往往采用单模光纤进行连接。

设备间子系统：位置处于设备间，并且集中安装了许多设备（主要是服务器、核心交换机）的子系统。

管理子系统：由交连、互连的配线架和信息插座式配线架以及相关跳线组成。

垂直干线子系统：是各水平子系统（各楼层）设备之间的互连系统。

水平子系统：是各个楼层配线间中的配线架到工作区信息插座之间所安装的线缆。其中，水平电缆最大长度为90m，配线架跳接至交换机、信息插座跳接至计算机总长度不超过10m，通信通道总长度不超过100m。

工作区子系统：由终端设备连接到信息插座的连线组成，包括连接线和适配器。工作区子系统中信息插座的安装位置距离地面的高度为30～50cm；如果信息插座到网卡之间使用无屏蔽双绞线，布线距离最大为10m。

参考题型

● 综合布线系统是楼宇和园区范围内，在统一的传输介质上建立的可以连接电话、计算机、会议电视和监视电视等设备的结构化信息传输系统。根据EIA/TIA-568A标准，___(1)___中列出的各项全部属于综合布线系统的子系统。

(1) A．建筑群子系统、独立建筑子系统、设备间子系统

　　B．设备间子系统、工作区子系统、管理子系统

C. 垂直干线子系统、水平子系统、交叉布线子系统
D. 建筑群子系统、设备间子系统、交叉布线子系统

■ **试题分析**　综合布线系统由建筑群子系统、设备间子系统、管理子系统、垂直干线子系统、水平子系统和工作区子系统等六个部分组成。

据此判断，选项 B 中的内容属于综合布线的子系统。

■ **参考答案**　B

[辅导专家提示]　掌握综合布线子系统的关键其实在于一张图，图17-5-1经常在考试中出现，描述了六大子系统之间的关系，其中①是工作区子系统，②是设备间子系统，③是建筑群子系统。

图 17-5-1　综合布线子系统图

知识点：信息安全

知识点综述

保密性、完整性和可用性是信息安全最为重要的三个属性，具体见表17-6-1。

表 17-6-1　信息安全的属性

属性	含义	常用技术
保密性	应用系统的信息不被泄露给非授权的用户、实体	①最小授权原则；②防暴露；③信息加密；④物理保密
完整性	信息未经授权不能进行改变	①协议；②纠错编码；③密码校验和方法；④数字签名；⑤公证
可用性	信息可被授权实体访问并按需求使用	①身份识别认证；②访问控制；③业务流控制；④路由选择控制；⑤审计跟踪

参考题型

- 只有得到允许的人才能修改数据,并且能够判别出数据是否已被篡改,这体现了信息安全的___(1)___。

  (1) A. 机密性　　　　B. 可用性　　　　C. 完整性　　　　D. 可控性

  ■ 试题分析　本题考核信息安全属性,三个基本属性为:保密性(机密性)、完整性、可用性。本题考核"完整性",就是确保接收到的数据就是发送的数据,数据不应该被改变。

  ■ 参考答案　C

- DDoS 拒绝服务攻击通过大量合法的请求占用大量网络资源,造成网络瘫痪。该网络攻击破坏了信息安全的___(2)___属性。

  (2) A. 可控性　　　　B. 可用性　　　　C. 完整性　　　　D. 保密性

  ■ 试题分析　本题考核信息安全属性中的"可用性",可用性是指"需要时,授权实体可以访问和使用的特性"。

  ■ 参考答案　B

- ___(3)___是防止非法实体对交换数据的修改、插入、删除以及在数据交换过程中的数据丢失。

  (3) A. 对等实体认证服务　　　　　　B. 数据保密服务
  　　C. 数据完整性服务　　　　　　　D. 数据源点认证服务

  ■ 试题分析　安全服务包括对等实体认证服务、数据保密服务、数据完整性服务、数据源点认证服务、禁止否认服务和犯罪证据提供服务等。

  ➢ 对等实体认证服务:用于两个开放系统同等层中的实体建立链接或数据传输时,对对方实体的合法性、真实性进行确认,以防假冒。

  ➢ 数据保密服务:防止网络中各系统之间的数据被截获或被非法存取而泄密,提供密码加密保护。

  ➢ 数据完整性服务:防止非法实体对交换数据的修改、插入、删除以及在数据交换过程中的数据丢失。

  ➢ 数据源点认证服务:确保数据发自真正的源点,防止假冒。

  ➢ 禁止否认服务:防止发送方在发送数据后否认自己发送过此数据,接收方在收到数据后否认自己收到过此数据或伪造接收数据。

  ➢ 犯罪证据提供服务:为违反国内外法律法规的行为或活动,提供各类数字证据、信息线索等。

  ■ 参考答案　C

- ___(4)___不属于网络安全的基本要素。

  (4) A. 完整性　　　　B. 易用性　　　　C. 机密性　　　　D. 可控性

  ■ 试题分析　信息安全的基本要素包括:机密性、完整性、可用性、可控性、可审查性等。

  ■ 参考答案　B

- 在信息的生命周期中,信息可以被非授权访问的___(5)___越低,___(5)___越高。

  (5) A. 及时性　可靠性　　　　　　　B. 完整性　精确性
  　　C. 可能性　安全性　　　　　　　D. 经济性　可靠性

■ **试题分析** 信息可以被非授权访问的可能性越低,安全性越高。

■ **参考答案** C

● ___(6)___ 不属于CIA三要素。

(6) A．可靠性　　　　B．保密性　　　　C．完整性　　　　D．可用性

■ **试题分析** 系统安全设计目标是CIA,即保密性(Confidentiality)、完整性(Integrity)、可用性(Availability),又称为信息安全三元组。

■ **参考答案** A

知识点：信息安全体系

知识点综述

在《信息安全技术 信息系统通用安全技术要求》(GB/T 20271—2006)中将信息系统安全技术体系分为**物理安全、运行安全、数据安全**。

本知识点主要基于该标准中的内容进行考核。

参考题型

● 在信息系统安全技术体系中,安全审计属于___(1)___。

(1) A．物理安全　　　　B．网络安全　　　　C．数据安全　　　　D．运行安全

■ **试题分析** "运行安全"包括：风险分析；信息系统安全性检测分析；信息系统安全监控；**安全审计**；信息系统边界安全防护；备份与故障恢复；恶意代码防护；信息系统的应急处理；可信计算和可信连接技术。

■ **参考答案** D

● 信息安全系统工程实施过程的组成部分包括___(2)___。

(2) A．开发过程、测试过程、验收过程　　　B．定义过程、实施过程、改进过程
　　C．工程过程、风险过程、保证过程　　　D．治理过程、管理过程、操作过程

■ **试题分析** 为了使信息安全系统具有可实现性并有效力,必须把信息安全系统集成在信息系统生命周期的工程实施过程中,并与业务需求、环境需求、项目计划、成本效益、国家和地方政策、标准、指令保持一致性。这种集成过程将产生一个信息安全系统工程(ISSE)过程,这一过程能够确认、评估、消除已知的或假定的安全威胁可能引起的系统威胁,最终得到一个可以接受的安全风险等级。

ISSE过程的目标是提供一个框架,每个工程项目都可以对这个框架进行裁剪以符合自己特定的需求。ISSE将信息安全系统工程实施过程分解为工程过程、风险过程和保证过程三个基本的部分。

■ **参考答案** C

● WPDRRC信息安全体系架构模型有___(3)___个环节和___(3)___大要素。

(3) A．六 三　　　　B．五 三　　　　C．四 三　　　　D．六 二

■ **试题分析** WPDRRC是我国信息安全专家组提出的信息系统安全保障体系建设模型。

WPDRRC 模型有六个环节和三大要素。六个环节分别是预警（Warning）、保护（Protection）、检测（Detection）、响应（Response）、恢复（Recovery）、反击（Counterattack）。三大要素包括：人员、策略和技术，其中人员是核心，策略是桥梁，技术是保证。

■ 参考答案　A

知识点：应用系统安全

知识点综述

应用系统运行中涉及的安全和保密层次，按粒度从大到小的排序，依次包括**系统级安全、资源访问安全、功能性安全和数据域安全**。**程序资源访问控制安全**的粒度大小介于系统级安全和功能性安全两者之间，是最常见的应用系统安全问题，几乎所有的应用系统都会涉及这个安全问题。

本知识点需要考生掌握各层次的具体含义。

参考题型

- 应用系统运行中涉及的安全和保密层次包括系统级安全、资源访问安全、功能性安全和数据域安全，其中粒度最小的层次是___(1)___。

　　（1）A．系统级安全　　　　　　　　　B．资源访问安全
　　　　 C．功能性安全　　　　　　　　　D．数据域安全

■ 试题分析　应用系统运行中涉及的安全和保密层次包括系统级安全、资源访问安全、功能性安全和数据域安全。这四个层次的安全，按粒度从大到小的排序是：系统级安全、资源访问安全、功能性安全、数据域安全。

■ 参考答案　D

- 应用系统运行中涉及的安全和保密层次包括系统级安全、资源访问安全、数据域安全等。以下描述不正确的是___(2)___。

　　（2）A．按粒度从大到小排序为系统级安全、资源访问安全、数据域安全
　　　　 B．系统级安全是应用系统的第一道防线
　　　　 C．功能性安全会对程序流程产生影响
　　　　 D．数据域安全可以细分为文本级数据域安全和字段级数据域安全

■ 试题分析　本题一方面考核安全和保密层次，另一方面考核考生对主要层次的理解。

数据域安全包括两个层次，一是**行级**数据域安全，即用户可以访问哪些业务记录，一般以用户所在单位为条件进行过滤；二是字段级数据域安全，即用户可以访问业务记录的哪些字段。

■ 参考答案　D

- ___(3)___是信息系统安全最薄弱的环节。

　　（3）A．流程　　　　　B．技术　　　　　C．人员　　　　　D．资源

■ 试题分析　人员是信息系统安全最薄弱的环节。

■ 参考答案　C

知识点：网络安全

知识点综述

本知识点考核网络安全、加密解密等基础知识，常见网络安全设备、网络攻防手段等。

参考题型

- 在网络产品中，___(1)___ 通常被比喻为网络安全的大门，用来鉴别什么样的数据包可以进出企业内部网。

  (1) A．漏洞扫描工具　　　　　　　　B．防火墙
  　　C．防病毒软件　　　　　　　　　D．安全审计系统

  ■ **试题分析**　考核对网络安全技术的了解。防火墙通常被比喻为网络安全的大门，用来鉴别什么样的数据包可以进出企业内部网。在应对黑客入侵方面，可以阻止基于IP包头的攻击和非信任地址的访问。但传统防火墙无法阻止和检测基于数据内容的黑客攻击和病毒入侵，同时也无法控制内部网络之间的违规行为。

  ■ **参考答案**　B

- ___(2)___ 通常用来鉴别数据包的进出。

  (2) A．安全审计系统　　B．防火墙　　C．防毒软件　　D．扫描器

  ■ **试题分析**　防火墙是网络关联的重要设备，用于控制网络之间的通信，具有数据包过滤、NAT、VPN、协议状态检测、流量控制、提供代理服务等功能。

  ■ **参考答案**　B

- ___(3)___ 是___(3)___ 的基础，二者的目的都是为了在系统崩溃或灾难发生时能够恢复数据或系统。

  (3) A．数据容灾　数据备份　　　　　B．数据存储　数据安全
  　　C．数据安全　数据存储　　　　　D．数据备份　数据容灾

  ■ **试题分析**　数据备份是数据容灾的基础。数据备份是为了在系统数据崩溃时能够快速恢复数据。数据容灾不是简单数据备份，是为了在灾难发生时能全面、及时地恢复整个系统。

  ■ **参考答案**　D

- 网络安全态势感知在___(4)___的基础上，进行数据整合、特征提取等，应用一系列态势评估算法，生成网络的整体态势情况。

  (4) A．安全应用软件　　　　　　　　B．安全基础设施
  　　C．安全网络环境　　　　　　　　D．安全大数据

  ■ **试题分析**　网络安全态势感知是一种基于环境、动态、整体地洞悉安全风险的能力。网络安全态势感知在安全大数据的基础上，进行数据整合、特征提取等，应用一系列态势评估算法，生成网络的整体态势情况。

  ■ **参考答案**　D

● 按照行为方式，可以将针对操作系统的安全威胁划分为切断、截取、篡改、伪造四种。其中___(5)___是对信息完整性的威胁。

(5) A．切断　　　　　B．截取　　　　　C．篡改　　　　　D．伪造

■ **试题分析**　针对操作系统的安全威胁，按照行为方式通常分以下为四种。

切断：是对可用性的威胁。系统的资源被破坏或变得不可用或不能用，如破坏硬盘、切断通信线路或使文件管理失效。

截取：是对机密性的威胁。未经授权的用户、程序或计算机系统获得了对某资源的访问，如在网络中窃取数据及非法拷贝文件和程序。

篡改：是对完整性的攻击。未经授权的用户不仅获得了对某资源的访问，而且进行篡改，如修改数据文件中的值，修改网络中正在传送的消息内容。

伪造：这是对合法性的威胁。未经授权的用户将伪造的对象插入到系统中，如非法用户把伪造的消息加到网络中或向当前文件加入记录。

■ **参考答案**　C

知识点：信息安全等级保护

知识点综述

《计算机信息系统　安全保护等级划分准则》（GB 17859—1999）将计算机信息系统分为五个安全保护等级，分别是：①用户自主保护级；②系统审计保护级；③安全标记保护级；④结构化保护级；⑤访问验证保护级。《信息安全等级保护管理办法》将信息系统的安全保护等级分为一至五级。

参考题型

● 根据《信息安全等级保护管理办法》规定，信息系统受到破坏后，会对社会秩序和公众利益造成严重损害，或者对国家安全造成损害，则该信息系统的安全保护等级为___(1)___。

(1) A．第一级　　　　B．第二级　　　　C．第三级　　　　D．第四级

■ **试题分析**　《信息安全等级保护管理办法》将信息系统的安全保护等级分为五级，本题考核第三级。

第三级：信息系统受到破坏后，会对社会秩序和公共利益造成严重损害，或者对国家安全造成损害。第三级信息系统运营、使用单位应当依据国家有关管理规范和技术标准进行保护。国家信息安全监管部门对该级信息系统信息安全等级保护工作进行监督、检查。

■ **参考答案**　C

● 《信息安全等级保护管理办法》将信息系统的安全保护等级分为___(2)___。

(2) A．三级　　　　　B．四级　　　　　C．五级　　　　　D．六级

■ **试题分析**　《信息安全等级保护管理办法》将信息系统的安全保护等级分为五级。

■ **参考答案**　C

- 《计算机信息系统 安全保护等级划分准则》将计算机信息系统分为五个安全保护等级。其中___(3)___适用于中央级国家机关、广播电视部门、重要物资储备单位等部门。

  (3) A．系统审计保护级　　　　　　　　B．安全标记保护级
  　　C．结构化保护级　　　　　　　　　D．访问验证保护级

  ■ **试题分析** 本题考核第四级"结构化保护级"。该级适用于中央级国家机关、广播电视部门、重要物资储备单位、社会应急服务部门、尖端科技企业集团、国家重点科研单位机构和国防建设等部门。

  ■ **参考答案** C

  《计算机信息系统 安全保护等级划分准则》(GB 17859—1999)是建立安全等级保护制度、实施安全等级管理的重要基础性标准，它将计算机信息系统分为以下五个安全保护等级。

  第一级用户自主保护级：通过隔离用户与数据，使用户具备自主安全保护的能力。它为用户提供可行的手段，保护用户和用户信息，避免其他用户对数据的非法读写与破坏，该级适用于普通内联网用户。

  第二级系统审计保护级：实施了粒度更细的自主访问控制，它通过登录规程、审计安全性相关事件和隔离资源，使用户对自己的行为负责。该级适用于通过内联网或国际网进行商务活动、需要保密的非重要单位。

  第三级安全标记保护级：具有系统审计保护级的所有功能。该级适用于地方各级国家机关、金融单位机构、邮电通信、能源与水源供给部门、交通运输、大型工商与信息技术企业、重点工程建设等单位。

  第四级结构化保护级：建立于一个明确定义的形式安全策略模型之上，要求将第三级系统中的自主和强制访问控制扩展到所有主体与客体。该级适用于中央级国家机关、广播电视部门、重要物资储备单位、社会应急服务部门、尖端科技企业集团、国家重点科研单位机构和国防建设等部门。

  第五级访问验证保护级：满足访问监控器需求。访问监控器仲裁主体对客体的全部访问。访问监控器本身是抗篡改的；必须足够小，能够分析和测试。为了满足访问监控器需求，计算机信息系统可信计算基在其构造时，排除那些对实施安全策略来说并非必要的代码；在设计和实现时，从系统工程角度将其复杂性降低到最小程度。支持安全管理员职能；扩充审计机制，当发生与安全相关的事件时发出信号；提供系统恢复机制。

- 根据数据在经济社会发展中的重要程度以及一旦遭到篡改、破坏、泄露或者非法获取、非法利用，对国家安全、公共利益或者个人、组织合法权益造成的危害程度，进行数据保护，这是实行的数据___(4)___保护制度。

  (4) A．分类分级　　　　　　　　　　　B．安全审查
  　　C．风险评估　　　　　　　　　　　D．应急处置

  ■ **试题分析** 数据分类分级保护制度是根据数据在经济社会发展中的重要程度以及一旦遭到篡改、破坏、泄露或者非法获取、非法利用，对国家安全、公共利益或者个人、组织合法权益造成的危害程度，进行不同级别的数据保护。

  ■ **参考答案** A

知识点：信息安全技术

知识点综述

信息安全技术包括硬件系统安全技术、操作系统安全技术、数据库安全技术、软件安全技术、网络安全技术、密码技术、恶意软件防治技术、信息隐藏技术、信息设备可靠性技术等。其中，硬件系统安全和操作系统安全是信息系统安全的基础，密码和网络安全等是关键技术。

网络安全技术主要包括防火墙、VPN、IDS、防病毒、身份认证、数据加密、安全审计、网络隔离等。

参考题型

【考核方式1】 考核主要安全技术的特点及其应用。

- ___①___ 用于防止信息抵赖，___②___ 用于防止信息被窃取，___③___ 用于防止信息被篡改，___④___ 用于防止信息被假冒。下列四个选项中，正确的是___(1)___。

    (1) A. ①加密技术　　②数字签名　　③完整性技术　　④身份认证
    　　B. ①完整性技术　②身份认证　　③加密技术　　　④数字签名
    　　C. ①数字签名　　②完整性技术　③身份认证　　　④加密技术
    　　D. ①数字签名　　②加密技术　　③完整性技术　　④身份认证

    ■ 试题分析　加密技术是利用数学或物理手段，对电子信息在传输过程中和存储体内进行保护，以防止泄露（信息被窃取）的技术。

    数字签名是利用一套规则和一个参数集对数据计算所得的结果，用此结果能够确认签名者的身份和数据的完整性。简单地说，所谓数字签名，就是附加在数据单元上的一些数据，或是对数据单元所做的密码变换。这种数据或变换允许数据单元的接收者用以确认数据单元的来源和数据单元的完整性并保护数据，防止被人（如接收者）伪造。数字签名的主要功能是保证信息传输的完整性、发送者的身份认证、防止交易中的抵赖发生。

    完整性技术指发送者对传送的信息报文，根据某种算法生成一个信息报文的摘要值，并将此摘要值与原始报文一起通过网络传送给接收者，接收者用此摘要值来检验信息报文在网络传送过程中有没有发生变化，以此来判断信息报文的真实与否。

    身份认证是指采用各种认证技术确认信息的来源和身份，以防假冒。

    ■ 参考答案　D

- ___(2)___ 不是应用系统常用的保密技术。

    (2) A. 防暴露　　　　　　　　　　　B. 最大授权原则
    　　C. 信息加密　　　　　　　　　　D. 物理保密

    ■ 试题分析　应用系统常用的保密技术有最小授权原则、防暴露、信息加密、物理保密。

    ■ 参考答案　B

【考核方式2】 结合具体的环境考核安全技术。

- 比较先进的电子政务网站提供基于___(1)___的用户认证机制，用于保障网上办公的信息安全和不可抵赖性。

    (1) A．数字证书　　　　B．用户名和密码　　C．电子邮件地址　　D．SSL

    ■ 试题分析　　电子政务网站提供基于数字证书的用户认证机制，用于保障网上办公的信息安全和不可抵赖性。数字证书可以对用户进行认证，保证数据的机密性、完整性和抗抵赖性。
    - 认证：是指对网络中信息传递的双方进行身份的确认。
    - 机密性：是指保证信息不泄露给未经授权的用户或被其利用。
    - 完整性：是指防止信息被未经授权的人篡改，保证真实的信息从真实的信源无失真地传到真实的信宿。
    - 抗抵赖性：是指保证信息行为人不能够否认自己的行为。

    SSL是一个保证计算机通信安全的协议，对通信对话过程进行安全保护。

    ■ 参考答案　　A

课堂练习

- RSA是一种公开密钥算法，可用于信息的保密传输。公开密钥是指___(1)___。

    (1) A．加密密钥是公开的　　　　　　　　B．解密密钥是公开的

    　　C．加密密钥和解密密钥都是公开的　　D．加密密钥和解密密钥都是相同的

- 数字信封___(2)___。

    (2) A．使用非对称密钥密码算法加密邮件正文

    　　B．使用RSA算法对邮件正文生成摘要

    　　C．使用收件人的公钥加密会话密钥

    　　D．使用发件人的私钥加密会话密钥

- 在《计算机信息安全保护等级划分准则》中确定了五个安全保护等级，其中最高一级是___(3)___。

    (3) A．用户自主保护级　　　　　　　　　B．结构化保护级

    　　C．访问验证保护级　　　　　　　　　D．系统审计保护级

- 下列关于信息系统机房的说法，不正确的是___(4)___。

    (4) A．变形缝不应穿过主机房

    　　B．设有技术夹层和技术夹道的电子信息系统机房，其建筑设计应满足各种设备和管线的安装和维护要求，当管线需穿越楼层时，宜设置技术竖井

    　　C．电子信息系统机房可设置门厅、休息室、值班室和更衣间

    　　D．主机房净高应根据机柜高度及通风要求确定，且不宜小于2.9m

- 计算机网络安全是指利用管理和技术措施，保证在一个网络环境里，信息的___(5)___受到保护。

    (5) A．完整性、可靠性及可用性　　　　　B．机密性、完整性及可用性

    　　C．可用性、完整性及兼容性　　　　　D．可用性、完整性及冗余性

- SSL 主要利用数据加密技术，以确保数据在网络传输过程中不会被截取及窃听。该协议运行在网络的___(6)___。

    (6) A．数据链路层　　　　　　　　　B．传输层与应用层之间
    　　C．传输层　　　　　　　　　　　D．应用层与会话层之间

- 堡垒主机是一台完全暴露给外网的主机，在维护内网安全方面发挥着非常大的作用。以下关于堡垒主机的叙述中，不正确的是___(7)___。

    (7) A．堡垒主机具有输入/输出审计功能　B．需要设置防火墙以保护堡垒主机
    　　C．堡垒主机能配置网关服务　　　　D．堡垒主机一般配置两块网卡

- 信息安全的级别划分为不同的维度，在下列划分中，正确的是___(8)___。

    (8) A．系统运行安全和保密有五个层次，包括设备级安全、系统级安全、资源访问安全、功能性安全和数据安全
    　　B．分为 A 级、B 级、C 级、D 级四个级别
    　　C．根据系统处理数据的重要性，系统可靠性分为 A 级和 B 级
    　　D．根据系统处理数据的保密性，系统保密等级分为绝密、机密和秘密

- 电子邮件应用程序利用 POP3 协议___(9)___。

    (9) A．创建邮件　　B．加密邮件　　C．发送邮件　　D．接收邮件

- 关于 TCP 和 UDP 的说法，___(10)___是错误的。

    (10) A．TCP 和 UDP 都是传输层的协议　　B．TCP 是面向连接的传输协议
    　　 C．UDP 是可靠的传输协议　　　　　D．TCP 和 UDP 都是以 IP 协议为基础的

- 在 OSI 参考模型中，数据链路层处理的数据单位是___(11)___。

    (11) A．比特　　　　B．帧　　　　C．分组　　　　D．报文

- IP 地址是在 OSI 模型的___(12)___定义。

    (12) A．物理层　　　B．数据链路层　　C．网络层　　　D．传输层

- 关于网络存储技术的描述，正确的是___(13)___。

    (13) A．DAS 是一种易于扩展的存储技术
    　　 B．NAS 系统与 DAS 系统相同，都没有自己的文件系统
    　　 C．NAS 可以使用 TCP/IP 作为其网络传输协议
    　　 D．SAN 采用了文件共享存取方式

- 应用系统运行中涉及的安全和保密层次包括系统级安全、资源访问安全、功能性安全和数据域安全。针对应用系统安全管理，首先要考虑___(14)___。

    (14) A．系统级安全　　　　　　　　　　B．资源访问安全
    　　 C．功能性安全　　　　　　　　　　D．数据域安全

- 《中华人民共和国网络安全法》于 2017 年 6 月 1 日起开始施行，___(15)___负责统筹协调网络安全工作和相关监督管理工作。

    (15) A．国务院电信主管部门　　　　　　B．工业和信息化部主管部门
    　　 C．公安部门　　　　　　　　　　　D．国家网信部门

第18章 专业英语

考点分析

系统集成项目管理工程师的考试中，英语题目的分值是唯一固定的，一直以来都是5分，对应的考题编号是71～75。在这5分的分值中，包括计算机软件、网络、信息安全的专业英语以及项目管理专业英语，常规考核的5道题目中均是由这几方面的知识点混搭而成。

对于常见的项目管理的专业词汇均要求考生有一定的理解和掌握。除此之外，也经常考核专业技术方面的英语题。常见考核的形式有：考核项目管理的过程，包括项目管理过程的具体输入、输出和工具与技术；考核新技术知识（近年趋势）；考核专业技术知识（软件、网络）。

参考题型

【考核方式1】 考核项目管理的过程，要求考生掌握各知识领域的过程的英文名称。

● The ___(1)___ process ascertains which risks have the potential of affecting the project and documenting the risks' characteristics.

(1) A. Risk Identification　　　　　　B. Quantitative Risk Analysis
　　C. Qualitative Risk Analysis　　　 D. Risk Monitoring and Control

■ 试题分析　本题考核项目管理的风险管理过程。

风险识别过程是确定哪些风险可能会对项目产生影响，并将这些风险的特征形成文档。选项A是风险识别，选项B是定量风险分析，选项C是定性风险分析，选项D是风险监控。

■ 参考答案　A

【考核方式2】 考核项目管理过程的工具，要求考生掌握九大知识领域中主要过程的主要工具。

● The strategies for handling risk comprise of two main types: negative risks and positive risks. The goal of the plan is to minimize threats and maximize opportunities. When dealing with negative risks, there are three main response strategies—___(1)___, transfer, mitigate.

(1) A. challenge　　　B. exploit　　　C. avoid　　　D. enhance

■ 试题分析　本题考核风险管理中的风险应对过程。

原文翻译如下：风险应对策略包括两种主要类型：负面风险的应对策略和正面风险的应对策略。风险应对计划的目标是最小化威胁且最大化机会。处理负面风险有三种典型的策略：回避、转移和减轻。

选项 A 是挑战，选项 B 是开发，选项 C 是回避，选项 D 是提高。

■ 参考答案 C

【考核方式3】 考核专业技术知识。

- ___(1)___ is a property of object-oriented software by which an abstract operation may be performed in different ways in different classes.

（1） A．Method B．Polymorphism
　　　 C．Inheritance D．Encapsulation

■ 试题分析 本题考核面向对象的技术。

原文翻译如下：多态是面向对象的特征之一，它提供了一个抽象操作，在不同的类中能够执行不同的方法。

选项 A 是方法，选项 B 是多态，选项 C 是继承，选项 D 是封装。

■ 参考答案 B

【考核方式4】 考核新技术知识。

- Cloud storage is a model of computer of computer data storage in which the digital data is stored in logical pools. The physical storage spans multiple servers (sometimes in multiple locations)，and the physical environment is typically owned and managed by a hosting company. As for the cloud concept, the cloud storage service is one kind of ___(1)___.

（1） A．IaaS B．PaaS C．SaaS D．DaaS

■ 试题分析 云存储是将数字数据存储在逻辑池中的计算机数据存储模型。物理存储跨越多个服务器(有时在多个位置)，并且物理环境通常由托管公司拥有和管理。云存储服务是IaaS的一种。

■ 参考答案 A

[辅导专家提示] 英语考核中往往把软件、网络相关专业英语与项目管理英语混合考核，英语题涉及新技术的，以云存储服务模式的考核频率最高。此外，对于专业英语这一部分知识点，容易被考生忽视，建议在考前做做历年的英语题目，临时冲刺，非常重要。

课堂练习

- WLAN is increasingly popular because it enables cost-effective ___(1)___ among people and applications that were not possible in the past.

（1） A．line B．circuit C．connection D．interface

- ___(2)___ is not included in the main contents of the operation and maintenance of the information system.

（2） A．Daily operation and maintenance B．System change
　　　 C．Security management D．Business change

- In project time management, activity definition is the process of identifying and documenting the specific action to be performed to produce the project deliverables. ___(3)___ are not output of activity definition.

  （3）A．Activity lists　　　　　　　　B．Work breakdown structures
  　　　C．Activity attributes　　　　　　D．Milestone lists

- The customer asks your project to be completed 6 months earlier than planned. You think this target can be reached by-overlapping project activities. This approach is known as ___(4)___.

  （4）A．balance engineering　　　　　B．fast-tracking
  　　　C．leveling　　　　　　　　　　D．crashing

- The auditing function that provides feedback about the quality of output is referred to as ___(5)___.

  （5）A．quality control　　　　　　　B．quality planning
  　　　C．quality assurance　　　　　　D．quality improvement

第三篇 案例分析篇

【综述】

一般中级系统集成项目管理工程师考试的案例分析部分会有 4~5 道大题。题型主要以填空题、问答题、计算题的形式出现。主要考查立项管理、项目整合管理、项目范围管理、项目进度管理、成本管理、质量管理、合同管理、风险管理、配置管理、资源与沟通管理等知识。

第19章 案例分析综述

按照命题的习惯，一般系统集成项目管理工程师考试的案例分析部分会有 5 道大题，每题 15 分，全部以计算题和问答题的形式出现，满分为 75 分。但自 2012 年下半年开始案例题数量变成 4 道，满分仍然是 75 分，这也就意味着单道题目的分值变高了。

根据考试大纲的规定，系统集成项目管理工程师考试的案例分析卷，即系统集成项目管理应用技术部分，试题范围相对比较窄，局限在项目管理的范畴之内。

具体的考核内容包括：可行性研究、项目立项、合同管理、项目启动、项目管理计划、项目实施、项目监督与控制、项目收尾、信息系统的运营、信息（文档）与配置管理、信息系统安全管理。

在考试大纲中，对案例分析的具体考核内容给出了描述，实际上，考生在复习中很难完全涵盖这些内容。对于考生来说，不仅面临知识上的问题，更面临方法上的问题。

考核内容属于知识层面的问题，考生可以借助于《系统集成项目管理工程师 5 天修炼》教程来解决，但是，当熟读教程后，碰到具体的案例分析题目时应如何解答呢？如何应用教程中的理论知识呢？解答过程中应该注意哪些事项？这些就属于方法层面的问题。

本章将重点解决以上问题，其章节结构如图 19-0-1 所示。

图 19-0-1 案例分析的章节结构

解题步骤

良好的解题思路是案例分析的基础，解题步骤包括审题、析题和答题三个环节，如图 19-1-1 所示。

图 19-1-1　解题步骤

（1）审题。带着问题来筛选案例中相关的素材，明确以下问题。
1）考核的是哪个方面的知识点？确定范围。
2）有哪些关键词句？关键词决定答案。
3）标出试题中要回答的问题要点，问题要点作为主要线索用于分析思考案例。
（2）析题（先析题，后动笔）。
1）对照问题要点仔细阅读正文，一般都是若干个小问题，每个问题之间或层层递进，或属于相互融合。
2）画出关键的字句。
3）结合已经知道的知识列出答题的要点（针对关键字句来列举，或者根据该领域的常见关键点来列举）。
（3）答题。
1）结论。针对问题直接作答，简洁明了。
2）列出原理。对原理和条款的回答不需要一字不差列出原文，只要答出基本意思即可。
3）以最简练的语言写出答案。

案例知识点

表 19-2-1 给出了历年考核的主要知识点。

表 19-2-1　历年考核的主要知识点

考试时间	试题 1	试题 2	试题 3	试题 4	试题 5
2012 年 11 月	整体/时间	整体/合同	成本管理	质量/沟通	—
2013 年 5 月	质量管理	时间管理	整体管理	配置管理	—
2013 年 11 月	立项管理	合同管理	整体管理	成本管理	—
2014 年 5 月	配置管理	合同管理	时间管理	成本管理	—
2014 年 11 月	时间/成本	立项管理	配置管理	范围/IT 服务	—
2015 年 5 月	时间/成本	整体/时间	合同管理	人力资源/IT 服务	—
2015 年 11 月	合同管理	范围管理	整体管理	时间/成本	—
2016 年 5 月	时间管理	合同管理	整体管理	合同/成本/时间	—
2017 年 5 月	立项管理	时间管理	风险管理	招投标	—
2017 年 11 月	整体管理	时间管理	项目收尾	沟通/干系人	—

续表

考试时间	试题 1	试题 2	试题 3	试题 4	试题 5
2018 年 5 月	合同管理	资源平衡	人力资源管理	风险管理	—
2018 年 11 月	整体管理	招投标/合同	挣值分析	质量管理	—
2019 年 5 月	质量管理	时间/成本	采购管理	风险管理	—
2019 年 11 月	整体管理	时间/成本	人力资源管理	信息安全（机房）	—
2020 年 11 月	质量管理	成本管理	风险管理	可行性研究	—
2021 年 5 月	质量管理	成本管理	人力资源管理	范围管理	—
2021 年 11 月	风险管理	成本管理	质量管理	干系人管理	—
2022 年 5 月	范围管理	时间管理	人力资源管理	风险管理	—
2022 年 11 月	质量管理	时间管理	采购管理	项目经理的权力、马斯洛需要层次理论	—
2023 年 5 月	立项管理和需求管理	时间管理	配置管理	风险管理	—
2023 年 11 月	采购管理、合同管理、资源管理、质量管理	时间管理	整体管理、范围管理、资源管理	风险管理、变更管理	—

注：整体管理的知识点中包括项目收尾和项目变更的内容。自 2023 年 11 月起，系统集成项目管理工程师考试实行机考，考试分 6 次进行。

一些主要考核的知识点及具体考核情况见表 19-2-2。

表 19-2-2　考核知识点及具体考核情况

考核的知识点	考核的侧重点
1. 立项管理	可行性研究；立项管理的内容和过程；建设方、承建方立项
2. 项目整合管理	项目启动（项目章程）；项目管理计划的编制及内容；项目变更（变更的流程等）；项目收尾（项目不能结项或收尾的原因、项目总结）
3. 项目范围管理	定义范围（范围说明书的内容）；WBS；控制范围（范围失控的因素、控制范围的方法、范围变更等）
4. 项目时间管理	关键路径的计算（网络图、总时差、自由时差等）；进度计划（进度计划的种类、进度计划的工具）；进度控制（进度控制的工具、进度失控的原因及解决措施等）
5. 成本管理	成本估算方法；挣值分析、完工预测；成本控制的内容
6. 质量管理	质量管理计划的内容；质量保证（质量评审、质量保证的内容等）；质量控制的步骤；质量控制的方法和工具；质量管理常见的问题，质量失控的原因
7. 合同管理	合同的内容；合同管理（合同变更、合同管理中存在的问题等）；合同履约与索赔
8. 风险管理	风险分析；风险应对的措施；风险监控
9. 配置管理	配置管理的基本概念；配置管理的活动
10. IT 服务管理	IT 服务管理流程；服务级别协议；运维服务管理
11. 资源管理	团队管理；团队建设阶段；激励理论
12. 沟通管理	沟通管理计划

253

[辅导专家提示]　在复习案例分析的过程中，建议考生定期地看看上述两张表，这两张表实际上已经给各位考生的复习指明了方向。从表 19-2-1 中可以看到，考核的重点相对比较集中，有些知识域（如时间、成本、质量、合同、配置、范围）的考核频率非常高。另外，可以看到部分题的考核趋势越来越综合，在一道题目中考核的知识点可能涉及多个知识域，如计算题就将关键路径和挣值分析结合在一起进行考核。

从表 19-2-2 中可以看到具体考核的形式，考生在案例准备的过程中，完全可以依据表 19-2-2 来展开复习，熟悉表 19-2-2 中所提到的侧重点，这样可以做到事半功倍。

案例题型

根据对历年试题的研究，全部题型可以分为原因题、方法题、知识题和计算题这四大题型。这些题型是根据多年培训经验总结出来的。到目前为止，基本上考过的题目都属于这四大题型的范畴。同时，根据这四种题型，分别总结出五种解题的方法和技巧，可以大大提高考生的答题效率，尤其是对于缺乏项目经验的考生。

原因题

[题型特点]　对于原因题，其特点是根据案例的描述，从案例中找出存在的问题，其标志性语句是"为什么？""问题的原因是什么？"。

例如：
分析导致软件子项目失控的可能原因。
针对说明中所描述的现象，分析公司在项目管理方面存在的问题。
请简要分析造成该项目售后存在问题的主要原因。

[辅导专家提示]　对于原因题，要求考生具备一定的项目管理经验，能够从上下文的描述中找到蛛丝马迹。对于复习应试来说，要能够从曾经做过的题目中找到可以"复用的答案"。考生在做题的基础上其实可以发现，原因题中有部分题目的答案具有通用性，只要在做题过程中注意总结即可。

方法题

[题型特点]　方法题是全部题型中最简单的题型，因为项目管理中的很多方法都是相同的。同时，方法题的得分往往和原因题密切相关，一般来说，第 1 小题是原因题，第 2 小题就是方法题。在原因题中要求考生找出问题所在，在方法题中要求考生找出解决第 1 小题中所存在问题的方法，因此，这两道题目是环环相扣的。找到了原因，就找到了方法。

例如：
【问题 1】请用 150 字以内的文字，分析导致软件子项目失控的可能原因。
【问题 2】请用 200 字以内的文字，说明你认为 M 事先应该怎么做才能让小张作为子项目的项目经理，并避免软件子项目失控。
问题 1 要求考生分析项目失控的可能原因，而问题 2 要求找到解决项目失控的方法。

[辅导专家提示]　解答此类题型，最常用的解题方法之一是根据前述原因题所找到的问题逐个

推导，一个问题对应一个解题方法。此外，大部分方法题的答案都和项目管理过程中的工具与技术密切相关，所以对表 19-2-1 和表 19-2-2 中所提及的过程的工具与技术需要有所了解。

知识题

[题型特点] 知识题包含两个部分：记忆性知识（考核考生的识记能力，要求背诵相关知识点）和经验性知识（考核经验，考生具备相关经验即可），如图 19-3-1 所示。

图 19-3-1 知识题类型

[记忆性知识] 考核考生的记忆力，对一些常见的知识要能背诵。
例如：请简述项目质量控制过程的基本步骤。

[经验性知识] 要求考生具备相关的工作经验。
例如：概述典型的系统集成项目团队的角色构成。

这两类题目恰好呈两级趋势，一般记忆性知识回答得比较好的考生，往往是工作不久、缺乏经验，而经验丰富的考生往往在这些涉及具体记忆性内容的题目上较难拿到高分。

根据对历年考试的总结，针对知识题中的记忆性知识，在此列举了可能涉及的内容，请考生完善表 19-3-1。

表 19-3-1 知识题总结

内容	所属知识领域	具体内容
可行性分析		
项目建议书		
项目章程		
项目计划		
质量控制的工具		
范围说明书		
配置管理计划		
风险管理计划		
风险应对计划		
质量管理计划		
合同的内容		

注：考生自行翻书总结。

[辅导专家提示] 知识题的难点在于"记忆"，但是确实不容易记住，所以在复习此类题型的过程中不能机械地背，要采用联想记忆法，将枯燥的内容和某个场景结合起来。例如，可行性研究

包含哪些内容？这个时候，采用"换位思考"的方法，你作为一个项目的决策者要在城市修一座化工厂，在可行性研究中你要考虑什么？由此来"猜"答案。

另一个方法采用"关键字"助记的方法。例如表 19-3-1 中提到的"质量控制的工具"，如果你记得关键字"流控只因怕见伞"（参见本书质量管理章节），就可以完整写出每个工具。

计算题

[题型特点] 侧重于计算，属于考试的重点和难点。包括关键路径法、完工概率、挣值分析、剩余完工成本、净现值和投资回收期等知识点，如图 19-3-2 所示。其中，挣值分析是近年来的难点，侧重于考核对 PV、EV、AC 的理解。

图 19-3-2 计算题考点

计算题在考试中扮演一个很重要的角色，如果考生能够掌握计算题的方法，则属于送分性质的题目；如果没有掌握计算题的解题方法，则属于拖后腿的题目。

对于系统集成资质的考试来说，涉及的计算题有三个部分：

（1）时间管理：关键路径法（重点）、完工概率（难点）。

关键路径法：综合知识和案例分析部分都可能考核，涉及四个参数（ES、EF、LS、LF）的计算，关键路径计算，总时差、自由时差的计算。

完工概率：考核的基础是三点估算法和标准差，在此基础上进行延伸，考核活动完成的概率，要求掌握标准差的公式以及对应的概率。应对的关键方法是面积法，通过面积法解百题。

（2）成本管理：挣值分析、完工预测。

挣值分析：早期只需要记住三个参数、四个指标以及公式即可，三个参数主要是 PV、EV 和 AC，四个指标主要指 CV、SV、CPI、SPI。但目前考核存在难度加深的趋势，深入考核对 PV、EV 和 AC 的理解，从一段文字描述中计算出 PV、EV 和 AC，对于没有掌握基本概念的考生，很难拿到全部分数。

完工预测：是考试中的难点。关键在于掌握典型偏差和非典型偏差，早期记公式，能够判断典型或非典型偏差即可解题。现在考核对公式的理解，因此要求能够推导出典型偏差的公式，并能够充分理解。

（3）NPV、投资回收期。

NPV 和投资回收期属于立项管理中的知识点，某些教程可能将其放在成本管理的计算题中，本知识点在《系统集成项目管理工程师 5 天修炼》教程中有相关的例题，但案例分析题中一直没有考核过，如果考，一定是一个难点。

本知识点涉及的概念比较多，计算公式也比较多，如现值、NPV、投资回收期、投资回收率、投资回报率和内含报酬率等。考核方式非常灵活，从目前的考核趋势来看，出题的概率很低，此处简单提及。

[辅导专家提示] 计算题说它如何重要都不为过，几乎成了必考题，基本上，考生掌握了计算题，就可以稳拿15~25分。在实际的考核过程中，计算题集中在关键路径和挣值分析上，而且最近几年来的考核特点往往是将挣值分析和关键路径法结合在一起进行考核。

五大解题法

针对案例题的题型，我们总结出几种解题的方法，分别为脱题法、正推法、反推法、想象法和AB法，如图19-4-1所示。每种方法具有各自的特点，但解某一道题时，往往要将几种方法结合起来运用。

图 19-4-1　五大解题法

脱题法

[方法特点] 脱题法主要应用于知识题，采用脱题法看到题目即可作答，无须阅读案例全文。

例如：概述典型的系统集成项目团队的角色构成；请简要叙述合同的索赔流程。

这类解题方法主要针对知识题，这类题型一般和案例本身没有太多关联，直接凭经验或者凭记忆即可作答。

正推法

[方法特点] 正推法是解答案例题时最常用的一种方法，该解题法的特点在于答案的推导有依据，每一个答案对应案例中的一个关键信息点，通过案例中的信息点逐条推导出答案，如图19-4-2所示。

图 19-4-2　正推法过程

由案例原文推导答案，关键点在于把握案例中的关键句，每个关键句对应一个问题，全部问题构成案例的答案。

例如，以下案例：

王工按照 4 个月的工期重新制订了项目计划，向公司申请尽量多增派开发人员，并要求所有的开发人员加班加点工作以便向前赶进度。由于公司有多个项目并行实施，给王工增派的开发人员都是刚招进公司的新人。为节省时间，王工还决定项目组取消每日例会，改为每周例会。同时，王工还允许需求调研和方案设计部分重叠进行，允许需求未经确认即可进行方案设计。

那么，按照正推法，这段文字描述中给出了很多有效的信息，标注如下：

王工按照 4 个月的工期重新制订了项目计划，①向公司申请尽量多增派开发人员，并要求所有的开发人员加班加点工作以便向前赶进度。由于公司有多个项目并行实施，给王工②增派的开发人员都是刚招进公司的新人。为节省时间，王工还决定项目组③取消每日例会，改为每周例会。同时，王工还允许需求调研和方案设计部分重叠进行，④允许需求未经确认即可进行方案设计。

根据①推导：简单地增加人力资源不一定能如期缩短工期，而且人员的增加意味着更多的沟通成本和管理成本，使得项目赶工的难度增大。

根据②推导：增派的人员各方面经验不足。

根据③推导：项目组的沟通存在问题，每周例会不能使问题及时暴露和解决，可能会导致更严重的问题出现。

根据④推导：需求未经确认即开始方案设计，一旦客户需求变化，将导致项目返工。

[辅导专家提示] 正推法主要用于原因题的解答。

反推法

[方法特点] 反推法是一种非常高效的方法，其应用原理非常简单。其原则是"凡是正确的，均予以否定"，否定的结果就是最终所需要的答案。

对于该方法的典型应用，请参考本书第 20 章 "典型案例分析" 试题 1 "项目变更管理"。

一般来说，一些主要的知识领域均适合使用反推法来推导答案，如整体管理、范围管理、质量管理、风险管理等。以整体管理为例，项目在整体管理中存在如下问题，如表 19-4-1 所示。

表 19-4-1 项目在整体管理中存在的问题

过程域	否定后
制定项目章程	缺乏项目章程对项目经理授权 项目章程中缺乏对项目边界的确定
制订项目管理计划	缺乏项目管理计划 项目管理计划未得到干系人认可
指导和管理项目执行	
监督和控制项目工作	
整体变更控制	缺乏整体变更控制的规程
结束项目或阶段	

以风险管理为例，项目在风险管理中存在如下问题，如表 19-4-2 所示。

表 19-4-2　项目在风险管理中存在的问题

过程域	否定后
风险识别	没有充分识别风险； 风险识别工具运营不恰当等
制订风险管理计划	没有制订风险管理计划等
风险定性分析	没有风险定性分析
风险定量分析	风险定性分析不够，缺乏定量分析
制订风险应对措施	没有制订风险应对措施
风险监控	没有及时监控到风险的变化

在这些应用过程中，需要提醒考生的是，反推的本质是"否定"。但考生在答题的过程中，不要去机械地否定，否定的内容可以是过程本身，但更多的时候可能是某个过程中所蕴含的具体内容。

例如，对制定项目章程的否定，简单的否定是"没有制定项目章程"，但考生在解答过程中需要结合上下文来判断这种否定是否正确，由于项目章程涉及对项目经理的任命和授权、对项目边界的确定等，因此，另一种否定的方式是对制定项目章程中所蕴含内容的否定。这样，答案有可能就是：缺乏项目章程对项目经理授权，项目章程中缺乏对项目边界的确定。

想象法

[方法特点]　想象法又称延伸法，之所以称为想象或延伸，主要是因为此方法一般用于辅助答案的推导。一般来说，采用其他的方法可能存在局限性，不可能发现全部的答案，这时候可能需要运用想象法来找一些答案作为主要答案的一种补充。尤其是对案例提供信息比较少的题目，需要充分发挥考生的想象力。

对于文字少、信息量少的题目，如果采用直接推导的方式，很难发现题目中所蕴含的答案。一般来说，较好的应对方式除了前面所介绍的反推法之外，还有一种方法就是想象法，这种方法要求充分借鉴自己已有的经验，发挥自己的想象力来构造答案。

使用想象法的一个默认前提是：凡是不能证明其明显错误，又能解释得通的，均可作为参考答案。

为了避免想象法的漫无边际，因此，在实际的使用中提出几条原则性的内容来引导学生思考，避免天马行空式的想象。

AB 法

AB 法就是回答问题的一种组合方式。对于主观题目来说，作为阅卷者，首先要找到考生写的关键知识点，然后要看考生对关键知识点的理解，这里的关键知识点是得分之处。因此，与其让阅卷者在万千的文字中找到得分的关键知识点，还不如将关键知识点主动呈现在其眼前。在 AB 法中，A 代表知识点部分，B 代表对知识点进一步的阐述，如图 19-4-3 所示。

图 19-4-3　AB 法过程

　　AB 法适用于试卷作答，是陈述答案的方法，A+B 组成了一条答案，便于阅卷者快速找到答题者的主旨。

　　例如：请问项目经理如何处理延期的问题？

　　一般性的回答是直接根据案例中的描述提出自己的解决方法。

　　（1）与客户沟通，在不影响项目主要功能的前提下，适当缩减项目范围（或分期交付，或适当降低项目性能指标）。

　　（2）投入更多的资源以加速活动进程，或申请指派经验更丰富的人去完成（或帮助完成）项目工作。

　　（3）让两项工作同时开始。

　　按照 A+B 模式，可以改造成：

　　（1）（A）缩减范围，（B）与客户沟通，在不影响项目主要功能的前提下缩减项目范围。

　　（2）（A）分期交付，（B）先交付关键功能模块。

　　（3）（A）赶工，（B）投入更多的资源以加速活动进程。

　　（4）（A）并行，（B）让工作 A 和工作 B 同时开始。

　　通过这样的改造，阅卷者可以清晰地看到答题者的逻辑以及答案中的关键得分点。

　　[辅导专家提示]　以上方法是经过大量培训后总结的成果之一，对于方法，关键在于用，在用的过程中理解，否则就只是记住方法而已。同时，各种方法的应用并非唯一，有时候解一道题目需要多种方法综合应用。

第20章 典型案例分析

本章共选择了14道案例分析题目,为了便于考生练习,在编排上将题目和参考答案分开,考生可先做题,然后再对照参考答案。需要提醒考生的是,案例题必定需要经过思考、组织语句、动笔答题的过程,如果缺乏这一过程的训练,且经验相对不足,那么,在实际考试过程中则会感到无话可说。同时,要提醒考生的是参考答案并不是标准答案,对于案例分析题来说,仁者见仁、智者见智,没有绝对统一的答案,考生所要掌握的是解题的思路和方法,而不是囿于答案。

典型题型的建议

考生没有大量的时间去复习所有与案例分析相关的知识点,因此,如何提高复习效率就是我们要认真思考的问题。本章给出了14道典型题目以及参考答案,建议考生在学习本章的过程中按照以下步骤展开学习。

(1)做:做题。独立做题,做题过程中不看参考答案,自己分析和思考。
(2)比:比较答案。将自己的答案和参考答案进行比较分析,发现问题,在分析异同的过程中进行思考。
(3)调:调整答案。根据与参考答案对比的结果调整自己的答案。
(4)总:总结。对题目特点进行总结。

在总结过程中要注意,除了正在做的题目外,往年考试中类似的题目也要拿出来进行比较,发现相似处,提炼出可以复用的答案。

典型题

试题1 项目变更管理

【说明】在一个正在实施的系统集成项目中出现了以下情况:一个系统的用户向他所认识的一个项目开发人员抱怨系统软件中的一项功能问题,并且表示希望能够进行修改。于是,该开发人员就直接对系统软件进行了修改,解决了该项功能问题。针对这样一种情况,请分析如下问题。

【问题 1】请用 150 字以内的文字，说明上述情况中存在哪些问题。

【问题 2】请用 300 字以内的文字，说明上述情况可能会导致什么样的后果。

【问题 3】请用 300 字以内的文字，说明项目管理中完整的变更处置流程。

试题 2　关键路径法

【说明】某系统集成项目的建设方要求必须按合同规定的期限交付系统，承建方项目经理李某决定严格执行项目进度管理，以保证项目按期完成。他决定使用关键路径法来编制项目进度网络图。在对工作分解结构进行认真分析后，李某得到一张包含活动先后关系和每项活动初步历时估计的工作列表，如下所示。

活动代号	前序活动	活动历时/天
A	—	5
B	A	3
C	A	6
D	A	4
E	B、C	8
F	C、D	5
G	D	6
H	E、F、G	9

【问题 1】（5 分）

（1）请计算活动 B、C、F 的自由浮动时间。

（2）请计算活动 D、G 的最迟开始时间。

【问题 2】（4 分）如果活动 B 拖延了 4 天，则该项目的工期会拖延几天？请说明理由。

【问题 3】（6 分）按照题干所述，李某实际完成了项目进度管理的什么过程？如果要进行有效的项目进度管理，还要完成哪些过程？

试题 3 挣值分析

【说明】 某信息系统开发项目由某公司承建，工期 1 年，项目总预算 20 万元。目前项目实施已进行到第 8 个月末。在项目例会上，项目经理就当前的项目进展情况进行分析和汇报，截止到第 8 个月末的项目执行情况分析表如下所示。

序号	活动	计划成本值/元	实际成本值/元	完成百分比/%
1	项目活动	2000	2100	100
2	可行性研究	5000	4500	100
3	需求调研	10000	12000	100
4	设计选型	75000	86000	90
5	集成实施	65000	60000	70
6	测试	20000	15000	35

【问题 1】（8 分）请计算截止到第 8 个月末该项目的成本偏差（CV）、进度偏差（SV）、成本执行指数（CPI）和进度执行指数（SPI），判断项目当前在成本和进度方面的执行情况。

【问题 2】（7 分）请简要叙述成本控制的主要工作内容。

试题 4 资源管理和沟通管理

【说明】 为实现空气质量的精细化治理，某市规划了智慧环保项目。该项目涉及网格化监测、应急管理、执法系统等多个子系统。作为总集成商，A 公司非常重视，委派李经理任项目经理，对公司内研发部门与项目相关的各产品线研发人员及十余家供应商进行统筹管理。李经理明确了关键时间节点，识别出项目干系人为客户和供应商后，开始了项目建设工作。

项目开始建设 5 个月后，公司高层希望了解项目情况，要求李经理进行阶段性汇报。李经理对各方面工作进展进行汇总，发现三个问题：一是原本该到位的服务器、交换机，采购部门迟迟没有采购到位，部分研发完成的功能无法部署到客户现场与客户进行演示确认；二是 S 公司作为 A 公司的供应商，承担空气质量监测核心算法工作，一直与客户方直接对接，其进度已经不受李经理掌控，且 S 公司作为核心算法国内唯一权威团队，可以确保算法工作按期交付，因此其认为不需要向李经理汇报工作进展；三是公司研发部门负责人因其他项目交付紧迫性更高，从该项目抽调走了 2 名研发人员张工、王工，项目目前研发人员的空缺需要后续补充。

李经理忧心忡忡地向公司汇报完项目进展情况后，公司政策研究院相关领导表示国家在环境执法方面的法律法规于本月初已经进行了较大改版，项目相关子系统会有关联；营销副总裁听完项目汇报后表达不满：该项目作为公司的重点项目，希望作为全国性的标杆项目进行展示和推广，但当前各子系统的研发成果基本照搬了公司现有产品，没有任何创新性的体现，不利于公司后期的宣传推广，PMO 提醒李经理依据财务部门推送的数据，公司对部分供应商已经根据进度完成了第二节点款项支付，但当前 A 公司作为总集成商，与客户的第二个合同付款节点还未到，项目的成本支出和收益方面将面临较大的压力。人力资源负责人提醒李经理，项目成员张工和王工的本月绩效评价还未提交，截止日期为 2 天以后。

【问题 1】（12 分）

结合案例，请指出李经理在资源管理和沟通管理方面存在的问题。

【问题 2】（5 分）

请将下面（1）～（5）处的答案填写在答题纸的对应栏内。

本案例中，项目的组织结构是___（1）___，李经理发现人员空缺时需要再选 2～3 名研发人员进入项目，选择标准包括：经验、___（2）___、___（3）___、___（4）___、___（5）___、成本、能力和国际因素。

【问题 3】（3 分）

结合案例，请帮助李经理补充他没有识别到的其他干系人。

【问题 4】（5 分）

请写出项目资源管理包含的过程，并描述每个过程的主要作用。

试题 5 WBS

【说明】M 公司承担了某大学图书馆存储及管理系统的开发任务，项目周期 4 个月。

小陈是 M 公司的员工，半年前入职。在校期间，小陈跟随导师做过两年的软件开发，具有很好的软件开发基础。领导对小陈很信任，本次任命小陈担任该项目的项目经理。项目立项前，小陈参与了用户前期沟通会议，并承担了需求分析工作。

会议后，相关部门按照要求整理会议所形成的决议和共识，并发给客户等待确认。为了节约时间，小陈根据自己在沟通会议上记录的结果，当晚组织相关人员撰写了软件需求规格说明书。次日便要求设计人员开始进行系统设计，并指出项目组成员必须严格按照进度计划执行，以不辜负领导的期望与嘱托。

项目进行了 2 个月后，校方主管此业务的新领导到任，并提出了新的信息化管理要求。小陈进行变更代价分析，认为成本超支严重，于是小陈准备不进行范围变更，并将结果通知客户，引起客户不满。

项目进入测试阶段后，M 公司开展内部管理审查活动，此项目作为在建项目接受了抽查，项目审查员对该项目提出了多个问题，范围管理方面的问题尤为突出。

【问题1】（5分）结合本案例，分析小陈在此项目中的项目范围管理方面可能存在的不足。

【问题2】（6分）小陈组织人员撰写的项目 WBS 如下所示。

```
                    ××大学图书馆存储及管理系统
                               │
    ┌──────────┬──────────┬──────────┬──────────┬──────────┐
 110确定需求    120设计      130编码     140测试    150安装与调试
    │           │            │           │           │
 111初步需求   121功能设计  131模块定义  141内部测试  151软件安装
    │           │            │           │           │
 112详细需求   122系统设计  132接口定义  142集成测试  152系统调试
                            │           │           │
                         133程序编码  143报告制订   153培训
```

（1）上述 WBS 结构是将_____作为第一层进行分解的。除了上述方法，还可以采用_____方式进行分解。

（2）从上图来看，完整的 WBS 中除了实现最终产品或服务所必须进行的技术工作，还需要包括_____。

（3）创建 WBS 时要遵循哪些原则？供选择答案如下。（将正确选项的字母填入答题卡的对应栏内）

A．在各层次上保持项目的完整性，避免遗漏必要的组成部分
B．一个工作单元可从属于某些上层单元
C．相同层次的工作单元可以具有不同性质
D．工作单元应能分开不同责任者和不同工作内容
E．便于项目管理进行计划、控制的管理需要
F．最低层工作应该具有可比性，是可管理的、可定量检查的
G．分解到一定粒度的工作包
H．WBS 不包括分包出去的工作

【问题3】（4分）

（1）请指出案例中引起范围变更的原因。
（2）一般情况下，造成项目范围变更还有哪些主要原因？

试题 6 合同索赔

【说明】在某市的政府采购中,某系统集成公司甲中标了市政府部门乙的信息化项目。经过合同谈判,双方签订了建设合同,合同总金额为 1150 万元,建设内容包括搭建政府办公网络平台、改造中心机房和采购所需的软硬件设备。

公司甲为了更好地履行合同要求,将中心机房的电力改造工程分包给专业施工单位丙,并与其签订分包合同。

在项目实施了 2 个星期后,由于政府部门乙提出了新的业务需求,决定将一个机房分拆为两个,因此需要增加部分网络交换设备。乙参照原合同,委托甲采购相同型号的网络交换设备,金额为 127 万元,双方签订了补充协议。

在机房电力改造施工过程中,由于施工单位丙工作人员的失误,造成部分电力设备损毁,导致政府部门乙两天无法正常办公,严重损害了政府部门乙的社会形象,因此政府部门乙就此施工事故向公司甲提出索赔。

【问题 1】(2 分)案例中,政府部门乙向公司甲提出索赔。索赔是合同管理的重要环节,按照我国建设部、财政部下达的通用条款,以下哪项不属于索赔事件处理的原则?(从候选答案中选一个正确选项,将该选项的字母填入答题卡的对应栏内)

候选答案如下。

A. 索赔必须以合同为依据　　　　　B. 索赔必须以双方协商为基础
C. 及时、合理地处理索赔　　　　　D. 加强索赔的前瞻性

【问题 2】(8 分)请指出公司甲与政府部门乙签订的补充协议是否有不妥之处?如果有,请指出并说明依据。

【问题 3】(5 分)请简要叙述合同索赔的流程。

【问题 4】(5 分)案例中,公司甲将中心机房的电力改造分包给专业施工单位丙,并与其签订分包合同,请问公司甲与公司丙签订的分包合同是否合理?为什么?

试题 7 进度控制

【说明】某公司成功中标 S 市的电子政务工程。某公司的项目经理王工组织相关人员对该项目的工作进行了分解,并参考以前曾经成功实施的 W 市电子政务工程项目,估算该项目的工作量为 120 人·月,计划工期为 6 个月。项目开始不久,为便于应对突发事件,经业主与该公司协商,同意该电子政务工程必须在当年年底之前完成,而且还要保质保量。这意味着项目工期要缩短为 4 个月,而项目工作量不变。

王工按照 4 个月的工期重新制订了项目计划，向公司申请尽量多增派开发人员，并要求所有的开发人员加班加点工作以便向前赶进度。由于公司有多个项目并行实施，给王工增派的开发人员都是刚招进公司的新人。为节省时间，王工还决定项目组取消每日例会，改为每周例会。同时，王工还允许需求调研和方案设计部分重叠进行，允许需求未经确认即可进行方案设计。

最后，该项目不但没能 4 个月完成，反而一再延期，迟迟不能交付。最终导致 S 市政府严重不满，项目组人员也多有抱怨。

【问题1】（6分）请简要分析该项目一再延期的主要原因。

【问题2】（6分）请简要说明项目进度控制可以采用的工具与技术。

【问题3】（3分）请简要说明王工可以提出哪些措施以有效缩短项目工期。

试题 8　配置管理

【说明】某信息系统开发公司承担了某企业的 ERP 系统开发项目，由项目经理老杨带领着一支 6 人的技术团队负责开发。由于工期短、任务重，老杨向公司申请增加人员，公司招聘了 2 名应届大学毕业生小陈和小王补充到该团队中。老杨安排编程能力强的小陈与技术骨干老张共同开发某些程序模块，而安排编程技术弱的小王负责版本控制工作。在项目开发初期，小陈由于不熟悉企业的业务需求，需要经常更改他和老张共同编写的源代码文件，但是他不知道哪个是最新版本，也不知道老张最近改动了哪些地方。一次由于小王的计算机中了病毒，造成部分程序和文档丢失，项目组不得不连续一周加班进行重新返工。此后，老杨吸取教训，要求小王每天下班前把所有最新版本的程序和文档备份到 2 台不同的服务器上。一段时间后，项目组在模块联调时发现一个基础功能模块存在重大 bug，需要调取之前的备份进行重新开发。可是小王发现，这样一来，这个备份版本之后的所有备份版本要么失去意义，要么就必须全部进行相应的修改。项目工期过半，团队中的小李突然离职，老杨在他走后发现找不到小李所负责模块的最新版本的源代码了，只好安排其他人员对该模块进行重新开发。

整个项目在经历了重重困难，进度延误了 2 个月后终于勉强上线试运行。可是很快用户就反映系统无法正常工作。老杨带领所有团队成员在现场花费了 1 天时间终于找出问题所在，原来是 2 台备份服务器上的版本号出现混乱，将测试版本中的程序打包到了发布版本中。

【问题1】（5分）
在（1）～（5）中填写恰当的内容。

为了控制变更，软件配置管理中引入了__（1）__这一概念。根据这个定义，在软件的开发流程中把所有需加以控制的配置项分为两类，其中，__（2）__配置项包括项目的各类计划和报告等。配置项应该按照一定的目录结构保存到__（3）__中。所有配置项的操作权限由__（4）__进行严格管理，其中___(5)___配置项向软件开发人员开放读取的权限。

（1）～（5）供选择的答案如下。

A．版本　　　B．基线　　　C．配置项　　D．非基线　　E．受控库
F．静态库　　G．配置库　　H．CMO　　　I．PM　　　　J．CCB

【问题2】（4分）结合案例，请分析为什么要进行配置项的版本控制。

【问题3】（5分）简述配置项的版本控制流程。

【问题4】（8分）针对该项目在配置管理方面存在的问题，结合你的项目管理经验，为老杨提出一些改进措施。

试题9　可行性分析

【说明】去年年底，某大型企业集团的财务处经过分析发现，员工手机通话量的80%是在企业内部员工之间进行的，而90%的企业内部通话者之间的距离不到1000米。如果能引入一项新技术降低或者免掉内部员工的通话费，这对集团来说将能节省很大一笔费用，对集团的发展意义相当大。财务处将这个分析报告给了集团的总经理，总经理又把这个报告转给了集团信息中心主任李某，责成他拿出一个方案来实现财务处的建议。

李某找到了集团局域网的原集成商A公司并反映了集团的需求。A公司管理层开会研究后命令项目经理章某积极跟进，与李某密切联系。章某经过调研，选中了一种基于无线局域网IEEE 802.11n改进的新技术——"无线通"手机通信系统，也了解到有一家山寨机厂家在生产这种新技术手机。这种手机能自动识别"无线通"、移动和联通，其中"无线通"为优先接入。经过初步试验，发现通话效果很好，因为是构建在集团现有的局域网之上，除去购买专用无线路由器和这种廉价手机之外，内部通话不用缴费。而附近其他单位听说后，也纷纷要求接入"无线通"，于是章某准备放号，并准备收取这些单位适当的话费。

但等到"无线通"在集团内部推广时，发现信号覆盖有空白、噪声太大、高峰时段很难打进打出，更麻烦的是当地政府的主管部门要他们暂停并要对他们罚款。此时章某骑虎难下，欲罢不能。

【问题1】（4分）造成这种局面的可能原因是什么？章某在实施"无线通"时可能遇到的风险有哪些？

【问题2】（5分）针对本案例，章某应该在前期进行可行性分析，请问可行性分析的基本内容有哪些？

【问题3】（6分）请用200字以内的文字，简要叙述章某为走出这样的局面可能采取的措施。

试题 10 项目收尾

【说明】某公司是一家专门从事 ERP 系统研发和实施的 IT 企业，目前该公司正在进行的一个项目是为某大型生产单位（甲方）研发 ERP 系统。

某公司与甲方的关系比较密切，但也正因如此，合同签得较为简单，项目执行较为随意。同时，甲方组织架构较为复杂，项目需求来源多样且经常发生变化，项目范围和进度经常要进行临时调整。

经过项目组的艰苦努力，系统总算能够进入试运行阶段，但是由于各种因素，甲方并不太愿意进行正式验收，至今项目也未能结项。

【问题1】（6分）请从项目管理的角度，简要分析该项目未能结项的可能原因。

【问题2】（5分）针对该项目的现状，简要说明为了促使该项目进行验收，可采取哪些措施。

【问题3】（4分）为了避免以后出现类似情况，请简要叙述该公司应采取哪些有效的管理手段。

试题 11 综合计算

【说明】已知某信息工程由 A、B、C、D、E、F、G、H 八个活动构成，项目的活动历时、活动所需人数、费用及活动逻辑关系如下表所示。

活动	历时/天	所需人数	费用/[元/（人·天）]	紧前活动
A	3	3	100	—
B	2	1	200	A
C	8	4	400	A
D	4	3	100	B
E	10	2	200	C
F	7	1	200	C
G	8	3	300	D
H	5	4	200	E、F、G

【问题1】（4分）请给出该项目的关键路径和工期。

【问题2】（4分）第14天晚的监控数据显示活动E、G均完成一半，活动F尚未开始，项目实际成本支出12000元。

（1）请计算此时项目的计划值（PV）和挣值（EV）。

（2）请判断此时项目的成本偏差（CV）和进度偏差（SV），以及成本和进度执行情况。

【问题3】（2分）若后续不做调整，项目的工期是否有影响？为什么？

【问题4】（10分）

（1）请给出总预算（BAC）、完工尚需估算（ETC）和完工估算（EAC）的值。

（2）请预测是否会超过总预算？完工偏差（VAC）是多少？

试题12 综合计算

【说明】项目经理老刘把编号为1401的工作包分配给张工负责实施，要求他必须25天内完成。任务开始时间是3月1日早8时，每天工作时间为8小时。

张工对该工作包进行了活动分解和活动历时估算，并绘制了如下的活动网络图。

```
           B      C      D
           3      5      6
       ↗              ↘
    A → E  →   F  →   G  → J
    2    5       5      7    4
       ↘              ↗
           H  →   I        活动代码
          10      6        历时
```

1401工作包的直接成本由人力成本（每人每天的成本是1000元）构成，每个活动需要2人完成。

【问题1】（9分）请将下面（1）～（6）处的答案填写在答题卡的对应栏内。

张工按照1401工作包的活动网络图制订了工作计划，预计总工期为___(1)___天。按此计划，预留的时间储备是___(2)___天。该网络图的关键路径是___(3)___。按照1401工作包的活动网络图所示，计算活动C的总时差是___(4)___天，自由时差是___(5)___天。正常情况下，张工下达给活动C的开工时间是3月___(6)___日。

【问题2】（6分）假如活动C和活动G都需要张工主持施工（张工不能同时对活动C和活动

G 进行施工），请进行如下分析。

（1）由于各种原因，活动 C 在 3 月 9 日才开工，按照张工下达的进度计划，该工作包的进度是否会延迟？并说明理由。

（2）基于（1）所讲的情况，在不影响整体项目工期的前提下，请分析张工宜采取哪些措施。

【问题 3】（10 分）张工按照 1401 工作包的活动网络图编制了进度计划和工作包预算，经批准后发布。在第 12 天的工作结束后，活动 C、F、H 都刚刚完成，实际花费为 7 万元。请做如下计算和分析。

（1）当前时点的 SPI 和 CPI。

（2）在此情况下，张工制订的进度计划是否会受到影响？并说明理由。

试题 13　风险管理

【说明】新能源汽车公司 Super Car 立项为其车型升级智能座舱系统，项目组由产品团队、硬件团队、软件团队、采购团队分别抽调人员组成，来自公司管理团队的小赵担任项目经理。项目需求的主要内容如下。

- 硬件更新换代：更换原有的 8 寸显示屏为 11 寸 2K 高清显示屏，新增定制驾驶状态显示屏 1 个，9 寸座椅显示屏 2 个，全向麦克风 2 个，立体声音箱 4 个，辅助定位雷达 2 个，辅助摄像头 4 个。
- 升级辅助驾驶能力：升级仪表数据系统并接入到驾驶状态显示屏，增加自动倒车功能，增加防按提醒和环境影像显示，升级车载娱乐系统。
- 升级语音智能助手，增强娱乐功能，增加儿童教育模块。

项目中发现的五个主要风险项如下。

（1）由于整车开发周期长和市场需求的快速变化，可能引起整车外观和硬件结构的巨大变更，以及硬件选型的更换。

（2）软件开发团队人员变动频繁，可能影响软件开发进度。

（3）集成测试预计整体外包，外包公司未做过此类项目，测试质量可能不达标。

（4）作为高科技公司，提倡各个项目申请专利并提供激励。

（5）儿童教育模块直接购买了第三方公司的资源，近期第三方公司发生数据泄露，导致交付时间延误。

【问题 1】（10 分）结合案例，请补充下表风险项应对措施相应的应对策略。

风险项	应对措施	应对策略
1	强化变更管理，每项变更严格执行变更流程	减轻
	采用模块化开发方法	（1）
	强化客户参与度	（2）
2	将开发任务外包给长期合作的研发团队	（3）
	提高开发人员的福利待遇	（4）
3	取消外包，自己团队进行测试	（5）
	寻找新的测试质量达标的外包商	（6）
4	增加专利培训，组织专利挖掘会议，尽可能多申请专利	（7）
	对申请专利设立绩效指标	（8）
5	制订应急预案，启动预案处理机制	（9）
	要求第三方公司购买相关安全保险补偿延期损失	（10）

【问题2】（4分）请写出实施风险应对过程中常用的工具与技术。

【问题3】（6分）请将正确答案填写在空白处。

实施定性风险分析是通过评估单个项目风险发生的___（1）___和___（2）___以及其他特征，对风险进行___（3）___，从而为后续分析或行动提供基础的过程。本过程的主要作用是重点关注___（4）___的风险。

试题 14　采购管理

【说明】某大型国企 A 与长期合作的系统集成商 B 签订了总承包合同。为了扩容，集成商 B 将原计划总承包合同中的部分任务调整为使用外采 PaaS 服务，由于时间紧任务重，集成商 B 即刻开始编制公开招标文件外采 PaaS 服务，并于 7 月 22 日发出招标公告，规定投标截止时间为 8 月 8 日 18 时。到了截止时间，总共收到了两家公司的投标书。一家是业内成熟的云服务提供商，另一家是某大型互联网企业 C 新成立的云服务事业部。

集成商 B 的总经理王总、项目经理小陈与 2 位行业专家组成了评标委员会，对两家公司进行了评标，并最终根据报价选定了接近成本价的 C 公司，签订了 2 年的合同，系统上线运行 20 个月时，C 公司进行业务重组，裁撤了效益不好的云服务事业部，开通服务将在 1 个月后停止服务。集成商 B 重新采购和迁移系统服务将会导致相关业务无法开展。B 和 A 说明了情况，A 以不了解相关情况为由，坚持要求 B 按合同执行。

【问题1】（4分）结合案例，请简要分析集成商 B 的做法存在的问题。

【问题2】（6分）案例中 A 要求 B 按照合同执行是否合适？并说明原因。

【问题3】（6分）请列出实施采购过程的输入。

参考答案

试题1　项目变更管理

[辅导专家提示]　本题是反推法的典型题型，主要帮助考生通过此题熟悉反推法。解题步骤可以先解答问题3，得到变更管理的基本流程，然后对基本流程进行否定，得到存在的问题（问题1），根据存在的问题，正推导致的后果（问题2）。

标准流程	否定后	后果
变更申请	缺乏变更申请	对产品的变更历史无法追溯
变更评估	未对变更进行评估	导致后期的变更工作出现工作缺失、与其他工作不一致等问题，对进度、成本、质量方面产生一定影响
变更决策	未经过CCB决策	变更不被认可，为变更付出的工作量也无法得到承认
变更实施	未进行版本管理	导致当变更失败时无法进行复原，造成成本损耗和进度拖延
变更验证	变更完成后没有进行验证	难以确认变更是否正确实现
沟通存档	没有沟通存档，通知项目干系人	导致与项目干系人的工作之间出现不一致之处

■ 参考答案

【问题1】存在的主要问题如下。

（1）对用户的要求未进行记录。

（2）对变更请求未进行足够的分析，也没有获得批准。

（3）在修改过程中没有注意进行版本管理。

（4）修改完成后未进行验证。

（5）修改的内容未与项目干系人进行沟通。

【问题2】可能导致如下后果。

（1）缺乏对变更请求的记录，可能会导致对产品的变更历史无法追溯，并会导致对工作产物的整体变化情况失去把握。

（2）缺乏对变更请求的分析，可能会导致后期的变更工作出现工作缺失、与其他工作不一致等问题，对项目的进度、成本、质量方面也会产生一定影响。

（3）在修改过程中不注意版本管理，一方面可能会导致当变更失败时无法进行复原，造成成本损耗和进度拖延；另一方面，对于组织财富和经验的积累也是不利的。

（4）修改完成后不进行验证，则难以确认变更是否正确实现，为变更付出的工作量也无法得到承认。

（5）未与项目干系人进行沟通，可能会导致与项目干系人的工作之间出现不一致之处，进而影响项目的整体质量。

【问题3】变更管理的基本流程如下。

（1）变更申请。应记录变更的提出人、日期、申请变更的内容等信息。

（2）变更评估。对变更的影响范围、严重程度、经济和技术可行性进行系统分析。

（3）变更决策。由具有相应权限的人员或机构决定是否实施变更。

（4）变更实施。由管理者指定的工作人员在受控状态下实施变更。

（5）变更验证。由配置管理人员或受到变更影响的人对变更结果进行评价，确定变更结果与预期是否相符、相关内容是否进行了更新、工作产物是否符合版本管理的要求。

（6）沟通存档。将变更后的内容通知可能会受到影响的人员，并将变更记录汇总归档。如提出的变更在决策时被否决，其初始记录也应予以保存。

试题2 关键路径法

[辅导专家提示] 关键路径的题目并没有所谓的超难题型，一般来说，关键路径的题目出错，多半是自己不熟练或粗心大意所致。对于关键路径的解题方法来说，强烈推荐各位考生在草稿纸上画大图，基于图形仔细推导。

本题在阅读参考答案的过程中注意给分分值的分布，在具体答题的过程中注意答题的步骤，对于计算题建议有过程，而不能直接写答案。

■ 试题分析 活动节点图例，如下图所示。

ES	工期	EF
工作编号		
LS	总时差	LF

解答关键路径的题目，所涉及的常用公式如下。

公式1：ES（最早开始时间）= MAX{所有前序活动的EF}

公式2：EF（最早完成时间）= ES+D，其中D为当前活动历时

公式3：LF（最迟完成时间）= MIN{后继活动的LS}

公式4：LS（最迟开始时间）= LF-D，其中D为当前活动历时

公式5：TF（总时差）= LS-ES

公式6：FF（自由活动时间）= MIN{后继活动的ES}-EF

对于关键路径上的活动来说，ES（最早开始）= LS（最迟开始），EF（最早完成）= LF（最迟完成），因为关键路径上的活动是不允许延迟的，否则就会影响总工期。据此，TF和FF必为0。

根据题意求出活动网络图，如下所示。

5	3	8
	B	
8	3	11

11	8	19
	E	
11	0	19

0	5	5
	A	
0	0	5

5	6	11
	C	
5	0	11

11	5	16
	F	
14	3	19

19	9	28
	H	
19	0	28

5	4	9
	D	
9	4	13

9	6	15
	G	
13	4	19

由图可以知道，路径 ACEH 最长，即为关键路径，工期 28 天。

活动 B 延期 4 天，活动 B 历时变为 7 天后，进度网络图如下图所示。

	7	
	B	

	8	
	E	

	5	
	A	

	6	
	C	

	5	
	F	

	9	
	H	

	4	
	D	

	6	
	G	

关键路径变为 ABEH，工期 29 天，延长了 1 天。

■ 参考答案

【问题1】（每个计算结果1分，满分5分）

（1）活动 B 的自由浮动时间为 3 天；活动 C 的自由浮动时间为 0 天；活动 F 的自由浮动时间为 3 天。

（2）活动 D 的最迟开始时间为 9 天；活动 G 的最迟开始时间为 13 天。

【问题2】结果拖延了 1 天。（1分）

理由如下：

原关键路径为 ACEH。（1 分）
原工期 = 5+6+8+9 = 28 天。（0.5 分）
新关键路径为 ABEH。（1 分）
新工期 = 5+7+8+9 = 29 天。（0.5 分）

【问题 3】
已完成：活动定义、活动排序和活动历时估算。（每项 1 分，满分 3 分）
待完成：活动资源估算、制订进度计划表和进度控制。（每项 1 分，满分 3 分）

试题 3　挣值分析

[辅导专家提示]　本题属于挣值分析计算题，考核相对比较简单。通过此题帮助考生熟悉挣值分析的基本概念。

挣值分析往往会涉及一些很难的题目，但题目解题的一个关键点在于时刻要想到 PV 和 EV 的基本概念，只有基本概念理顺了，才能避免掉进出题者设计的陷阱中。

■ 参考答案

【问题 1】
PV = 2000+5000+10000+75000+65000+20000 = 177000
AC = 2100+4500+12000+86000+60000+15000 = 179600
EV = 2000×100%+5000×100%+10000×100%+75000×90%+65000×70%+20000×35% = 137000
CV = EV−AC = 137000−179600 = −42600
SV = EV−PV = 137000−177000 = −40000
CPI = EV/AC = 137000/179600 = 0.76
SPI = EV/PV = 137000/177000 = 0.77
项目当前执行情况：成本超支，进度滞后。

【问题 2】成本控制的主要工作内容如下。
（1）对造成成本基准变更的因素施加影响。
（2）确保变更请求获得同意。
（3）当变更发生时，管理这些实际的变更。
（4）保证潜在的成本超支不超过授权的项目阶段资金和总体资金。
（5）监督成本绩效，找出与成本基准的偏差。
（6）准确记录成本基准偏差。
（7）防止错误的、不恰当的或未批准的变更被纳入成本或资源使用报告中。
（8）就审定的变更通知项目干系人。
（9）采取措施，将预期的成本超支控制在可接受的范围内。

试题 4　资源管理和沟通管理

[辅导专家提示]　本题问题 1 考查沟通管理和资源管理的相关知识，答题时需要从沟通管理和资源管理的管理过程顺序去分析，看每个过程是否开展了相应的工作以及工作过程是否正确。

项目资源管理过程包括规划资源管理，估算活动资源，获取资源，建设团队，管理团队，控制资源。

项目沟通管理过程包括规划沟通管理，管理沟通，监督沟通。

本题问题2考查组织结构类型和获取资源工具的相关内容。

本题问题3考查识别干系人的具体应用，应从多个角度去识别干系人。

本题问题4考查考生对资源管理过程的理解。答题时不一定需要按原话答，但需要把主要内容体现出来。

■ **参考答案**

【问题1】

（1）资源管理方面存在如下问题。

1）没有制订资源管理计划。

2）没有进行资源估算。

3）没有及时获取项目所需资源，导致项目研发人员空缺。

4）团队建设存在问题，未及时提交绩效评价。

5）没有做好控制资源的工作，原本该到位的服务器、交换机，采购部门迟迟没有采购到位。

6）李经理欠缺管理经验。

（2）沟通管理方面存在如下问题。

1）没制订沟通管理计划。

2）没有分析干系人的沟通需求。

3）管理沟通存在问题，没有主动向公司高层作阶段性的汇报，以满足干系人的信息需求。

4）控制沟通存在问题，李经理没有做好与S公司的沟通工作，不能让S公司直接与客户对接，也不能因为个人可以确保算法能够按期交付就不进行工作汇报等。

【问题2】

（1）项目型　（2）知识　（3）技能　（4）态度　（5）可用性

【问题3】

没有识别到的干系人有：用户、高层领导、项目团队、项目管理办公室（PMO）、采购部门负责人、研发部门负责人、人力资源负责人、公司政策研究院相关领导、团队成员家属等。

【问题4】

资源管理包含的过程和每个过程的主要作用如下。

（1）规划资源管理：定义如何估算、获取、管理和利用实物以及团队项目资源。本过程的主要作用是根据项目类型和复杂程度确定适用于项目资源的管理方法和管理程度。

（2）估算活动资源：估算执行项目所需的团队资源，材料、设备和用品的类型和数量。本过程的主要作用是明确完成项目所需的资源种类、数量和特性。

（3）获取资源：获取项目所需的团队成员、设施、设备、材料用品和其他资源。本过程的主要作用：一是概述和指导资源的选择；二是将选择的资源分配给相应的活动。

（4）建设团队：提高工作能力，促进团队成员互动，改善团队整体氛围提高绩效。本过程的主要作用是改进团队协作、增强人际关系技能、激励员工、减少摩擦以及提升整体项目绩效。

（5）管理团队：管理跟踪团队成员工作表现，提供反馈、解决问题并管理团队变更，以优化项目绩效。本过程的主要作用是影响团队行为、管理冲突以及解决问题。

（6）控制资源：确保按计划为项目分配实物资源，以及根据资源使用计划监督资源实际使用情况，并采取必要的纠正措施。本过程的主要作用：一是确保所分配的资源适时、适地可用于项目；二是资源在不再需要时被释放。

试题 5　WBS

[辅导专家提示]　范围管理中有几个重要过程：定义范围、制订 WBS 和确认范围。本题考核制订 WBS，WBS 的题型出现时一般都有 WBS 的图形，考核分解方式、特点、分解原则等。

■ 参考答案

【问题 1】

①没有制订项目范围计划；②没有进行定义范围（或没有形成范围说明书）；③没有进行确认范围（或未与项目干系人统一意见就开始设计）；④变更应遵循整体变更流程；⑤范围管理中与干系人的沟通存在问题（或范围变更未与干系人取得统一意见）；⑥SRS 未评审就付诸行动。

【问题 2】

（1）项目的生命周期。**把项目可交付物**作为分解中的第一层，把子项目安排在第二层。

（2）项目管理工作。

（3）A、D、E、F

【问题 3】

（1）案例中引起范围变更的原因是客户对项目、项目产品或服务的要求发生了变化。

（2）引起范围变更的原因有很多，最常见的有：

1）项目环境发生变化（如政府政策发生变化）。

2）范围计划编制有错误或遗漏。

3）市场出现了新技术、新手段或新方案。

4）项目实施组织发生了变化。

试题 6　合同索赔

[辅导专家提示]　本题除了关注所考核的知识点之外，还要注意答题的方式，在问题 2 和问题 4 的解答中，我们标示出了分值是如何分布的。以问题 2 的解答为例，答案中《中华人民共和国政府采购法》在具体评分标准中占 1~2 分。涉及法律法规的解答，考生最容易忽视要写上法律法规的名称。

■ 参考答案

【问题 1】①索赔必须以合同为依据；②必须注意资料的积累；③及时、合理地处理索赔；④加强索赔的前瞻性，有效地避免过多索赔事件的发生。因此本题选 B。

【问题 2】不妥之处为补充协议的合同金额超过了原合同总金额的 10%。（2 分）

根据《中华人民共和国政府采购法》的规定，政府采购合同履行中，采购人需要追加与合同标的相同的货物、工程或服务，在不改变合同其他条款的前提下，可以与供应商协商签订补充合同，

但所有补充合同的采购金额不得超过原合同采购金额的10%。（6分）

【问题3】①提出索赔要求；②报送索赔资料；③索赔答复；④索赔认可（索赔存在分歧时，进入仲裁或诉讼）；⑤提交索赔报告。

【问题4】合理。（2分）

因为中心机房电力改造不属于主体业务，可以分包。同时分包给专业施工单位，可以提高效率，节约成本，提高质量。（3分）

试题7　进度控制

[辅导专家提示]　时间管理知识域在案例的考核上，可以考核计算题（关键路径法），也可以考核分析题。本题即为分析题，给出一段场景，分析原因。本题的关键点在于总结"导致进度失控的原因以及解决进度失控的方法"，考生请注意，这些原因和方法带有共性，在今后类似的题目中均可以"复用"。

■ 参考答案

【问题1】①原来估计的120人·月的工作量可能不准确；②简单地增加人力资源不一定能如期缩短工期，而且人员的增加意味着更多的沟通成本和管理成本，使得项目赶工的难度增大；③增派的人员各方面经验不足；④项目组的沟通存在问题，每周例会不能使问题及时暴露和解决，可能会导致更严重的问题出现；⑤需求未经确认即开始方案设计，一旦客户需求变化，将导致项目返工；⑥连续的加班工作使开发人员心理压力增大，工作效率降低，可能导致开发过程出现的问题较多。

【问题2】①进度报告；②绩效衡量；③项目管理软件；④偏差分析；⑤进度比较横道图；⑥进度压缩。

【问题3】①与客户沟通，在不影响项目主要功能的前提下，适当缩减项目范围（或分期交付，或适当降低项目性能指标）；②投入更多的资源以加速活动进程，或申请指派经验更丰富的人去完成（或帮助完成）项目工作；③通过改进工具与技术提高生产效率。

试题8　配置管理

[辅导专家提示]　配置管理在中级案例分析中考核的概率较高。考核主要围绕着配置管理的几个活动进行，如配置项识别、版本控制、配置状态报告等，此外，还涉及一些配置管理的具体应用，如配置库的权限等。

■ 参考答案

【问题1】依次为B、D、G、H、B

【问题2】进行版本控制的原因：①有利于版本的统一管理，避免发生版本丢失或混淆，减少返工；②有利于历史版本的追溯，能够快速准确地查找到配置项的任何版本；③有利于开发工作的协同化；④使配置项处于受控状态，能更好地进行变更管理；⑤有利于管理版本冲突，在多个版本冲突的情况下，有效地进行版本合并。

【问题3】配置项的版本控制流程：①识别配置项，并为配置项建立唯一标识；②建立配置管理系统；③创建或发行基线；④跟踪变更；⑤控制变更。

【问题4】改进措施有：①从项目整体出发，做好配置管理规划；②定义合理的配置管理流程，规定项目中出现变更的处理办法；③与各方干系人达成共识，组建配置管理委员会；④识别配置项，并为配置项建立唯一标识，保证其可追溯；⑤建立配置基线，使重要配置项处于受控状态；⑥定期提效配置状态报告，改进配置管理方法。

试题9　可行性分析

[辅导专家提示]　本题曾经考核了两次，且案例背景部分的内容都相同，仅仅改了项目各干系人的名称。对此类题目，考核内容相对比较集中，如可行性研究的内容、可行性研究的步骤、根据题目分析存在的问题和项目中面临的风险等。

■ 参考答案

【问题1】可能的原因如下：①没有进行系统的可行性分析；②调研不充分，不了解改进技术是否成熟；③对国家政策是否允许没有进行调研。

李某在实施"无线通"时可能遇到的风险如下：①技术风险：李某采用的这种新技术目前还没有成为行业标准；②政策风险：李某涉嫌无照运营，这是目前政策所不允许的；③市场风险：系统运行也有风险，因设备供应商是山寨的，可能倒闭。

【问题2】信息系统可行性研究的内容一般可以归纳如下：①技术可行性分析，通过调研，确定项目的总体和详细目标、范围、总体的结构和组成，确定技术方案、核心技术和关键问题，确定产品的功能与性能；②经济可行性分析；③运行环境可行性分析；④其他方面的可行性分析，如法律可行性分析、社会可行性分析等。

【问题3】可采取的措施有：①停止放号；②咨询是否有政策方面的限制；③改进技术方案或寻找可替代的技术方案。

试题10　项目收尾

■ 参考答案

【问题1】该项目未能结项的原因可能是：①对项目的风险认识不足；②合同中可能未对工期、质量和项目目标等关键问题进行约束；③未能进行有效的需求调研或需求分析不全面；④未能进行有效的项目（整体）变更控制；⑤项目执行过程中未能进行及时有效的沟通（或建立有效的沟通机制）。

【问题2】可采取的措施有：①请求公司的管理层出面去与甲方协调；②重新确认需求并获得各方认可；③与甲方明确合同及双方确认的补充协议（包括修改后的范围、进度和质量方面的文件等）作为验收标准；④准备好相应的项目结项文档，向甲方提交。

【问题3】可采取的管理手段有：①要在合同评审阶段参与评审，在合同中明确相应的项目目标、进度、验收标准、方法和步骤等；②需求调查和需求变更要有清楚的文档和会议纪要；③及时与甲方进行沟通，必要时请求公司管理层的支援；④阶段验收前，文档要齐全，阶段目标要保证实现，后期目标调整要有承诺；⑤引入监理机制；⑥做好有效的变更控制。

试题 11　综合计算

[辅导专家提示]　计算题属于案例分析题中的常规题型，也是案例分析卷的必考题型。一般有三种考核形式：①把关键路径和挣值分析结合起来考核；②单独考核挣值分析；③单独考核关键路径法。而第一种考核方式是近几年考核的趋势之一，即把关键路径和挣值分析结合起来进行考核。

（1）对于关键路径的题目，主要考推导，题型的变化程度相对单一，计算过程中推理不出问题，一般不会有大问题。

（2）挣值分析的题型的变化性极强，ETC 的计算等是挣值分析考核中相对简单的部分，一旦回归到基本概念的时候，难度可能陡增。

（3）挣值分析和关键路径结合起来后，看上去感觉复杂程度很高，其实拉低了整道题目难度水平，难度处于中等水平了。

■ 参考答案

【问题1】关键路径为 ACEH，工期 26 天。

【问题2】

（1）PV=A+B+C+D+3/10E+3/7F+5/8G=900+400+12800+1200+3×2×200
　　　+3×1×200+5×3×300=21600

　　EV=A+B+C+D+1/2E+1/2G=900+400+12800+1200+2000+3600=20900

（2）SV=EV-PV=20900-21600=-700<0 进度落后。

　　CV=EV-AC=20900-12000=8900>0 成本节约。

【问题3】

会对工期产生影响。因为，截止到目前 SPI=EV/PV=20900/21600=0.97<0，并且活动 F 尚未开始，如果不做调整，会改变关键路径，造成工期延长。

【问题4】

（1）BAC=A+B+C+D+E+F+G+H=3×3×100+2×1×200+8×4×400+4×3×100
　　　　+10×2×200+7×1×200+8×3×300+5×4×200=31900

　　因为不对后续工作进行调整，所以是典型偏差，

　　ETC=(BAC-EV)/CPI=(31900-20900)/1.74= 6321.84

　　EAC=ETC+AC=18321.84

（2）不会超出总预算，VAC= BAC-EAC=13578.16。

试题 12　综合计算

■ 参考答案

【问题1】

（1）23　（2）2　（3）AEFGJ　（4）3　（5）0　（6）6

【问题2】

（1）工作包进度不会延迟。因为活动 C 9 日开始，13 日末才能结束。而关键路径上的活动 G，开始时间是 13 日上午 8 时。题目要求张工不能同时对活动 C 和活动 G 进行施工，所以会导致关键

活动 G 延期 1 天，总工期延迟 1 天，但工作包有 2 天的储备时间，所以进度延期 1 天，但工作包整体进度还会在 25 天的要求内完成。

（2）在不影响整体项目工期的前提下，张工可采取如下措施：①提高活动 G、J 的工作效率；②增加资源，加快活动 G、J 的进度，进行赶工；③指派经验更丰富的人去完成工作。

【问题 3】
（1）依题意可得：
AC = 7（万元）
EV = (EVA+EVB+EVE+EVH+EVC+EVF) = (2+3+5+5+5+10)×2×1000 = 6（万元）
PV = (PVA+PVB+PVE+PVH+PVC+PVF+PVD 前 2 天) = (2+3+5+5+5+10+2)×2×1000 = 6.4（万元）
所以，SPI = EV/PV = 0.94，CPI = EV/AC = 0.86。

（2）由（1）可知会受到影响，因为目前情况下，进度落后。

试题 13　风险管理

[辅导专家提示]　消极风险应对策略包含规避、转移、减轻、接受、上报。"采用模块化开发方法"和"取消外包，自己团队进行测试"都属于改变项目计划、改变风险目标的方法，所以属于规避策略。"强化客户参与度""提高开发人员的福利待遇""寻找新的测试质量达标的外包商"都属于降低风险概率的方法，所以属于减轻策略。"将开发任务外包给长期合作的研发团队""要求第三方公司购买相关安全保险补偿延期损失"，属于将部分或者全部风险连同应对的责任转移到他方身上的方法，所以属于转移策略。

积极风险应对策略包含开拓、分享、提高、接受、上报。"对申请专利设立绩效指标"属于提高机会发生概率，最大化影响积极风险关键因素的方法，所以属于提高策略。"制订应急预案，启动预案处理机制"属于安排资源应对风险的方法，所以属于接受策略。

■ 参考答案

【问题 1】（1）规避（2）减轻（3）转移（4）减轻（5）规避（6）减轻（7）提高（8）提高（9）接受（10）转移

【问题 2】专家判断、人际关系与团队技能、项目管理信息系统。

【问题 3】（1）概率（2）影响（3）优先级排序（4）高优先级

注：（1）和（2）可以互换。

试题 14　采购管理

[辅导专家提示]　本题主要考查考生对《中华人民共和国招标投标法》《中华人民共和国民法典》的掌握。主要考查法规中时间、人数、变更相关的条款。

■ 参考答案

【问题 1】集成商 B 的做法存在的问题如下。
（1）"7 月 22 日发出招标公告，规定投标截止时间为 8 月 8 日 18 时"错误，时间不满 20 日。
（2）"对两家公司进行了评标"错误，投标人少于 3 家不得开标应重新招标；B 公司没有对中标候选人进行排序并选定排名第一的中标候选人作为中标人；B 公司没有遵循正式的招投标选定供应商。

（3）"集成商 B 的总经理王总、项目经理小陈与 2 位行业专家组成了评标委员会"错误，评标委员会应由 5 人以上单数组成，并且经济技术方面的专家不得少于 2/3。

（4）"最终根据报价选定了接近成本价的 C 公司"错误，应综合考虑供应商的选择标准，不能只考虑价格。

（5）"C 公司进行业务重组，裁撤了效益不好的云服务事业部，开通服务将在 1 个月后停止服务"说明 B 公司未提前识别 C 公司有可能停止服务的风险。

（6）合同中没有明确约定变更及违约责任。

（7）"B 和 A 说明了情况，A 以不了解相关情况为由，坚持要求 B 按合同执行。"说明 B 公司与 C 公司签订分包合同时，没有告知 A 公司；B 公司没有建立有效的沟通机制，导致 A 公司不了解项目实施情况。

【问题 2】

不合适。因为依据《中华人民共和国民法典》"合同成立后，合同的基础条件发生了当事人在订立合同时无法预见的、不属于商业风险的重大变化，继续履行合同对于当事人一方明显不公平的，受不利影响的当事人可以与对方重新协商；在合理期限内协商不成的，当事人可以请求人民法院或者仲裁机构变更或者解除合同。人民法院或者仲裁机构应当结合案件的实际情况，根据公平原则变更或者解除合同。"

【问题 3】

项目管理计划、采购文档、卖方建议书、项目文件、事业环境因素、组织过程资产。

总结

[辅导专家提示]　对于没有经验的考生来说，案例分析题往往是其头痛的地方，由于经验的缺乏，导致其答题时总不知道如何下手、如何才能切中答题的要点。

本书作者通过多年的教学经验，总结了一套"模式化"的答题方法。当然，这种方法并不能完全代替项目经验，只是从应试的角度进行总结，考生若想真正解决问题，建议在解题方法的基础上思考和总结。

本次再版中的案例分析题根据近几年的出题情况做了非常大的调整，替换了 60%以上的案例，而且案例分析的考核重点也在不断转移中，建议考生关注我们的公众号"攻克要塞"获取最新的信息。

第四篇 模拟试题篇

全真模拟卷

综合知识卷

- 人通过获得、识别不同信息来区别不同事物，得以认识和改造世界。以下关于信息的叙述中，不正确的是___(1)___。
  - (1) A. 信息的载体是数据
    - B. 信息是事物的运动状态和状态变化方式的自我表述
    - C. 信息是按照特定方式组织在一起的数据的集合
    - D. 信息通过载体进行传播

- 作为两化融合的升级版，___(2)___将互联网与工业、商业、金融业等行业全面融合。
  - (2) A. 互联网+　　　B. 工业信息化　　　C. 大数据　　　D. 物联网

- 下列要素中，不属于DFD的是___(3)___。当使用DFD对一个工资系统进行建模时，___(4)___可以被认定为外部实体。
  - (3) A. 加工　　　B. 数据流　　　C. 数据存储　　　D. 联系
  - (4) A. 接收工资单的银行　　　　B. 工资系统源代码程序
    - C. 工资单　　　　　　　　　D. 工资数据库的维护

- 耦合度描述了___(5)___。
  - (5) A. 模块内各种元素结合的程度　　B. 模块内多个功能之间的接口
    - C. 模块之间公共数据的数量　　　　D. 模块之间相互关联的程度

- 在面向对象软件开发过程中，采用设计模式___(6)___。
  - (6) A. 允许在非面向对象程序设计语言中使用面向对象的概念
    - B. 以复用成功的设计和体系结构
    - C. 以减少设计过程创建的类的个数
    - D. 以保证程序的运行速度达到最优值

- 在MVC（模型/视图/控制器）模式中，视图部分描述的是___(7)___。
  - (7) A. 将应用问题域中包含的抽象领域知识呈现给用户的方式
    - B. 应用问题域中包含的抽象类
    - C. 用户界面对用户输入的响应方式
    - D. 应用问题域中包含的抽象领域知识

- 典型的信息系统项目开发的过程中，___(8)___阶段拟定了系统的目标、范围和要求，而系统各模块的算法一般在___(9)___阶段制定。
    (8) A．概要设计　　　B．需求分析　　　C．详细设计　　　D．程序设计
    (9) A．概要设计　　　B．需求分析　　　C．详细设计　　　D．架构设计

- 某银行与某信息系统运维公司签订了机房的运维服务合同，其中规定一年中服务器的宕机时间不能超过 5 小时。该条款属于___(10)___中的内容。
    (10) A．付款条件　　　　　　　　　B．服务级别协议
         C．合同备忘录　　　　　　　　D．服务管理规范

- 数据仓库研究并解决从数据库中获取信息和知识的问题。数据仓库的特征主要体现在___(11)___等方面。
    (11) A．面向主题、集成性、稳定性和实时性　B．面向主题、单一性、灵活性和时变性
         C．面向对象、集成性、稳定性和实时性　D．面向主题、集成性、稳定性和时变性

- "螺旋模型"是软件开发经常使用的一种模型，它是___(12)___的结合，强调软件开发过程中的风险分析，特别适合于大型复杂的系统。螺旋模型沿着螺线进行若干次迭代，每次迭代中的活动依次为___(13)___。
    (12) A．瀑布模型和快速原型模型　　　B．瀑布模型和增量模型
         C．迭代模型和快速原型模型　　　D．敏捷模型和原型模型
    (13) A．需求分析、风险分析、实施工程和客户评估
         B．需求收集、制订计划、风险分析和实施工程
         C．制订计划、风险分析、实施工程和软件运维
         D．制订计划、风险分析、实施工程和客户评估

- 在进行金融业务系统的网络设计时，应该优先考虑___(14)___原则；在进行企业网络的需求分析时，应该首先进行___(15)___。
    (14) A．先进性　　　B．开放性　　　C．经济性　　　D．高可用性
    (15) A．企业应用分析　　　　　　　B．网络流量分析
         C．外部通信环境调研　　　　　D．数据流向图分析

- 电子邮件应用程序利用 POP3 协议___(16)___。
    (16) A．创建邮件　　　B．加密邮件　　　C．发送邮件　　　D．接收邮件

- 以下关于网络存储的描述正确的是___(17)___。
    (17) A．SAN 系统将存储设备连接到现有的网络上，其扩展能力有限
         B．SAN 系统将存储设备连接到现有的网络上，其扩展能力很强
         C．SAN 系统使用专用网络，其扩展能力有限
         D．SAN 系统使用专用网络，其扩展能力很强

- 某软件公司项目 A 的利润分析如下表所示。设贴现率为 10%，第二年的利润净现值是___(18)___元。

利润分析	第 0 年	第 1 年	第 2 年	第 3 年
利润值/元		889000	1139000	1514000

(18) A. 1378190　　　B. 949167　　　C. 941322　　　D. 922590
● 快速以太网和传统以太网在__(19)__上的标准不同。
　　(19) A. 逻辑链路控制子层　　　　B. 网络层
　　　　　C. 介质访问控制子层　　　　D. 物理层
● 浏览器与 Web 服务器通过建立__(20)__连接来传送网页。
　　(20) A. UDP　　　B. TCP　　　C. IP　　　D. RIP
● 在 TCP 协议中，采用__(21)__来区分不同的应用进程。
　　(21) A. 端口号　　　B. IP 地址　　　C. 协议类型　　　D. MAC 地址
● 通过收集和分析计算机系统或网络的关键节点信息，以发现网络或系统中是否有违反安全策略的行为和被攻击的迹象的技术称为__(22)__。
　　(22) A. 系统检测　　　B. 系统分析　　　C. 系统审计　　　D. 入侵检测
● 某楼层共有 60 个信息点，其中信息点的最远距离为 65m，最近距离为 35m，则该布线工程大约需要__(23)__m 的线缆。(布线到线缆的计划长度为实际使用量的 1.1 倍)
　　(23) A. 4200　　　B. 2310　　　C. 3300　　　D. 6600
● TCP/IP 参考模型分为四层：__(24)__、网络层、传输层、应用层。
　　(24) A. 物理层　　　B. 流量控制层　　　C. 会话层　　　D. 网络接口层
● IEEE 802.11 属于__(25)__。
　　(25) A. 网络安全标准　　　　　　B. 令牌环局域网标准
　　　　　C. 宽带局域网标准　　　　　D. 无线局域网标准
● 在 TCP/IP 协议中，__(26)__协议运行在网络层。
　　(26) A. DOS　　　B. UDP　　　C. TCP　　　D. IP
● 以下关于以太网的叙述中，不正确的是__(27)__。
　　(27) A. 采用了载波侦听技术　　　B. 具有冲突检测功能
　　　　　C. 支持半双工和全双工模式　　D. 以太网的帧长度固定
● 以下技术服务工作中，__(28)__不属于 IT 系统运行维护。
　　(28) A. 某大型国企中，对于用户终端的软件及硬件管理和日常维护
　　　　　B. 对提供互联网服务的机房内各类服务器、网络设备、网络安全、网络性能等进行监控和故障恢复
　　　　　C. 对某省税务局的税务稽查系统的使用情况进行监测，对其数据库进行定期检查、优化、备份
　　　　　D. 某工业企业由于业务流程变化，对其使用的生产管理系统进行升级改造
● 根据《中华人民共和国招标投标法》和《中华人民共和国招标投标法实施条例》，国有资金占控股或主导地位的依法必须进行招标的项目，但当__(29)__时，可以不进行招标。
　　(29) A. 项目涉及企业信息安全及保密
　　　　　B. 需要采用不可替代的专利或者专有技术
　　　　　C. 招标代理依法能够自行建设、生成或者提供
　　　　　D. 为了便于管理，必须向原分包商采购工程、货物或者服务

- 项目论证通过对实施方案的工艺技术、产品、原料、未来的市场需求与供应情况以及项目的投资与收益情况的分析，从而得出各种方案的优劣以及在实施技术上是否可行，经济上是否合算等信息供决策参考。项目论证的作用不包括___(30)___。

  (30) A．确定项目是否实施的依据

    B．编制计划设计、采购、施工、机构设置、资源配置的依据

    C．有效避免风险的发生，保证项目的效率

    D．筹措资金和向银行贷款的依据

- 项目章程应在项目计划之前公布。以下关于项目章程的叙述中，不正确的是___(31)___。通常项目章程由___(32)___发布。

  (31) A．项目章程不是正式批准的项目文档

    B．项目章程包含产品需求和产品的商业需求

    C．项目章程将项目与执行组织的日常运营联系起来

    D．项目章程为项目经理使用组织资源进行项目活动提供授权

  (32) A．项目经理 B．项目调研小组 C．项目发起人 D．项目监理

- 某公司正在为某省某部门开发一套出入管理系统，该系统包括15个业务模块，计划开发周期9个月，即在今年10月底之前交付。开发团队一共有20名工程师。由于需求变化，管理系统需要在8月15日开始实施。为此客户要求该公司在新系统中实现新的业务功能，实现该功能预计有5个模块，并在8月15日前交付实施。但该公司无法立刻为项目组提供新的人力资源。面对客户的变更需求，___(33)___变更处理方法最合适。

  (33) A．拒绝客户的变更需求，要求签订一个新合同，通过一个新项目来完成

    B．接受客户的变更需求并争取如期交付，建立公司的声誉

    C．采用多次发布的策略，将20个模块重新排定优先次序，并在8月15日之前发布一个包含需求变化功能的版本，其余的在12月底前交付

    D．在客户同意增加项目预算的条件下，接受客户的变更需求并如期交付项目成果

- 你已经被任命为一个新项目的项目经理，必须准备项目规划。为帮助制定项目的框架，你决定准备WBS以描述工作的规模和复杂程度，但没有现成的WBS模板可供利用。为了准备工作分解包，你首先必须___(34)___。

  (34) A．估计每个项目可交付成果的成本和使用寿命

    B．确定项目的主要可交付成果

    C．确定项目的每个可交付成果的组成成分

    D．明确主要任务

- 下列关于工作分解结构（WBS）的描述中，___(35)___是错误的。

  (35) A．WBS是采用结构化的方式，从而得到如何去实现项目目标的总体概念

    B．WBS是管理项目进度、成本、变更的基础

    C．没有包含在WBS中的工作是不应该做的

    D．由项目经理负责WBS的创建和审查

- 项目的工作分解结构是管理项目范围的基础，描述了项目需要完成的工作，__(36)__ 是实施工作分解结构的依据。

　　(36) A. 项目活动估算　　　　　　　　　B. 组织过程资产
　　　　 C. 详细的项目范围说明书　　　　　D. 更新的项目管理计划

- 利用下图所示数字计算，活动 D 的最迟开始时间是__(37)__周，最迟完成时间是__(37)__周。

　　(37) A. 2, 10　　　　B. 4, 12　　　　C. 6, 14　　　　D. 7, 15

- 利用上图所示数字计算的关键路径时长是__(38)__周。

　　(38) A. 21　　　　B. 22　　　　C. 23　　　　D. 24

- 工作 A 悲观估计需要 36 天完成，很有可能 21 天完成，乐观估计只要 6 天完成，那么工作 A 从 16 天到 26 天之间完成的可能性是__(39)__。

　　(39) A. 55.7%　　　B. 68.26%　　　C. 95.46%　　　D. 99.73%

- 项目进度执行指数小于 1 的意思是__(40)__。

　　(40) A. 项目实现的货币价值小于计划完成工作的货币价值
　　　　 B. 项目实际完成的有形物品的价值 100%按计划完成
　　　　 C. 项目实际永久损失了时间
　　　　 D. 项目可能不会按时完成，但项目经理也不必为此过于担心

- 某项目当前的 PV = 150、AC = 120、EV = 140，则项目的绩效情况是__(41)__。

　　(41) A. 进度超前，成本节约　　　　　　B. 进度滞后，成本超支
　　　　 C. 进度超前，成本超支　　　　　　D. 进度滞后，成本节约

- 项目进行到某阶段时，项目经理进行绩效分析，计算出 CPI 值为 1.09，这表示__(42)__。

　　(42) A. 每花费 109 元人民币，只创造相当于 100 元的价值
　　　　 B. 每花费 100 元人民币，可创造相当于 109 元的价值
　　　　 C. 项目进展到计划进度的 109%
　　　　 D. 项目超额支出 9%的成本

- 下图所示的项目费用控制图中，表示在第 5 个月项目处于__(43)__状态。

　　(43) A. 项目进度提前，实际执行费用小于预算
　　　　 B. 项目进度提前，实际执行费用超过预算
　　　　 C. 项目进度延迟，实际执行费用小于预算
　　　　 D. 项目进度延迟，实际执行费用超过预算

项目费用控制图

- 医院项目中，病人因等待时间较长，容易引发医患纠纷等问题。你领导一个小组探查问题出在什么地方，提出并执行解决方案。为帮助识别造成问题的因素，你和你的小组将应用＿＿（44）＿＿技术。

  （44）A．因果分析图表　　B．帕累托分析　　C．散点图　　D．控制图表

- 产品发布后，修改客户发现的缺陷所引起的成本属于＿＿（45）＿＿。

  （45）A．内部缺陷成本　　　　　　　B．评估成本
  　　　C．外部缺陷成本　　　　　　　D．客户满意成本

- 在质量保证中，＿＿（46）＿＿用来确定项目活动是否遵循了组织和项目的政策、过程与程序。

  （46）A．实验设计　　B．基准分析　　C．过程分析　　D．质量审计

- 质量控制的工具与技术有很多，其中＿＿（47）＿＿可以用来分析过程是否稳定，是否发生了异常情况。＿＿（48）＿＿直观地反映了项目中可能出现的问题与各种潜在原因之间的关系。

  （47）A．因果图　　B．控制图　　C．散点图　　D．帕累托图
  （48）A．散点图　　B．帕累托图　　C．控制图　　D．鱼骨图

- 虽然项目具有独特性，但考虑到当前进行的项目和去年已完工的一个项目类似，为了加快人力资源计划的编制，项目经理小王采用了这个类似项目的任务或职责定义、汇报关系、组织架构图和职位描述。小王在人力资源计划的编制过程中采用了＿＿（49）＿＿方法。

  （49）A．组织结构图和职位描述　　　　B．人力资源模板
  　　　C．非正式的人际网络　　　　　　D．活动资源估算

- 经理在创建高效项目团队时，经常会碰到障碍。由于项目角色和责任的安排，为了避免矛盾冲突，项目经理应该＿＿（50）＿＿。

  （50）A．设计一个项目团队责任分配矩阵　　B．在职能小组之间避免分享详细的工作情况
  　　　C．严密监控团队活动　　　　　　　　D．亲自指导团队的工作活动

- 你为新项目组建的小组包括三名全职工作人员和五名兼职辅助人员，所有成员相互认识并曾一起工作过。为了保证项目启动成功，你的第一步将是＿＿（51）＿＿。

  （51）A．与每位成员单独会谈任务分配　　B．制定责任分配矩阵并向每位成员分配任务

C. 向成员分派项目计划和工作分解包　　D. 召集项目启动会议
- 马斯洛需求层次理论的顶点被称为___(52)___。
  (52) A. 生理满足　　　　　　　　　　B. 达到生存需要
       C. 交往的需要　　　　　　　　　D. 上述都不是
- 项目经理、利害关系者和项目班子成员在整个项目阶段都承担着职责。作为项目经理，你可以将项目范围与项目的角色挂钩，说明哪些活动由哪些人参与，你可以用以下___(53)___方式来描述这些信息。
  (53) A. PDM　　　　B. RAM　　　　C. SOW　　　　D. ADM
- 某项目经理说："我将会采取必要的措施去控制风险，通过不断地反复评估风险，制订应变计划或重做。如果风险事件确实发生了，我将会采取适当的行动"。该经理是在运用___(54)___方式去减少风险。
  (54) A. 转移　　　　B. 回避　　　　C. 降低　　　　D. 接受
- 德尔菲法的主要特点是___(55)___。
  (55) A. 从历史数据进行推断　　　　　B. 专家主观意见
       C. 层次分析过程　　　　　　　　D. 猜测
- 下列___(56)___不是合同管理的一个职能。
  (56) A. 变更管理　　　　　　　　　　B. 规格说明
       C. 合同违约的界定　　　　　　　D. 项目经理的选择
- ___(57)___不是通常用来表示从潜在的卖主那里获得报价的采用文件。
  (57) A. 邀请出价　　B. 信息请求　　C. 报价请求　　D. 谈判邀请
- 配置项版本控制的步骤是___(58)___。
  ①技术评审或领导审批　②正式发布　③修改处于"草稿"状态的配置项　④创建配置项
  (58) A. ①④③②　　B. ③②①④　　C. ④③①②　　D. ④③②①
- 基线是项目配置管理的基础，___(59)___不属于基线定义中的内容。
  (59) A. 建立基线的条件　　　　　　　B. 基线识别
       C. 受控制项　　　　　　　　　　D. 批准基线变更的权限
- 某软件项目的需求规格说明书第一次正式发布时，版本号为V1.0，此后，由于发现了几处错误，对该需求规格说明书进行了两次小的升级，此时版本号为___(60)___。
  (60) A. V1.11　　　B. V1.2　　　　C. V2.0　　　　D. V1.1
- 某Web网站向CA申请了数字证书。用户登录该网站时，通过验证___(61)___，可以确认该数字证书的有效性，从而___(62)___。
  (61) A. CA的签名　　B. 网站的签名　C. 会话密钥　　D. DES密码
  (62) A. 向网站确认自己的身份　　　　B. 获取访问网站的权限
       C. 和网站进行双向认证　　　　　D. 验证该网站的真伪
- 加强合同管理对于提高合同执行水平、减少合同纠纷，进而加强和改善建设单位和承建单位的经营管理、提高经济效益，都具有十分重要的意义。该过程主要包括___(63)___内容。
  (63) A. 合同签订管理、合同履行管理、合同变更管理以及合同档案管理

        B. 合同签订管理、合同索赔管理、合同变更管理以及合同绩效管理
        C. 合同谈判管理、合同履行管理、合同纠纷管理以及合同档案管理
        D. 合同谈判管理、合同风险管理、合同变更管理以及合同档案管理
● 合同内容是当事人订立合同时的各项合同条款。合同的主要内容包括___(64)___。
  ①当事人各自的权利、义务　②项目费用及工程款的支付方式　③项目变更约定
  ④违约责任　⑤保密约定
  (64) A. ①②④　　　　B. ①②③④⑤　　C. ①②③⑤　　D. ②③④
● ISO/IEC 9126 软件质量模型中，第一层定义了六个质量特性，并为各质量特性定义了相应的质量子特性。子特性的___(65)___属于可靠性质量特性。
  (65) A. 准确性　　　B. 易理解性　　　C. 成熟性　　　D. 易学性
● 李某在《电脑知识与技术》杂志上看到张某发表的一组程序，颇为欣赏，就复印了100份作为程序设计辅导材料发给了学生。李某又将这组程序逐段加以评析，写成评论文章后投到网站上发表。李某的行为___(66)___。
  (66) A. 侵犯了张某的著作权，因为其未经许可，擅自复印张某的程序
        B. 侵犯了张某的著作权，因为其在评论文章中全文引用了发表的程序
        C. 不侵犯张某的著作权，其行为属于合理使用
        D. 侵犯了张某的著作权，因为其擅自复印，又在其发表的文章中全文引用了张某的程序
● 以 GJB 冠名的标准属于___(67)___。PSD、PAD 等程序构造的图形表示属于___(68)___。
  (67) A. 国际标准　　B. 国家标准　　　C. 行业标准　　D. 企业规范
  (68) A. 基础标准　　B. 开发标准　　　C. 文档标准　　D. 管理标准
● 当采用 S 曲线比较法时，如果实际进度点位于计划 S 曲线的右侧，则该点与计划 S 曲线的垂直距离表示实际进度比计划进度___(69)___。
  (69) A. 超前的时间　　　　　　　　B. 拖后的时间
        C. 超额完成的任务量　　　　　D. 拖欠的任务量
● ___(70)___开发过程模型最不适用于开发初期对软件需求缺乏准确全面认识的情况。
  (70) A. 瀑布　　　　B. 演化　　　　　C. 螺旋　　　　D. 增量
● WLAN is increasingly popular because it enables cost-effective ___(71)___ among people and applications that were not possible in the past.
  (71) A. line　　　　B. circuit　　　　C. connection　　D. interface
● ___(72)___ is not included in the main contents of the operation and maintenance of the information system.
  (72) A. Daily operation and maintenance　　B. System change
        C. Security management　　　　　　　D. Business change
● In project time management, activity definition is the process of identifying and documenting the specific action to be performed to produce the project deliverables. ___(73)___ are not output of activity definition.
  (73) A. Activity lists　　　　　　　B. Work breakdown structures

  C．Activity attributes   D．Milestone lists
- The customer asks your project to be completed 6 months earlier than planned. You think this target can be reached by-overlapping project activities. This approach is known as ___(74)___．
  （74）A．balance engineering   B．fast-tracking
     C．leveling   D．crashing
- The auditing function that provides feedback about the quality of output is referred to as ___(75)___．
  （75）A．quality control   B．quality planning
     C．quality assurance   D．quality improvement

案例分析卷

试题一（15分）

  阅读下列说明，回答问题1至问题3，将答案填入答题卡的对应栏内。
  【说明】某国家机关拟定制开发一套适用于行政管理的业务应用系统，先以本级单位为试点，如应用效果良好，则在本系统内地方单位进行统一安装部署。计划通过公开招投标的方式选择开发单位。
  [事件1] 监理在审核招标文件的过程中发现，拟签订合同条款中未针对本业务应用系统的知识产权进行规定，于是建议业主单位对该部分进行补充。
  [事件2] 在评标过程中，评标委员会要求投标的4家单位对原招标文件未规定的售后服务方案进行补充提交。
  【问题1】（5分）
  本项目招标文件中是否有必要对软件知识产权归属问题进行规定，如果有，请说明原因并指出对本项目验收后的使用产生的影响。
  【问题2】（4分）
  对于事件2，评标委员会的做法是否存在不妥？请说明依据和原因。
  【问题3】（6分）
  按照招投标法中关于招标文件构成的规定，请简述监理在审核招标文件时应重点关注的内容。

试题二（15分）

  阅读下列说明，回答问题1至问题3，将答案填入答题卡的对应栏内。
  【说明】某单位承担了某机房、网络和软件开发项目。承建单位依据合同制订相应的项目管理计划并依据计划进行项目施工。

【问题1】（6分）
该工程合同工期为22个月，承建单位制订的初始项目实施网络计划如下图所示（时间单位：月）。
（1）请指出网络计划中的关键路径，说明该网络计划是否可行并简述理由。
（2）请计算活动C的总时差和自由时差。

```
        A      C      D       J       N
    ┌──4──②──2──④──3──⑦──4──⑩──3──┐
    │         │              ↑          │
    │         │ E            │ K        │
    │         └──7──────⑥──5─┘         │
    │                   ┆               │
    ①                   ┆              ⑫
    │                   ┆               │
    │             G     ┆   L           │
    │          ┌──6──⑧──6──┐           │
    │          │      ┆     │           │
    │   B      │ H    ┆ I   │ M    P    │
    └──2──③──3──⑤──2──⑨──3──⑪──5──┘
```

【问题2】（5分）
（1）请指出在软件开发中软件总体结构、运行环境、出错处理设计应分别在哪个文档中阐述。（选择候选答案的标号即可）
候选答案：
①可行性研究报告　　②项目开发计划　　③软件需求规格说明
④数据要求规格说明　⑤概要设计规格说明　⑥详细设计规格说明
⑦测试计划　　　　　⑧测试报告　　　　⑨用户手册
（2）请指出初步的用户手册和确认测试计划的两个文档应分别在哪个阶段中完成。（选择候选答案的标号即可）
候选答案：
①可行性研究与计划　②需求分析　　　　③概要设计
④详细设计　　　　　⑤测试　　　　　　⑥维护

【问题3】（4分）
在机房建设中，计算机设备宜采用分区布置。请指出机房可分为哪几个区。

试题三（20分）

阅读下列说明，回答问题1至问题4，将答案填入答题卡的对应栏内。

【说明】在某市的政府采购中，某系统集成公司甲中标了市政府部门乙的信息化项目。经过合同谈判，双方签订了建设合同，合同总金额为1150万元，建设内容包括搭建政府办公网络平台、改造中心机房和采购所需的软硬件设备。

公司甲为了更好地履行合同要求，将中心机房的电力改造工程分包给专业施工单位公司丙，并与其签订分包合同。

在项目实施了2个星期后，由于政府部门乙提出了新的业务需求，决定将一个机房分拆为两个，因此需要增加部分网络交换设备。乙参照原合同，委托公司甲采购相同型号的网络交换设备，金额为127万元，双方签订了补充协议。

在机房电力改造施工过程中，由于公司丙工作人员的失误，造成部分电力设备损毁，导致政府部门乙两天无法正常办公，严重损害了政府部门乙的社会形象，因此部门乙就此施工事故向公司甲提出索赔。

【问题1】（2分）

案例中，政府部门乙向公司甲提出索赔。索赔是合同管理的重要环节，按照我国建设部、财政部下达的通用条款，以下哪项不属于索赔事件处理的原则？（从候选答案中选择一个正确选项，将该选项编号填入答题卡的对应栏内）

候选答案：

A．索赔必须以合同为依据

B．索赔必须以双方协商为基础

C．及时、合理地处理索赔

D．加强索赔的前瞻性

【问题2】（8分）

请指出公司甲与政府部门乙签订的补充协议是否有不妥之处？如果有，请指出并说明依据。

【问题3】（5分）

请简要叙述合同索赔流程。

【问题4】（5分）

案例中，公司甲将中心机房的电力改造分包给专业施工单位公司丙，并与其签订分包合同，请问公司甲与公司丙签订分包合同是否合理？为什么？

试题四（25分）

阅读下述关于项目成本管理的说明，回答问题1至问题3，将答案填入答题卡的对应栏内。

【说明】某小型软件外包项目的各项工作费用预算如下表所示。项目经过一段时间实施之后，现在进入第5周。在第5周初，项目经理小王对前4周的实施情况进行了总结，有关项目各项工作在前4周的执行情况也汇总在下表中。

各项工作费用预算及前4周计划与执行情况统计表

工作代号	预算费用/元	实际完成的百分比/%	实际消耗费用（AC）/元	挣值（EV）/元
A	250	100	280	
B	300	100	300	
C	150	100	140	
D	300	100	340	
E	150	100	180	
F	350	0	0	
G	900	100	920	
H	250	100	250	
I	700	50	400	
J	550	100	550	
K	350	100	340	
L	400	20	100	
M	200	0	0	
N	450	0	0	
总费用	5300			

【问题1】（8分）

计算前4周各项工作的挣值，并计算出项目在第4周末的挣值（EV），填入表中。

【问题2】（8分）

前4周计划完成项目总工作量的65%，请计算项目第4周结束时的计划成本（PV）和实际成本（AC），分析项目的进度执行情况。

【问题3】（9分）

（1）假设项目目前的执行情况可以反映项目未来的变化，请估算项目完成时的总成本（EAC）。（5分）

（2）由于项目出现了超支情况，小王对项目的费用支出情况进行了分析，发现工作I仅执行了一半，但是该工作的固定费用300元已经全部支付；另外一项工作M还未开始，但已经事先支付了一笔50元的测试工具费用。请根据这一情况重新分析项目的执行情况。（4分）

综合知识卷参考答案

题号	1	2	3	4	5	6	7	8	9	10
答案	A	A	D	A	D	B	A	B	C	B
题号	11	12	13	14	15	16	17	18	19	20
答案	D	A	D	D	A	D	D	C	D	B
题号	21	22	23	24	25	26	27	28	29	30
答案	A	D	C	D	D	D	D	D	B	C
题号	31	32	33	34	35	36	37	38	39	40
答案	A	C	C	B	D	C	A	D	B	A
题号	41	42	43	44	45	46	47	48	49	50
答案	D	B	D	A	C	D	B	B	B	A
题号	51	52	53	54	55	56	57	58	59	60
答案	D	D	B	C	B	D	B	C	B	B
题号	61	62	63	64	65	66	67	68	69	70
答案	A	D	A	B	C	C	B	A	D	A
题号	71	72	73	74	75					
答案	C	D	B	B	C					

案例分析卷参考答案

试题一

【问题1】有必要。两方面原因：一是涉及后续升级和再次开发利用；二是如果未约定好，本项目如果验收通过，使用效果好，需要在本系统内地方单位进行统一安装部署时可能会遇到由于没有软件知识产权而需要向开发单位二次付费的问题。

【问题2】不妥，一是有可能侵害了其他未参与招标的潜在投标人的利益，对他们有失公平；二是根据招投标法，若对招标要求有实质性的变更，应重新组织招标，即使是澄清，也需要在重新公告法定要求时间以后，再重新组织开标。

【问题3】
（1）包括源代码在内的软件知识约定。
（2）项目的交付物和过程的伴随服务。

（3）主要的进度里程碑要求。
（4）项目的验收标准和流程。
（5）付款流程和计价方式。
（6）售后服务约定。
（7）争议的解决途径。
（8）不可抗拒力的约定及免责条款。
（9）其他的合同主要条款。
（10）投标书的制作要求。
（11）评标流程和打分标准。
（12）招标响应过程要求。
（13）技术标的要求。
（14）商务标的报价构成要求。

试题二

【问题1】
（1）关键路径为 AELP，该网络计划可行，关键路径的工期为 22 个月，满足合同工期要求。
（2）总时差=LS-ES，活动 C 的总时差= 6，自由时差= min（紧后活动 ES）-EF，活动 C 的自由时差= 0。

【问题2】
（1）按照顺序分别是⑤、③、⑤。
软件的总体结构应当在概要设计规格说明书中正确定义并给出准确描述。软件的运行环境最初在软件需求规格说明中定义。出错处理设计应在概要设计规格说明中阐明。

（2）按照顺序分别是②、②。
初步的用户手册在**需求分析阶段**开始编写，确认测试计划**也应在需求分析阶段**开始编写。确认测试有两方面的任务：一是做有效性测试，确认需求说明书中规定的所有需求是否已正确实现；二是对所要求的软件配置进行审查，特别是对合同中规定应交付的文档进行审查。因为在需求分析阶段已经明确软件的各种功能、性能和其他的质量需求，也有了初步的用户手册，可以针对这些需求和用户手册中的内容编制如何逐项检查的确认测试计划，这种测试计划只是初步的，测试实施的细节还需在体系结构、用户界面、数据库、出错处理和运行组合等设计完成后才能定下来。

【问题3】
机房一般可以分为主机区、存储器区、数据输入区、数据输出区、通信区和监控调度区六个区。

试题三

【问题1】B
【问题2】补充协议有不妥之处。
补充协议里采购相同型号的网络交换设备金额超过了原合同总金额的 10%，不符合《中华人民共和国政府采购法》的相关要求。根据政府采购法第三十一条，符合下列情形之一的货物或者服务，可以依照本法采用单一来源的方式采购：

（一）只能从唯一供应商处采购的；

（二）发生了不可预见的紧急情况不能从其他供应商处采购的；

（三）必须保证原有采购项目一致性或者服务配套的要求，需要继续从原供应商处添购，且添购资金总额不超过原合同采购金额10%的。

【问题3】

（1）索赔事件发生后，在合同规定的期限内向工程师发出索赔意向通知。

（2）发出索赔意向通知后，在合同规定的期限内向工程师提出补偿经济损失和（或）延工期的索赔报告及有关资料。

（3）工程师在收到承包商送交的索赔报告和有关资料后，在合同规定的期限内给予答复或要求承包商进一步补充索赔理由和证据。

（4）工程师在收到承包商送交的索赔报告和有关资料后，在合同规定的期限内未予答复，未对承包商进一步要求，视为该项索赔已经被认可。

（5）当索赔事件持续进行时，承包商应阶段性向工程师发出索赔意向，索赔事件终了后，在合同规定的期限内，向工程师送交索赔的有关资料和最终的索赔报告，索赔答复程序同以上所述。

【问题4】合理。因为招投标法规定，中标人按照合同约定或者经招标人同意，可以将中标项目的部分非主体、非关键性工作分包给他人完成。电力改造属于强电，不属于项目的主体和关键性工作，但应该经过部门乙的同意，并且需要审核分包单位是否具有相应的资质。

试题四

【问题1】

工作代号	预算费用/元	实际完成的百分比/%	实际消耗费用（AC）/元	挣值（EV）/元
A	250	100	280	250
B	300	100	300	300
C	150	100	140	150
D	300	100	340	300
E	150	100	180	150
F	350	0	0	0
G	900	100	920	900
H	250	100	250	250
I	700	50	400	350
J	550	100	550	550
K	350	100	340	350
L	400	20	100	80
M	200	0	0	0
N	450	0	0	0
总费用	5300		AC=3800	EV=3630

【问题2】

PV=项目总费用×65%=5300×65%=3445（元）。

AC=各项工作的实际费用之和=280+300+140+340+180+0+920+250+400+550+340+100=3800（元）。

CV=EV-AC=3630-3800=-170（元）小于0，费用超支。

【问题3】

（1）由于将项目目前的偏差视为将来偏差的典型形式，则有：

CPI = EV/AC = 3630/3800 = 0.9553。

EAC = BAC/CPI = 5300/0.9553 = 5548（元）。

（2）修正后的 AC' = 3800-(300/2)-50 = 3600（元），因此：

CV = EV-AC' = 3630-3600 = 30，大于0，项目的费用略有结余。

CPI = EV/AC' = 3630/3600 = 1.008。

EAC = BAC/CPI = 5300/1.008 = 5257.9（元），项目的总体情况良好。

附录 1 课堂练习答案与分析

项目管理部分

1. 项目管理基础

题号	(1)	(2)	(3)	(4)	(5)
参考答案	D	D	C	B	B
题号	(6)	(7)	(8)	(9)	(10)
参考答案	D	C	B	B	C

  习题 1 分析：项目是一个需要完成的具体又明确的任务。项目具有一次性、目标明确性和项目实施的整体性的特征。由此可见项目是临时性的，选项 D 明显不正确。

  习题 2 分析：项目的特点之一是渐进明细，目标特性之一是优先级，项目本身是一个动态发展的过程，因此，其目标也在变化过程中。

  习题 3 分析：项目目标三个特性：多目标性、层次性、优先级。

  习题 4 分析：本题考核项目和运营的特点，项目具有"临时性"，运营特点是"循环往复"。

  习题 6 分析：典型的项目干系人有项目经理、项目团队成员、客户和 PMO 等。PMO 在项目开展过程中对项目进行支撑，是重要干系人之一。

  习题 7 分析：项目经理的权力由大到小依次是项目型组织、强矩阵型组织、平衡矩阵组织、弱矩阵组织。

  习题 9 分析：根据组织结构的不同，PMO 可以位于组织的不同区域，在组织机构设计上可以高于职能部门，可以作为单独的一个职能部门，也可以在某一个大项目之下设立 PMO。

2. 项目立项管理

题号	(1)	(2)	(3)	(4)	(5)
参考答案	C	B	D	B	B

题号	（6）	（7）	（8）	（9）	（10）
参考答案	C	D	C	D	B

习题 1 分析：求第 2 年的利润净现值也就是将第 2 年的 1139000 元人民币进行折现，即将将来的钱换算成现在的钱（这些钱现在的价值），即 $1139000 \times 1/(1+0.1)^2 = 941322$。

习题 2 分析：投资回收期的计算，直接套用投资回收期的公式即可。

T = 累计折现值开始出现正值的年份数-1+(上一年累计折现值)/当年折现值

习题 3 分析：项目财务评价是详细可行性研究的内容之一。详细可行性研究的方法包括经济评价法、市场预测法、投资估算法和增量净效益法。

习题 6 分析：系统集成供应商在进行项目内部立项时一般包括的内容有项目资源估算、项目资源分配、准备项目任务书和任命项目经理等。

习题 7 分析："风险因素及对策"属于可行性研究的内容。

项目建议书（又称立项申请）是项目建设单位向上级主管部门提交项目申请时所必需的文件，是该项目建设单位或项目法人，根据国民经济的发展、国家和地方中长期规划、产业政策、生产力布局、国内外市场、所在地的内外部条件、本单位的发展战略等，提出的某一具体项目的建议文件，是对拟建项目提出的框架性的总体设想。项目建议书是项目发展周期的初始阶段，是国家或上级主管部门选择项目的依据，也是可行性研究的依据，涉及利用外资的项目，在项目建议书批准后，方可开展对外工作。

项目建议书应该包括的核心内容有：项目的必要性；项目的市场预测；项目预期成果（如产品方案或服务）的市场预测；项目建设必需的条件。

习题 8 分析：本题依靠逻辑进行判断，题干中有关键词"内部立项"，选项 C 是公司投标之前要干的事情，现在公司已经中标了，也就意味着前期可行性研究已经完成了。不应该在中标后再去做"可行性研究"。

习题 9 分析：投资估算法、增量效益法是详细可行性研究的方法。

习题 10 分析：通过关键字即可判断选择技术可行性。类似其他的可行性分析均为考核重点。

3. 项目整合管理

题号	（1）	（2）	（3）	（4）	（5）
参考答案	D	B	B	C	C
题号	（6）	（7）	（8）	（9）	（10）
参考答案	A	A	B	C	A

习题 1 分析：制定项目章程的工具与技术有：项目管理方法、项目管理信息系统和专家判断。

项目章程应由项目组织以外的项目发起人发布，若项目为本组织开发也可以由投资人发布。项目章程为项目经理使用组织资源进行项目活动提供了授权，尽可能在项目早期确定和任命项目经理。应该总是在开始项目计划前就任命项目经理，在项目启动时任命更合适。

显然选项 D 的说法不正确。

习题 2 分析：项目管理计划是制订项目管理计划过程的输出。经项目各有关干系人同意的项目管理计划就是项目的基准，为项目的执行、监控和变更提供了基础。

习题 3 分析：选项 B 显然不正确，整体变更控制过程贯穿于项目的始终，且本题中选项 B 与选项 A 和选项 C 相排斥。

习题 4 分析：考核组织过程资产和事业环境因素的区别。

习题 5 分析：选项 C 对整体管理过程描述得最准确、最全面。整体管理负责协调其他八个过程，是综合性的，和其他过程之间是交互性的。

习题 7 分析：作为整合者，项目经理必备的能力如下。

（1）通过与项目干系人主动、全面地沟通，来了解他们对项目的需求。

（2）在相互竞争的众多干系人之间寻找平衡点。

（3）通过协调工作，来达到各种需求间的平衡，实现整合。

习题 9 分析：项目范围管理计划是"范围管理"中"规划范围管理"的输出。

习题 10 分析：本题考核变更流程的理解，变更流程的第一步是提出变更请求。

4. 项目范围管理

题号	（1）	（2）	（3）	（4）	（5）
参考答案	C	D	C	C	C
题号	（6）	（7）	（8）	（9）	（10）
参考答案	A	D	D	—	—

习题 1 分析：WBS 在表现形式上有树型和列表型，其中，列表型适用于大的、复杂的项目，树型适用于中小型项目。

习题 3 分析：核实范围也称作"确认范围"，确认范围是有关工作"完成与否"的问题，而质量控制是"正确与否"的问题。

习题 8 分析：常识题。采用证伪法即可，比如：项目主要干系人就包括"客户"，显然 WBS 的制订是不由客户完成的。注意理解"参与"与"完成"。

5. 项目进度管理

题号	（1）	（2）	（3）	（4）	（5）
参考答案	A	C	C	B	D
题号	（6）	（7）	（8）	（9）	（10）
参考答案	B	C	B	B	D

习题 1 分析：本题将范围管理的过程和时间管理的过程混合在一起进行考核。关键点在于确定过程的"范围计划"在过程的"定义范围"之前，过程的"活动定义"在过程的"活动排序"之前。要求考生熟悉范围管理和时间管理的全部过程。

习题 2 分析：后备分析。在总的进度表中以"应急时间""时间储备"或"缓冲时间"为名称增加一些时间，这种做法是承认进度风险的表现。

习题 3 分析：识记题，记住答案即可。类似题型在对内容无法熟悉时，可根据原则"描述最全面的可能是答案"进行选择。

习题 4 分析：三点估算法：(17+4×22+33)/6 = 23。

习题 5 分析：采用"面积法"进行判断，具体方法参考本书中的介绍。首先根据三点估算法求出期望工期为 27 天，标准差为 2，因此，25~27 和 27~29 正好位于一个标准差范围内。

习题 9 分析：画出网络图即可找出关键路径。据此推断关键路径为 A-B-C-F-H-I 和 A-B-C-E-G-H-I。

6. 项目成本管理

题号	（1）	（2）	（3）	（4）	（5）
参考答案	C	D	C	A	D
题号	（6）	（7）	（8）	（9）	（10）
参考答案	A	B	B	C	B

习题 2 分析：考核成本绩效指数，CPI>1，成本结余；CPI<1，成本超支。SPI>1，进度超前；SPI<1，进度延误。

习题 3 分析：管理储备不是项目成本基准的一部分，但包含在项目总预算中。管理储备不纳入挣值计算。

习题 4 分析：本题的 PV 具体是指在 2009 年 3 月 23 日前完成第一层和完成第二层的预算成本是 2000+2000 = 4000（元）。

到 2009 年 3 月 23 日前实际仅完成了第一层，那么对应计划的预算成本是"完成第一层 2000 元"，挣值 EV 为 2000 元。"完成第一层用掉 3800 元"，所以 AC 为 3800 元。

习题 9 分析：本题考核挣值分析知识点。选项 A，EAC=AC+ETC=AC+BAC-EV=47750+167500-38410=176840。

选项 B，CV=EV-AC=38410-47750=-9340。

选项 C，进度绩效指数 SPI=EV/PV=38410/44100=0.87，所以选项 C 错误。

7. 项目质量管理

题号	（1）	（2）	（3）	（4）	（5）
参考答案	B	C	B	C	A
题号	（6）	（7）	（8）	（9）	（10）
参考答案	B	D	B	—	—

习题 1 分析：项目质量控制的主要工具与技术有直方图、控制图、因果图、排列图、散点图、核对表、趋势分析、检查和统计分析等。前七种方法都是分析方法，后两种方法则是经常采用的质量控制手段。

习题 2 分析：因果图（又称为因果分析图、石川图或鱼骨图）直观地反映了造成问题的各种可能原因。

因果图法首先确定结果（质量问题），然后分析造成这种结果的原因。每个分支都代表着可能出现差错的原因，用于查明质量问题所在和设立相应的检验点。它可以帮助项目班子事先估计可能会发生哪些质量问题，然后帮助其制订解决这些问题的途径和方法。

统计抽样涉及选取收益总体的一部分进行检查。很多时候，项目中的质量控制无法进行全面的检查，通常采用统计抽样的方法，适当的采样能够降低质量控制的成本。

因此该题是要找出问题的原因，最好采用因果分析图将各类问题列出，并找出产生问题的原因。而其他几个选项不适用于本题的情景。

习题 3 分析：考核项目质量审计。质量审计是对其他质量管理活动的结构化和独立的评审方法，用于判断项目活动的执行是否遵从于组织及项目定义的方针、过程和规程。质量审计的目标是识别在项目中使用的低效率以及无效果的政策、过程和规程。后续对质量审计结果采取纠正措施的努力，将会达到降低质量成本和提高客户（或组织内的）发起人对产品和服务的满意度的目的。质量审计可以是预先计划的，也可以是随机的；可以是组织内部完成，也可以委托第三方（外部）组织来完成。质量审计还确认批准过的变更请求、纠正措施、缺陷修订以及预防措施的执行情况。

习题 4/5 分析：项目质量保证活动如下。

（1）产品、系统、服务的质量保证。

（2）管理过程的质量保证。

项目质量保证采用的一些方法和技术如下。

1）制订质量保证计划。质量保证计划是进行质量保证的依据和指南，应在对项目特点进行充分分析的基础上编制。质量保证规划包括质量保证计划、质量保证大纲和质量标准等。

2）质量检验。通过测试、检查、试验等检验手段确定质量控制结果是否与要求相符。

3）确定保证范围和等级。质量保证范围和等级要相适应，范围小、等级低可能达不到质量保证的要求；范围大、等级高会增加管理的工作量和费用。等级划分应依据有关法规进行。

4）质量活动分解。对于与质量有关的活动需要进行逐层分解，直到最基本的质量活动，以实施有效的质量管理和控制。质量活动分解的方式有多种，其中矩阵式是常用的形式。

习题 6 分析：质量成本又可以分为质量保证成本和质量故障成本。质量保证成本是项目团队依据公司质量体系（如 ISO 9000）运行而引起的成本。质量故障成本是由于项目质量存在缺陷进行检测和弥补而引起的成本。在项目的前期和后期，质量成本较高。

质量成本划分为预防成本、检验成本、内部失败成本和外部失败成本。

习题 8 分析：质量管理的发展，大致经历了手工艺人时代、质量检验阶段、统计质量控制阶段、全面质量管理阶段四个阶段。

8. 项目资源管理

题号	（1）	（2）	（3）	（4）	（5）
参考答案	B	D	B	A	D
题号	（6）	（7）	（8）	（9）	（10）
参考答案	D	D	C	—	—

习题 1 分析：WBS 是根据可交付进行分解的，OBS 是根据组织进行分解的。OBS 分解到最下层可以是某个单元或个人，可以把工作包和项目活动列在其组织单元之下。本题容易误选 D，RAM 是通过矩阵建立 OBS 和 WBS 的对应关系。

习题 2 分析：优秀的团队并不是一蹴而就的，需经历以下几个阶段：形成期、震荡期、正规期、表现期。当项目团队已经共同工作了相当一段时间，正处于项目团队建设的发挥阶段时，某个新成员加入了该团队，这个新成员和原有成员之间不熟悉，对项目目标不清晰，因此团队建设将从形成阶段重新开始。本题中需要注意 B 选项的"发挥阶段"即"表现期"。

习题 5 分析：OBS：组织分解结构；RAM：责任分配矩阵；RBS：资源分解结构；SWOT：S 为优势；W 为劣势；O 为机会；T 为威胁。

习题 8 分析：当在一个团队的环境下处理冲突时，项目经理应该公开处理冲突。

延伸知识点：冲突管理的六种方法。

（1）问题解决。
（2）合作。
（3）强制。
（4）妥协。
（5）求同存异。
（6）撤退。

9. 项目沟通管理与干系人管理

题号	（1）	（2）	（3）	（4）	（5）
参考答案	A	B	C	A	C
题号	（6）	（7）	（8）	（9）	（10）
参考答案	A	A	—	—	—

习题 1 分析：信息分发是指把需要的信息及时提供给项目干系人。项目经理通常采用不同的方式进行对内（项目团队）和对外（顾客、媒体和公众等）的沟通。对内沟通讲究的是效率和准确度，对外沟通强调的是信息的充分和准确。对内沟通可以以非正式的方式出现，而对外沟通要求项目经理以正式的方式进行。

显然，坚持内外有别的原则并非"要把各方掌握的信息控制在各方内部"。

习题 2 分析：在实际沟通中，询问不同类型的问题可以取得不同的效果。问题的类型如下：

（1）封闭式问题：用来确认信息的正确性。

（2）开放式问题：鼓励应征者详细回答，表达情绪。

（3）探询式问题：用来澄清之前谈过的主题与信息。

（4）假设式问题：用来了解解决问题的方式。

因此，开放式问题更有利于被询问者表达自己的见解和情绪。

习题 3 分析：冲突管理的六种方法：问题解决；合作；强制；妥协；求同存异；撤退。

习题 6 分析：沟通的渠道 = $n \times (n-1)/2$，n 代表干系人的数量。

$12 \times (12-1)/2 = 66$

10. 项目风险管理

题号	（1）	（2）	（3）	（4）	（5）
参考答案	D	B	D	D	D
题号	（6）	（7）	（8）	（9）	（10）
参考答案	B	D	A	D	A

习题 1 分析：选项 D 属于风险定性分析的技术。

习题 2 分析：计算四个城市的期望收益值。

期望收益（北京）= 4.5×25%+4.4×50%+1×25%

期望收益（天津）= 5×25%+4×50%+1.6×25%

期望收益（上海）= 6×25%+3×50%+1.3×25%

期望收益（深圳）= 5.5×25%+3.9×50%+0.9×25%

比较各期望收益的大小即可。

习题 8 分析：选项 A、B、C 都是按照风险的可预测性进行划分的。

按风险的可预测性划分，风险可以分为已知风险、可预测风险和不可预测风险。

习题 9 分析：本题考核"控制风险"过程的工具与技术。

风险审计是检查并记录风险应对措施在处理已识别风险及其根源方面的有效性，以及风险管理过程的有效性。项目经理要确保按项目风险管理计划所规定的频率实施风险审计。既可以在日常的项目审查会中进行风险审计，也可单独召开风险审计会议。在实施审计前，要明确定义审计的格式和目标。

习题 10 分析：本题考核风险定性分析的工具，属于常规考核知识点，送分题。

选项 B、C、D 属于定量分析的工具。

11. 项目采购管理

题号	(1)	(2)	(3)	(4)	(5)
参考答案	A	D	B	C	C
题号	(6)	(7)	(8)	(9)	(10)
参考答案	A	C	C	C	—

习题 1 分析：编制采购计划过程的第一步是要确定项目的某些产品、成果和服务是项目团队自己提供还是通过采购来满足，然后确定采购的方法和流程以及找出潜在的卖方，确定采购数量和何时采购，并把这些结果都写到项目采购计划中，即编制采购计划过程的第一步是进行"自制或外购分析"。
选项 B 属于"招投标"范畴，选项 C 属于"实施采购"过程，选项 D 中 RFP（方案邀请书）属于"编制询价计划"过程。

习题 2 分析：采购工作说明书是对项目所要采购的产品和服务的描述，而项目说明书是项目所要提供的产品、服务或成果的描述。

习题 3 分析：工时和材料活动确定了工时和材料的单价，因此适合于动态地增加人员。

习题 5 分析： 项目合同签订的注意事项：当事人的法律资格；质量验收标准；验收时间；技术支持服务；损害赔偿；保密约定；合同附件；法律公证。

习题 8 分析： 项目发生索赔事件后，一般先由监理工程师调解，若调解不成，由政府建设主管机构进行调解，若仍调解不成，由经济合同仲裁委员会进行调解或仲裁。在整个索赔过程中，遵循的原则是索赔的有理性、索赔依据的有效性、索赔计算的正确性。
合同索赔的重要前提条件是合同一方或双方存在违约行为和事实，并且由此造成了损失，责任应由对方承担。对提出的合同索赔，凡属于客观原因造成的延期、属于买方也无法预见到的情况，如特殊反常天气达到合同中特殊反常天气的约定条件，卖方可能得到延长工期，但得不到费用补偿。对于属于买方原因造成拖延工期的，不仅应给卖方延长工期，还应给予费用补偿。

12. 配置管理

题号	(1)	(2)	(3)	(4)	(5)
参考答案	A	D	A	C	D
题号	(6)	(7)	(8)	(9)	(10)
参考答案	D	A	D	—	—

习题 1 分析：当阶段工作完成的时候，交付的成果经过了评审，不会被轻易修改，此时应存入受控库，如需修改，则走变更控制的流程。本题容易误选选项 C，只有当全部产品开发完成且经过评审后才能进入产品库。

习题 2 分析：创建基线或发行基线的主要步骤有：①配置管理员识别配置项；②为配置项分配标识；③为项目创建配置库，并给每个项目成员分配权限；④各项目团队成员根据自己的权限操作配置库；⑤创建基线或发行基线并获得 CCB 的授权。

习题 4 分析：此题选项 A 和选项 C 明显矛盾，采用排除法进行判断。

习题 5 分析：配置识别是配置管理员的职能，包括：①识别需要受控的软件配置项；②给每个产品和它的组件及相关的文档分配唯一的标识；③定义每个配置项的重要特征以及识别其所有者；④识别组件、数据及产品获取点和准则；⑤建立和控制基线；⑥维护文档和组件的修订与产品版本之间的关系。

习题 6 分析：配置库可以分为开发库、受控库、产品库三种类型。

开发库也称为动态库、程序员库或工作库，用于保存开发人员当前正在开发的配置实体，如新模块、文档、数据元素或进行修改的已有元素。动态中的配置项被置于版本管理之下。动态库是开发人员的个人工作区，由开发人员自行控制。

习题 7 分析：本题所涉及的知识点比较多，包括配置控制委员会、配置库、配置管理工具、配置项版本等。四个选项涉及四个知识点。

选项 A 明显不正确。配置控制委员会负责对配置变更做出评估、审批以及监督已批准变更的实施。CCB 建立在项目级，其成员可以包括项目经理、用户代表、产品经理、开发工程师、测试工程师、质量控制人员、配置管理员等。CCB 不必是常设机构，完全可以根据工作的需要组成，如按变更内容和变更请求的不同，组成不同的 CCB。小的项目 CCB 可以只有一个人，甚至只是兼职人员。

习题 8 分析：项目经理在接到变更申请以后，首先要检查变更申请中需要填写的内容是否完备，然后对变更申请进行影响分析。变更影响分析由项目经理负责，项目经理可以自己或指定人员完成，也可以召集相关人员讨论完成。

综合知识部分

13. 法律法规和标准化

题号	（1）	（2）	（3）	（4）	（5）
参考答案	C	A	C	D	A
题号	（6）	（7）	（8）	（9）	（10）
参考答案	D	—	—	—	—

习题 1 分析：根据《中华人民共和国著作权法》第二条规定：中国公民、法人或者其他组织的作品，不论是否发表，依照本法享有著作权。

习题 2 分析：根据政府采购法的规定，政府采购采用以下方式：公开招标、邀请招标、竞争性谈判、单一来源采购、询价，以及国务院政府采购监督管理部门认定的其他采购方式。

公开招标应作为政府采购的主要采购方式，因特殊情况需要采用公开招标以外的采购方式的，应当在采购活动开始前获得设区的市、自治州以上人民政府采购监督管理部门的批准。采购人不得将应当以公开招标方式采购的货物或者服务化整为零或者以其他任何方式规避公开招标采购。

习题 3 分析：本题考核知识产权保护的相关规定。C 选项不符合知识产权保护的独立性原则，该原则指某成员国国民就同一智力成果在其他缔约国（或地区）所获得的法律保护是相互独立的。

知识产权在某成员方产生、被宣告无效或终止,并不必然导致该知识产权在其他成员方也产生、被宣告无效或终止。

14. 信息化基础

题号	(1)	(2)	(3)	(4)	(5)
参考答案	C	B	D	D	A
题号	(6)	(7)	(8)	(9)	(10)
参考答案	A	A	D	C	—

习题 1 分析：国家信息化建设的信息化政策法规体系包括信息技术发展政策、通信产业政策、电子政务发展政策、信息化法规建设四个方面。

习题 2 分析：财务管理强调的是事后核算,实际发射功能原则是财务管理的首要原则。

ERP 软件强调的是"事前计划、事中控制、事后分析"和及时调整的管理理念。而一般的进销存软件就是针对企业的库存管理开发的,是在库存模块的基础上加上采购和销售模块所构成的,使用进销存软件能够大致了解到企业某些原材料的采购数量、库存数量、销售数量以及它们各自的资金占用情况,但是了解不到企业比较关心的每种产品的成本构成等信息。

习题 4 分析：考核供应链管理的概念。

供应链管理是一种集成的管理思想和方法,是在满足服务水平要求的同时,为了使系统成本达到最低而采用的将供应商、制造商、仓库和商店有效地结合成一体来生产商品,有效地控制和管理各种信息流、资金流和物流,并把正确数量的商品在正确的时间配送到正确的地点的一套管理方法。

习题 5 分析：线上到线下(Online to Offline，O2O),是指将线下的商务机会与互联网结合,让互联网成为线下交易的前台。

习题 6 分析：要求考生了解信息生命周期各个阶段的特点。

信息系统生命周期包括立项、开发、运维、消亡。所以,首先排除选项 B,然后根据常识判断需求规格说明书不应在运维、消亡阶段进行,排除选项 C、D。所以选择选项 A。

习题 7 分析：人工智能是研究、开发用于模拟、延伸和扩展人的智能的理论、方法、技术及应用系统的一门新的技术科学。

人工智能企图了解智能的实质,并生产出一种新的能以人类智能相似的方式做出反应的智能机器,该领域的研究包括机器人、语言识别、图像识别、自然语言处理和专家系统等。人工智能可以对人的意识、思维的信息过程进行模拟。

人工智能实际应用包括：机器视觉、指纹识别、人脸识别、视网膜识别、虹膜识别、掌纹识别、专家系统、自动规划、智能搜索、定理证明、博弈、自动程序设计、智能控制、机器人学、语言和图像理解、遗传编程等。

习题 8 分析：常识题。根据经验即可判断。关键字"预测",基于"大数据"进行"预测"是最为合理的。

A、B、C、D 四个选项都属于比较热门的技术和考点。

大数据是以容量大、类型多、存取速度快、应用价值高为主要特征的数据集合,正快速发展为对数量巨大、来源分散、格式多样的数据进行采集、存储和关联分析，从中发现新知识、创造新价值、提升新能力的新一代信息技术和服务业态。坚持创新驱动发展，加快大数据部署，深化大数据应用，已成为稳增长、促改革、调结构、惠民生和推动政府治理能力现代化的内在需要和必然选择。

习题 9 分析：我国在"十三五"规划纲要中，将培育人工智能、移动智能终端、第五代移动通信（5G）、先进传感器等作为新一代信息技术产业创新重点发展，拓展新兴产业发展空间。

当前，信息技术发展的总趋势是从典型的技术驱动发展模式向应用驱动与技术驱动相结合的模式转变，信息技术发展趋势和新技术应用主要包括以下 10 个方面：高速度大容量；集成化和平台化；智能化；虚拟计算；通信技术；遥感和传感技术；移动智能终端；以人为本；信息安全；两化融合。

15. 信息系统管理与服务

题号	(1)	(2)	(3)	(4)	(5)
参考答案	C	B	D	B	D
题号	(6)	(7)	(8)	(9)	(10)
参考答案	D	—	—	—	—

16. 软件专业技术知识

题号	(1)	(2)	(3)	(4)	(5)
参考答案	B	C	B	C	C
题号	(6)	(7)	(8)	(9)	(10)
参考答案	C	C	D	D	A

17. 网络与信息安全

题号	(1)	(2)	(3)	(4)	(5)
参考答案	A	C	C	D	B
题号	(6)	(7)	(8)	(9)	(10)
参考答案	B	B	D	D	C
题号	(11)	(12)	(13)	(14)	(15)
参考答案	B	C	C	A	D

习题 8 分析：应用系统运行中涉及的安全和保密层次包括系统级安全、资源访问安全、功能性安全和数据域安全。

根据应用系统所处理数据的秘密性和重要性确定安全等级，并据此采用有关规范和制定相应的管理制度。安全等级可分为保密等级和可靠性等级两种，系统的保密等级与可靠性等级可以不同。

保密等级应按有关规定划为绝密、机密和秘密。可靠性等级可分为三级，对可靠性要求最高的为 A 级，系统运行所要求的最低限度可靠性为 C 级，介于中间的为 B 级。

安全等级管理就是根据信息的保密性及可靠性要求采取相应的控制措施，以保证应用系统及数据在既定的约束条件下合理合法地使用。

习题 13 分析：NAS 技术支持多种 TCP/IP 网络协议，主要是 NFS 和通用 Internet 文件系统（Common Internet File System，CIFS）来进行文件访问，所以 NAS 的性能特点是可以进行小文件级的共享存取。在具体使用时，NAS 设备通常配置为文件服务器，通过使用基于 Web 的管理界面来实现系统资源的配置、用户配置管理和用户访问登录等。

18. 专业英语

题号	（1）	（2）	（3）	（4）	（5）
参考答案	C	D	B	B	C

附录 2 浅谈复习方法

在进行复习前,请注意以下事项。
(1)各科均大于或等于 45 分才算合格,否则,全部重来。
(2)通过考试必然要经过大量做题和看书的环节。
(3)解答每道案例题后要注意总结。
(4)通过制订计划来驱动备考复习过程。

对于复习方法,应该分为四个过程:制订计划、量化目标、分解目标和持续检查。

```
        制订计划            分解目标
                  复习方法
        量化目标            持续检查
```

(1)制订复习计划,尤其是进度计划。好的备考过程一定是靠良好的计划进行支撑的,计划的目标是保证考生能够按部就班地进行复习。有的考生在复习过程中三天打鱼两天晒网,有的考生在临考的前几天突然"崩溃",这些都是缺乏计划的结果,尤其在最后几天,缺乏良好心态的学生只是机械地执行计划,度过临考的最后几天。

(2)计划制订过程中,对复习的目标要进行量化。如下表所示,在量化表中设计目标项,比如阅读教程多少遍、做题多少遍等,都可以作为量化项目出现。

目标项	量化	备注
阅读教程	____ 遍	
做题	____ 遍	
思考并提问	____ 个	
……		

（3）要对量化的目标进行分解。分解的方法可以基于量化目标采用 WBS 的方式进行分解，也可以按时间分解，一般来说，按时间分解相对比较容易把握。按时间分解可以采取滚动式规划，即最近几天制订得比较详细，比如，以 6 天为周期进行滚动，最近 6 天制订得非常详细。

时间	复习内容
第 1 天	
第 2 天	
第 3 天	
第 4 天	
第 5 天	
第 6 天	
……	

（4）检查过程。计划和目标的完成情况需要定期检查，有些学生在制订计划和目标的过程中，往往高估自己，制订的目标不切合实际，因此，在计划的执行过程中，连续多天都无法达到计划中的要求，导致计划的失效，最后放弃计划。因此，检查表的作用是定期检查、调整计划、发现问题并进行改进，这项检查工作非常重要，确保了计划的有效执行。

时间	原计划	完成情况	原因及改进
第 1 天			
第 2 天			
第 3 天			
……			

复习的过程是一个艰苦的过程，考生既需要刚性原则的坚持，也需要灵活地处理某些问题，保证复习过程的完成。